ガーデンへようこそ

頴川 隆

国分進行堂

私の看板

沖縄の友人（農業改良普及指導員）の贈ってくださった
パッションフルーツ、指宿産ブーゲンビレアを添えて
（2016 年 7 月）

撮影場所の記載の無い写真は、頴川ガーデンで撮影されたものです。

クリスマスローズ、オリエンタリス・
ダブル「ジャイガンティック」
頴川隆作出（2016年3月）

ニゲル・ホワイト・ダブル
頴川隆作出（2016年3月）

クリスマスローズ、オリエンタリス・
セミダブル「エレガンス」
頴川隆作出（2016年3月）

クリスマスローズ、オリエンタリス・
セミダブル「エクスタシー」
頴川隆作出（2016年3月）

西洋オガタマ（花期長く２か月間咲き続ける。
芳香ジャスミン香　2016 年(3月)

クリスマスローズ、オリエンタリス
「ブラック」ミヨシ作出（2016 年３月）

クリスマスローズ、オリエンタリス
「ホワイトダブル」纐川隆作出
（2016 年３月）

クリスマスローズ、オリエンタリス
「濃ピンクダブル」纐川隆作出
（山﨑ガーデン　2016 年３月）

クリスマスローズ「ダブルピンク」
頴川隆作出（2016年）

クリスマスローズ「カシスダブル」
頴川隆作出（2016年）

早春のブーケ（2016年3月）

在来アマリリス（2007年5月）

ユールラビ、紫キャベツ（2014年３月）

㈲かごしま有機生産組合
今村君雄氏の野菜（2016年）

チューリップ「アプリコット」
（2006年４月）

ガーデンの雪景色（2016年１月）

ヤマモモの木とアカンサス
（ギリシャ貴族の紋様　2000年5月）

陽光輝くクリスマスローズ庭園
（2015年3月）

ジャカランダ（2003年5月）

アジサイ、ガウラ
（2010年、頴川ガーデン）

花アロエ（2007 年４月）

アマリリス在来種、スイートピー
（2007 年４月）

パンジー（2010 年３月）

ダッチアイリス、クリサンセマムノースポール
（2007 年４月）

地上で最も花期が長い、中国２千ｍ級高地原産
地湧全蓮（2016 年５月）

ムスカリ（2007 年４月）

ダーウィン系チューリップピンク（2016 年）

ポストカード
（2016 年、加治木町ギャラリーにて）

職場の緑化（加治木合同庁舎、2018 年 3 月）

全国都市緑化博覧会出品作
（2011 年、鹿児島市）

パンジーハンギングバスケット
(2001 年 2 月)

ヒアシンス (2011 年 3 月)

房咲きスイセン、ハウレラ (2001 年 3 月)

デージー、パンジー (2001 年 3 月)

シラーペルビアナ、パンジー、アプリコット
（2016 年 5 月）

宿根デージーとバースデーケーキ
（2016 年 2 月）

米国ケンタッキー州マリーのバプテスト教会
牧師宅クリスマスホリデーに描いたコーン、
ローズ（1986 年 12 月）

ダッチアイリス黄色種
（2000 年 5 月）

第 19 回ガーデニング大賞の受賞作品（賞状は P446）

ブラジル国花イペー（2014 年４月）

イペーの花（2016 年４月）

ユリウス３種、コンテナ植え
(2016年５月)

ホクシャ・シューティング・スター
(2016年５月)

玄関のコンテナ（2016年５月）

５月のガーデン（2016年５月）

七宗、早生ビワ（2016年５月）

エーデルワイスの仲間（2016年５月）

英国王室作出クリスマスローズ
（2012年5月）

愛鳥（2016年5月）

玄関コンテナ装飾（2016年3月）

エクステリア（自力施行　2012年5月）

my Garden（2016年3月）

カリステモン（ピンク）
ジャーマンアイリス（2015年5月）

午後３時のパンジー　2007 年

プロローグ

皆様、はじめまして！　頴川隆です。ようこそ頴川ガーデンへお越し下さいました。

著作「ガーデンへようこそ」は、鹿児島県霧島市㈱国分進行堂様のお計らいで、平成12年5月〜20年8月の百ヶ月間、同社発行の地域情報誌、月刊モシターンガイドに掲載されたエッセイ「ガーデンへようこそ」を加筆、再編集したものです。私のライフワークである現代植物画「モダン・ボタニカルアート」作品も掲載しました。その作品のほとんどは、この頴川ガーデンから生まれたものです。

読者の皆様から、「眠れない夜に読むと、心が穏やかになり、グッスリ眠れる！」と好評でした。私も基本的に眠れない人ですので、それは、とても嬉しく、幸福なことでした。20才まで、ろくに本など読んだこともなかった私が、このように、読者の皆様を喜ばすことが出来ることに、驚きました。そして、深く感動しました。

「ぼくの文章が世の中に貢献している！」この喜びは、言葉では言い表せませんでした。5才の頃からガーデニングを始めた私は、真心込めて、そのノウハウ等を書き記しました。私の描いた作品も堪能しながら、どうぞ最後まで、ごゆっくりお楽しみ下さい。

尚、東日本大震災はじめ、近年発生した天災により被災された皆様に対し心よりお見舞申し上げます。お亡くなりになられた方々の御魂《みたま》に対し衷心《ちゅうしん》よりお悔み申し上げます。

この本が少しでも皆様の心の癒《いや》しにつながればと願っております。

目次

ガーデンへようこそ

モダンボタニカルアート作家
頴川　隆　TAKASHI EGAWA

1

出会い

楠の新緑が眩しい4月上旬の土曜の午後、このエッセイは産声をあげることになった。

元来筆不精《ふでぶしょう》の私がこんなことになったのは、いつものように国分市のレモン画材でいろいろと注文をつけ、出来上がるまでの間ウッドデッキテラスでコーヒーを吸《すす》っていたら、本誌編集長の赤塚氏が現れ、ガーデニングについてエッセイ執筆依頼を受けたからである。「楽しそうな話じゃないですか。草花には多少こだわりがあるし、字数と締切日を教えてくだされば書かせて頂きますよ。」と二つ返事で承諾した。

お花大好き人間とはいえ、幼子四人を抱えて生活に忙しい私が、どこまで読者の皆さんと共にガーデンの魅力に迫れるだろうか。不安とワクワクが交錯しながら、氏の人懐こい笑顔をいつまでも眺めていた。

ところで、ここのコーヒーは実に美味い。ダンディーなマスターの久野さんは名古屋の人で、定年退職を機に国分に新天地を求めたという。息子さんが第一工大の学生さんだった縁でこの地を知り、ダイナミックな自然と人情の温かさに惚れたのだそうだ。

環境

私の住む地、国分、隼人、始良市郡は、霧島、天降川、錦江湾の壮大な自然とともに、始良カルデラとその係累の火山が噴火と堆積、侵食を経てできた地球の贈り物だ。上野原テクノパークの展望所から眺める風景はグランドキャニオンをほうふつさせる。もしここが乾燥気候で雨が降らず、照葉樹林が無かったら、二万三千年前の堆積物シラスがむき出しの荒涼たる台地がただ広がるばかりになっていただろう。

そんな想像をしながらも、シラス台地を渓谷が鋭く削ってできた尾根の、いくえにも連なる陽光のグラデーションは美しい。特に日没前の陽光は、混沌としたブルーとピンク、トキ色が膨大な空間のチリに乱反射しながら大気をパステルカラーに染めあげる。縄文人がこの神々しい風景を愛しながら暮らした理由が分かるような気がする。

ガーデンと植物

さて、私のガーデンを紹介しよう。2年前に新築した敷地80坪の家には8メートル四方のメインガーデンがあり、その周囲の壁、フェンス沿いにレンガで囲った細長い花壇がウナギの寝床よろしく連なっている。メインガーデンの南側は、小さな滑り台とお砂場がある70坪程の公園になっている。

この公園は町との間で、私が好きなようにガーデニングしてよいことになっており、フェンス沿いを牛糞堆肥（地力増進）、草木灰（カリ、丈夫な茎根・酸性中和）、骨紛（リン、花付）で土壌改良して草花を植えている。私の庭との境はフェンス一枚なので、ノウゼンカズラ（Chinese trumpet creeper 品種マダムカレン、濃紅オレンジ）を這わして一体感をもたしてあり、あたかも私の庭がどこまでも続いているかのようで、犬の散歩の人からよく「ここはあなたの公園ですか」と尋ねられる。私設公園を持てるほどリッチではないが、固定資産税を払わなくてすむガーデンがあるのは有難い。庭の中央には樹齢三十年を超えた大粒の実がなるヤマモモが庭の守護神よろしく枝葉をひろげており、6月には甘酸っぱい実が鈴なりとなる。生食のほか、ミキサーで粉砕してこしたジュースは、体が喜んでいるのが分かるほど生気溢れる初夏の味覚だ。

その木陰ではクリスマスローズ（Christmas Rose・品種オリエンタリス）の赤紫からレモングリーンまでの上品な花が2月から延々と咲きつづける。園芸店で98年秋に求めた苗が1年3ヶ月後にはすばらしい株となり、端正でエキゾチックな花を次々と咲かせる、おすすめの花だ。夏の暑さと乾燥が少々苦手で、東、南向きの木陰がよい。チッソ肥料のやりすぎは葉ばかり茂り、花芽がつきにくいので長期にわたって効くリン、カリ中心の有機肥料がよいだろう。

次回からは姶良郡の環境に適したこだわりの草花の紹介を中心に、エッセイを書こうと思う。

2000年5月

2

五月晴れにバラ（Rose）

今年のゴールデンウイークは好天に恵まれた。

コバルトブルーに黄砂のクリームイエローが溶けた空に、新緑のうねりがどこまでも続いている。なんと心地よい風だろう。生命が躍動する5月。西洋の諺《ことわざ》にApril rain brings may flowers（4月の雨は5月の花をもたらす。）とある。この春、ひときわ花の生育がよかったのは、4月に適度に雨が降りながらも長雨が無く、病害虫が少なかったからだろう。バラが例年になく美しいのは、原産地欧州のような乾燥気候に恵まれたためだ。

家前の公園に植えてあるバラにアブラムシが付かない理由のひとつに、地表を覆う砂の反射光の効果がある。アブラムシは銀色の乱反射光を苦手としており、その性質を利用して、果樹園では木の下を銀色のシートで覆う光景を見ることが出来る。かくしてバラは水はけの良い土、日当たりと風通しのよさともあいまって、農薬を使わずとも元気のいいシュート（花芽を持った新枝）を次々に出す。病害虫で枯れかけた株も公園に移植すると元気になる。それぞれの植物に適した環境は、どんな手入れにも勝り、「適地適作」。先人の言い伝えの意味が分かってきた。なお、バラは9月、2月に強い剪定、冬に牛糞堆肥や骨粉等穏やかに長期間効く有機質肥料を株の周囲にたっぷり施すとよい。

小さな訪問者

そういえばパンジーが大好物の蝶、ツマグロヒョウモンが今年は少ない。黒にオレンジの筋があり、卒倒するほど気味悪い毛虫。元々、野に咲くスミレを細々と食べていたのだが、ガーデニング用パンジー（Pansy）の普及とともに本来の分布域を北に拡げつつある。駆除は割り箸でつまんで踏んづければよい。予防にはオルトラン粒剤を根元にまいておけば、アブラムシ予防にもなる。でもこの蝶、蛹ともに大変美しい。パンジーの鉢植えに毛虫を見つけ、そのままにしておくと、葉脈を残して丸裸にしてくれる。大きくなったら動きが緩慢になり、鉢の側面の風雨が当たらないような場所で蛹《サナギ》になる。

この蛹にはエメラルドに輝く金色の飾りがついている。晩秋から半年間は人間様が楽しんだのだから、5月のパンジー一鉢は彼らのメインディッシュにしてあげようと思う。蝶も、まだらの幾何学模様が芸術的である。オスには上羽の縁《ふち》に、紺、白、赤のフランス国旗模様があり、美しい。

さて、オルトラン粒剤はユリの新葉、蕾《つぼみ》に付くアブラムシに便利に使える。規定倍率に水で溶かして霧吹きでシュッシュでよい。アブラムシは汁を吸うと同時に、恐ろしいモザイク病ウイルスを媒介する。これにかかったら引き抜いて処分するしかない。「植えっ放しで大株にして、毎年楽しもう」ともくろみ、高価なオリエンタルリリーの球根を清水の舞台から降りたつもりで買っても、大きな落胆が手を広げて待っている。この薬が効かないタイプもいるから、その時は専門店で別系統の殺虫剤を

2000年6月

求めて欲しい。

リーフガーデンを楽しもう

皆さんは夏のガーデニング素材選びに余念がないことと思う。私は、南九州の夏の熱帯気候には高温多湿、極度の乾燥にも耐える涼しげな観葉植物をお勧めする。まず、デュランタライム。成長が早く、落葉するが戸外で冬を越せ、5月から霜の降りるまでライムグリーンの葉を楽しむことが出来る。市販の鉢植えは数本の挿し木一年生の寄せ植えなので、バラしてガーデン、コンテナに植えつける。私の一株は4年目で60センチほどに成長しており、暴れた枝を剪定しては挿し木で殖やしている。コリウスは近年色彩の鮮やかな魅力的なものがいっぱい出てきて楽しみである。コリウス中心にガーデニングされた庭もすばらしい。

ドラセナは切花で人気のリーフだが、花瓶の中で発根するくらい根づきが良い。捨てないで再利用してみよう。カラジューム、クロトンも降霜までと割り切って戸外で使ってみよう。レモングラスは夏に涼しげでレモングラスティーや、刻んで網に入れ風呂に入れると最高の香りで至福のひとときをお約束できる。レインボーカラーとか様々なグラス系（ススキの仲間）があるので放物線を描く癒しのラインを楽しみたい。庭には4年目になるカシワバアジサイがあるが、ホワイトのゴージャスな花と秋の紅葉を堪能できる。

2000年6月

3

あちこちにカマキリ

私のガーデンでは、5月のある晴れた日に、カマキリが卵から孵化する。冬のうち原野のススキや潅木の枝に付いていた卵を庭に持ってきて、害虫退治を任せているのだ。初夏、庭のあちこちで赤ちゃんカマキリを見つけるのは、楽しい。小さくても、カマをもたげて威嚇《いかく》するポーズは成虫と変わるところがなく、凛々《りり》しい。

数百と孵化するも、成虫になれるのは、ほんの数匹しかいない。カマキリの天敵のトカゲが多く、その天敵の小鳥がいて、そのまた天敵のカラスがいて、食物連鎖の営みが展開されている。

原野から持ち込まれたカマキリの卵は、環境の異なる住宅地のガーデンで孵化し、成長した。どうやって見つけたのか、しっかりパートナーを見つけ、腹を大きく膨らませて卵を産む個体がいた。フェンスに産みつけられた寒天（乾燥）状の卵を見つけると、家族皆でいたく感動してしまった。

子供がアトピーで農薬があまり使えないので、天敵による害虫防除を試みている。

青菜に塩

この春、お隣に素敵なご夫婦が大阪で定年を迎え、越してきた。荒地を開墾してできた立派な菜園にはトマト（Tomato）、ナス（Egg plant）などの夏野菜が元気に育っている。

ところがキュウリの苗がしおれた。南九州に分布する火山灰土特有の「酸性の強すぎ」を疑いＰＨを試験紙で測ると概《おおむ》ね７（中性）で正常。

根の周りにゴッテリと肥料を混ぜ込んだとのことで、肥料のやり過ぎを疑い、肥料の少ない土を混ぜ新苗を植えたら改善した。

肥料は植物に吸収される際、まず土中の水に溶けた後、根に吸収される。根には地上部の茎葉を支える役目と水や肥料分を吸い取る２つの役目がある。後者は主に細かくビッシリと生えた細根の微細な孔を通して、水分と同時に肥料分を吸収する。肥料の濃度が濃いと、浸透圧の関係で濃度の薄い根の水分が濃度の濃い土壌中に吸い取られ「青菜に塩」の状態となり、しおれ枯死に至る。

肥料には速効性（液肥、粉末、小粒、化学肥料）、遅効性（大粒、有機質肥料）とその中間がある。肥料は「やり過ぎない」「直接根に触れさせない」とか、チッソ、リン酸及びカリの肥料三要素の役割を理解した上で用い、経験を重ねるとよい。

一般に有機質肥料は長期間穏やかに効き、化学肥料はストレートに効く傾向がある。化学肥料は便利だが、そればかりに頼っていると土は微生物の多様性を失い土が荒廃するので、元肥には有機質肥料を使いたい。ただ、マグアンプＫは花・実が付き易く長期間穏やかに効き使いやすい。

アジサイ狂い

パープル、ブルー、ピンク、レッド、およびホワイト。日本原産の世界に誇る花、アジサイ。近年あちこちの道路沿いを篤志家がこつこつと植えこみ、おびただしい虹色の花街道を楽しむことが出来ることに感謝。挿し木で容易に根づくので、気に入った花は枝を分けてもらうか、昨年挿木し商品化した鉢植えを得よう。

挿木は梅雨どきがベストだが7月中は間に合う。挿し穂は今年新しく伸びた新枝3節分。花が付いた枝の場合、花直下の節に新芽は出ないので数に入れない。ナイフで切り、最下節の葉は落とし、残りの葉は蒸散を抑えるため半分に切る。用土は赤玉土小粒とバーミキュライト半々がベストだが、清潔な土なら小粒ボラ土など何でもよい。予め、穴を開けておくと切り口を痛めない。最下節が埋まるようにさし、日陰で水を十分やる。約一ヶ月で根が出揃うので赤玉土主体の用土に鉢上げする。

青花は酸性度を強めるためピートモスを3割、ピンク花は酸性度を弱めるため腐葉土を3割と苦土石灰又は草木灰を混ぜ込むと本来の色が鮮やかに出る。新品種が次々に誕生しており、コレクションについはまってしまう。時と共に花色が変化し、土壌の酸性、アルカリ性によっても変化する。だから自分の庭では入手時の花色が出ないかもしれないが、それはそれで美しい。

病虫害が殆ど無く、放ったらかしでも季節にはちゃんと咲いてくれる律儀な花は、剪定をしなくても自然樹形は丸く上品にまとまる。剪定するなら花芽形成の9月より前がよい。9月10月に十分日照に当たると花芽が多くできる。
英名ハイドランジアのハイドロは水の意で水が大好き。鉢植えでは水やりが大変だが、地植えなら結構乾燥に強い。

2000年7月

4

原始の森の土

「ガーデニングは8割が土づくり」ともいわれる。ちょっとオーバーな気がしないでもないが、植物にとって土は重要な条件である事には間違いない。

ちなみに私が愛用しているのは牛糞堆肥、骨粉、草木灰の有機質肥料だ。近所の森を思い起こして欲しい。南九州の照葉樹林は、落葉と豊富な雨が土着菌とも呼ばれる多様な土壌微生物を育み、森に有益な線虫類、ミミズ、昆虫などの小動物に溢れ、獣が住み、それらの遺骸がまた、木々の肥料となる。山火事や寿命によって、樹木もまた土に還る原始の森であり、人が何の手も入れずとも植生は繁栄を続ける。その土は理想の土ではないかと思っている。有機質肥料はそれに近い土をつくり、殆どの植物がその能力を最大に発揮できるのではないか。

現在、土着菌をボカシとして増殖して、生ゴミや家畜糞尿堆肥化、消臭など環境保全、植物生育促進など、試みが急である。

連作障害（嫌地現象）は同じ作物を連続して作ることで微生物の種類が単調になり、植物にとって有害物質が蓄積することが主因とされる。微生物の多様性はそれを防ぐと考えられている。

生ごみも立派な有機質肥料になる。スコップで穴を掘り土と混ぜて埋める。大量のミミズがせっせと最高級の土に変え、地球温暖化の主因二酸化炭素の元凶である燃えるゴミが減り、地球環境に優しい。

夏の虫憧憬

ガーデンのヤマモモ樹にはいろんな小鳥がやってくる。スズメ、セキレイ、椋鳥、などなど。先日、珍客がやって来た。コゲラだ。キツツキの仲間で、コココココとリズミカルに乾いた音を静寂のガーデンに響かす。行ったり来たりを繰り返し、同じ場所ばかりつついているので巣でも作るのではと淡い期待を抱いてしまう。木にトンネルを掘り枯らしてしまう恐ろしいカミキリムシの幼虫を食べてくれる有り難い鳥である。数日したら姿を見せなくなった。

「またおいでよ。」

夏休みだ。ゴマダラカミキリの季節がやってきた。ダークブルーに白い斑点の星月夜のマントをまとったやつ。節ばった触角を怪しげに動かし、とげとげした頚《くび》はキコキコ鳴き、鋭い口は噛まれると痛い。見つけたら虫かごに入れ、眺めて安楽死させて欲しい。一匹の幼虫が幼木を枯らすことすらある。柑橘類を植えたガーデンや、ミカン農家にとっては、恐ろしい第一級警戒害虫なのだ。

　夏に美しく楽しみな昆虫は山道で道案内してくれる虹色のハンミョウ、頭に3つのルビーをもつアブラゼミ、最近ほとんど見なくなったけど運がよければ会える虹色の玉虫、深い赤紫のよろいをもつカブトムシ、ノコギリクワガタ。

私の好きなチューリップ（Turip）の品種に濃紫のクイーンオブナイト（夜の女王）がある。

その光沢ある花びらはカブトムシの羽そっくりで、思わず触れてみたくなる。指にピタッとくっつくようなチューリップの花びら特有の感触が楽しい。

カブトムシは蛹から羽化する際の羽色がまさに神秘の宝石である。小学5年の時、それ見た驚きを一生忘れない。

気分はトロピカルアイランド

ノウゼンカズラは成長が早い。小苗を求めて2年目で主幹の直径6センチ、おびただしい数のオレンジの花を鈴なりにつけた。その脇に紫の宿根朝顔（オーシャンブルー）が葉も見えないほど密に咲いている。

その色彩の熱帯的コントラストは、朝の出勤前の憂鬱な気分を見事なまでに変えてくれる。「今日も頑張ってみようかな」という気になってしまう。さらに、ローズマリー、パイナップルセージ、スペアミント等をちぎって指で揉んで、鼻腔一杯に吸い込めばもう、パラダイス。栄養ドリンク一本分の元気を簡単にゲットできる。

2000年8月

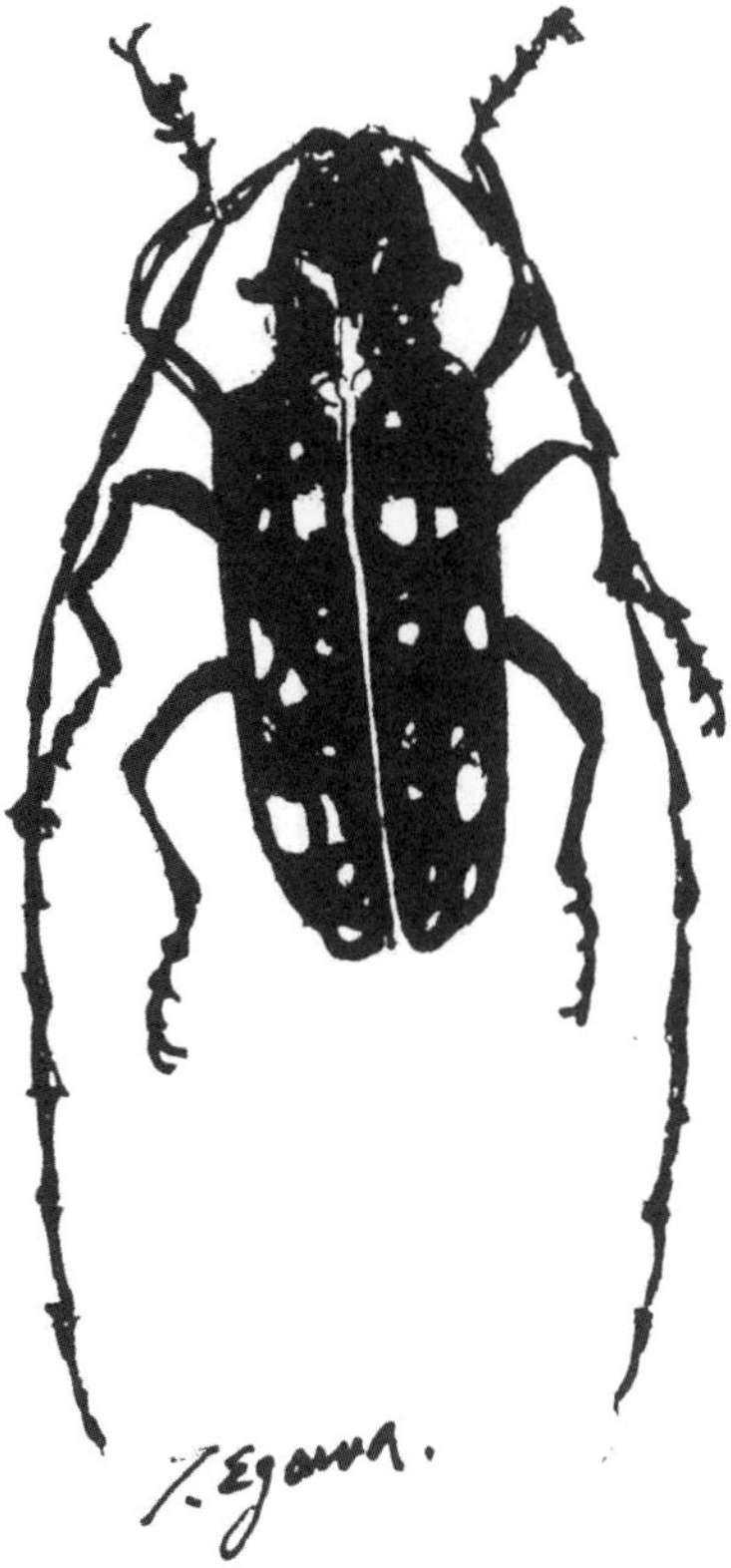

5

百合ウオッチング

鹿児島はユリ原種の宝庫だ。7月から8月にかけて野山はオレンジ色に黒の斑点、後ろにクルリと巻いた花びらが特徴のオニユリが咲く。

国道10号線、重富・竜ヶ水間の日豊線の土手、亀割峠から都城に至る両側の土手には、驚くほど豊かに群生がみられる。オニユリは茎葉の付根に木子とよばれる小球根を形成し、これが地表にこぼれて繁殖する。だから同様な背丈、花数の株が群生していれば、同じ親を持つファミリーだろう。

道路維持の草払いでオニユリが無傷で残してあるのを見ては、猛暑の中、大変な重労働にもかかわらず、なんと心優しい作業員なのかと感謝する。

オニユリは病気に強く、一メートルを超え毎年大株になるのでガーデンの背景に使ってみたい。日本料理の高級素材、ホクホクした食感のユリ根になるのは木子がつかないコオニユリの方である。

日本のユリは江戸末期にシーボルトらにより欧州に紹介され、その美しさは人々を驚嘆させた。それ以来、山野のユリは掘り取られ、球根栽培が貴重な外貨獲得の手段となった。野生種がすでに園芸種としての鑑賞価値を備えているのだ。

東シナ海のピンクダイアモンド

オニユリと同じ時期、国道3号線川内市西方から阿久根市にかけての海岸沿い山手斜面には、カノコユリの群生が見られる。甑島が原産とされ、ピンク色で形状、性質はオニユリとほぼ同じである。花弁が鹿の子の背模様に似る。カノコユリの名は花弁のコゲチャイロの斑点が、鹿の子の背中の模様に似ていることに由来する。

30年前は斜面がピンクに染まるのを、鹿児島本線を走るディーゼル車窓から眩しく眺めていたのが、乱獲により姿を消した。近年、篤志家がコツコツと増やしてきたとのことで、感激している。

００７の何作かは忘れたが、ジェームスボンドがボンドガールとアバンチュールを楽しむ豪華な部屋の大きな花瓶に、カノコユリが山のように活けてあった。

一方、故ダイアナ妃の葬儀パレードの際、妃のひつぎ上に清楚に飾られていたのは、沖永良部島が一大産地で世界中に球根が輸出される純白のテッポウユリだった。ヒノモトは、鹿児島が力を入れている主力品種だ。鹿児島が薩英戦争以降も英国と関係を続ける、なんと華のある花だろう。

ユリの花粉は油分を含み、衣服に付くととれない。花屋は開花したカサブランカのおしべ先端の葯を除去するが、その後咲く花は活けた人の責任です。要注意。

先日、カノコユリ咲く庭の草取り後、細君から「髪にきれいなメッシュがかかってるわ！」といわれたが、犯人はすぐに分かった。

秋はユリの植付け適期

ユリは球根植物だが、花びら状のりん片が、根元でくっつき合った形状をしている。他の多くの球根と異なるのは、年中休眠をしない点であり、市販されている球根がピートモス等で保護されているのはその理由による。ユリ球根購入時には、カビ、腐れ、干からび等が無く、ずっしり重くみずみずしいものを選び、購入後早めに植えよう。開花後はお礼肥をやり、実をつけぬよう花房を取り去り、葉が黄変し始めるなるまで待って茎を地際から切れば、翌年も充実した花を咲かせる。

ユリには茎を支える球根下の根と、球根上の茎の地中部から出る根の2つがあり、肥料分を吸収するのは後者である。だから植えつけは、地表との間隔15センチ程と深めがよく、そこに肥料分を施す。コンテナ、鉢なら深いものを選ぶ。

鉄砲ユリ、スカシユリはウイルスに比較的弱く、植えっぱなしだと枯れあがりが早くなることがある。溝辺のスカシユリ専門農家は、ウイルスフリー球を毎回オランダから輸入する。消耗品と割り切るべきか。

オニユリ、カノコユリは永続的に楽しめるので、宿根草ガーデンの強い味方になれそう。香りの良いカサブランカなどオリエンタルリリーは中間の強さといったところだが、中でもスターゲイザー等ピンク色でカノコユリを祖先にもつ品種は強いかもしれない。

スカシユリは花弁の付け根が透けていることが名の由来である。このユリは初夏に赤、燈色、黄色

2000年9月

の暖色系を非常に鮮やかに発色する。ゴーギャンの描いたタヒチの女のイメージが重なる。ユリは全般にアブラムシさえ気をつければ比較的栽培が容易で、初心者でもその期待を裏切らないだろう。

6

生い立ち

私事で恐縮である。幼い頃から草花を育てていると、色々な思い出があり、今回それを綴《つづ》ろうと思う。

東京世田谷区の馬事公苑近くで生まれ育った私が物心ついたときには、墓のゴミ捨場に捨てられた花を持ち帰り、野原に咲くピンクのヒルガオを掘り取っては小石で囲った小さなお花畑に植えたりしていた。

公営団地の庭にヒヤシンスが咲くと、人様の庭との認識が無いから、手当たり次第引っこ抜いては家に持って帰ってきたから、たまらない。でも、親以外から叱られた記憶がないから、東京オリンピックの頃の大人たちは実に寛大であったと思う。

5歳の時、ある朝、枕元に園芸植物図鑑が置いてあった。父からのプレゼントだ。

毎日眺めているうちに、いつの間にか花の形と名前をほとんど覚えてしまった。

鹿児島県川内市に移り住んだ小学3年の頃、豆科植物にのめりこみ、艶やかな小豆やインゲンをしっかり収穫した。ツルナシインゲンは収穫後、母が天ぷらにしてくれた。アツアツのそれは噛んだ瞬間、口中に果汁がジュワッと広がり、モチッとした衣と絶妙にマッチしていた。私はそれにウスターソースをかけて食べるのが好きだった。その習慣により、今でも天ぷらには、ソースが要る。

母は、私の大好きなスイセンを摘みによく野山に連れて行ってくれた。ニホンズイセンの香には当時の思い出が甦《よみがえ》る。

小学4年時には球根に没頭して、当時珍しかったラナンキュラスを国道3号線大平橋通りテレット屋に陣取る花売りのおばさんから株を買って育てた。「これは球根花だよ」といわれて根元を探すがどこにも丸い球根が無い。「騙《だま》されたのかな?」と思ったが、株状の根の膨《ふく》らみも球根と呼ぶことを後になって知った。ベージュ色のまことに繊細

新馬場ガーデンのトマト　2000年

な美しい皮を持つ球根、サフランを水栽培で咲かせた。この鮮紅の雌しべを乾燥したものが高価な香辛料であることを、大人になって知った。

こづかい銭25円を握りしめ、30円のグラジオラスの球根が買えないのが悔《くや》しくて、店の前でたたずんでいたオレンジからセピアに移ろう街の風景は幼い日のノスタルジーとなっている。球根や種子は宝物で、手に入れると飽きもせず、いじったり眺《なが》めたりした。採集した種子は印刷業者が見本に用いるきれいな紙で袋にし、丁寧に保存した。当時父は家族と離れて東京の下町で小さな印刷工場を経営しており、色見本紙つづりをよく送ってくれた。ブルーひとつでも数十の変化があり、私の12色サクラ水彩絵の具では想像も出来ない世界が広がっていた。毎晩飽《あ》きもせず、夜更けまでそれを眺めた。

小学4年時には、つる物に凝った。駄菓子屋を営む大家の兄さんが、私のために作ってくれた池には真赤な金魚が漂い、その上のたなにはヘチマや胡瓜がぶらさがった。この池を私は愛した。生まれてはじめて手に入れた水の楽園を私は、こよなく愛した。

ただ、池の形状が日本式便器に酷似していたため、ある日大家さんが勘違いして、客の老女に小用をさせた。女が立小便するのを初めて見た。尿。力強く弧を描く黄色の流体は水面激しく打ちつけ、「ジョボジョボジョボ」の弾《はじ》ける波動は、老いているとはいえ、妙に白くなまめかしい下半身の裸体の残像とともに、脳裏に深く焼きついている。

後日、事のいきさつを知った大家の兄さんは、大家である母親を、烈火の如く叱った。

2000年10月

青年期

鹿児島市内の鶴丸高校時代は生物教室に入り浸《びた》りだった。年配の穏やかな先生や、筆耕の美しい姉さんと、放課後いつまでも、植物や昆虫について話し込んだ。主要5教科は、そっちのけで、好きな世界にのめり込んだ。先生は木の葉蝶の標本を手に、「木の葉に少しでも似ている個体だけが鳥に食べられず生き残り、とうとう木の葉そっくりになったのだよ!」とダーウィンの進化論を、優しく教えてくれた。

スレンダーボディの姉さんの、ベージュの地にピンクとブラウンの横縞のタートルネックセーターの、

T&E Collezione da Giardino

ツリガネソウ、ビオラ、イタリアンパセリ　エガワガーデン 2000年

胸の膨《ふく》らみは、同級生女子の蒼《あお》く未熟な乳房より豊かだった。掌《てのひら》にスッポリ収まらないくらいに形良く、それでいて堅い質感を湛《たた》えていた。

姉さんから微かに匂うフェロモン臭は、年上好みの私の下半身には刺激が強過ぎ、いつもクラクラとラリっていた。終了チャイムが鳴り終えたオレンジの陽光差す進学校の生物学教室は、いつだって2人だけの背徳のエデンだった。奔流と化した性欲に逆らわず、帰宅後、情景の焼き付いたデスクの私は、勉強してると見せかけて、慣れた右手でいつまでも自慰に耽《ふけ》った。当時、フランシス・レイとエマニュエル夫人が流行《はや》っていた。

鹿児島の山形屋は一七五一年創業の老舗だ。

江戸から今日まで流行の最先端を発信してきた。

特に女性店員の美は、大きな売りだ。今日、SWAROVSKI（スワロフスキ／オーストリア／白鳥のロゴ・クリスタルガラス装飾品製造販売）、4℃（日本／ダイヤモンド装飾品製造販売）など世界一流ブランドをイメージリーダーに、おもてなしの心とともに販売戦略を展開する。生物学教室の姉さんは山形屋の地下にしか売ってないような高級キャンデーをよくくれた。教室には、本物の人の頭蓋骨があり、ちょっと怖かったが、温室には年中、ハイビスカス・クロトン等の熱帯植物が咲き乱れ、サルビアは木質永年化して人の背丈ほどの真紅の花をつけていた。小さな池には夏になるとホテイアオイが空色の花を咲かせ、極彩色のグッピーが乱舞し、春になると寒天質でひも状のヒキガエルの卵が

2000年10月

絡《から》みつく、都会のオアシスみたいな空間だった。

　高校の花壇コンクールで私のクラスは3年間優勝した。小遣銭の半分は苗代につぎ込むものだから、他クラスが冬枯れの時でもパンジー、キンセンカなど豪華絢爛《けんらん》である。田中角栄が話題の頃だったから、「金権《きんけん》花壇《かだん》」と揶揄《やゆ》する口の悪い連中もいたが、受験直前に葉牡丹に大発生した青虫取りを馬鹿言いながら手伝ってくれる優しい級友もいた。心優しい彼は、苦学して鹿児島大学医学部に入り、耳鼻咽喉科の医師になった。その後、恋焦がれた310ルーム

ブドウ　2000年

同級生Y子を射止めた。現在2人は夫婦で同窓会幹事をしている。

高校卒業後、九州大学農学部に入った。六本松の教養課程、畜産学科に進級した箱崎と、博多で過ごした学生時代は大学生協で買ったグロキシニアの花鉢がついてまわった。鹿児島県職員畜産上級職に受かり県職員となってからは、職場周辺にガーデニングした。大量の球根を買ってチューリップ畑を作ったり、建物のエントランスをコンテナガーデンにしたりと、植物とのいい関係を求めて現在に至っている。

現代植物画

話は変わって、私は絵を描いている。植物がモチーフだ。「ボタニカルアート」は植物画と訳され、BC4千年に古代エジプトで誕生し、写真機が無かった大航海時代、薬草や園芸植物を記録するために進化した写実主義のアートである。「モダン・ボタニカルアート」は、それにガーデニングや、現代人の生活観が反映されている。

植物には無限に広がる美の世界があり、それに気づき、感じる豊かな感性を誰もが持っている。その感性とは植物との対話からのみ生まれるものではない。日々の家族や友人とのふれあい、仕事やバカンス、そして森羅万象を通じて感じる様々な想いが感性を磨く。私の絵は植物を題材とした心象風景であり、一枚の絵は自分自身が身近に飾りたいと思うようになったら、一応、完成となる。

人がグリーンに安らぐのは、遥か遠い祖先が森に暮らした頃の遺伝子の記憶が甦《よみがえ》るからなのだろうと思っている。

2000年10月

ゼラニウム　1985年

7

ジャカランダ

シドニーオリンピックが終わった。この原稿を書いている夜に閉会式があり、スタジアムでは世界がひとつになった祭典の余韻が映像を通じて世界に配信された。

次の夏の五輪は２００４年のアテネだ。その時、自分や家族はどうなっているのだろう。なんだか遠い将来のことのように思うけど、実際は、すぐ過ぎてしまうのだ。４年なんて。

高橋尚子の金メダルの走りは、多分一生こんな胸のすくような光景は見られないだろうな、と思いながら目に焼き付けた。

ランナー達が駆け抜けた初夏のシドニーでは、もうすぐジャカランダの花が咲く。

熱帯性高性花木で、飛行機からでもブルーに染まる街路に驚かされる。さらに、輝くような満開の木を目の当たりにすると、ある種のショックを受ける。神々しいとでも言おうか、とり憑かれてしまうのだ。

２年前にそんな体験をした後、鹿児島市内の園芸店で偶然ジャカランダ花の咲いた鉢を見つけ、ためらいなく３千８百円也を購入した。なんだか運命的なものを感じた。

これまで２度の鉢替えをして秋に落葉した後、冬は屋内に入れている。シダ状の葉は夏の観葉植物として価値がある。今のところ花は咲かないが元気に育っている。「サカタのタネ」の説明によると、日本の冬の寒さは幼木では厳しく、花が咲くのは、ある程度大きくなってからとのことだ。

しかし、熱海や宮崎は堀切峠付近のドライブインに見事な成木があり、見物人が訪れると聞いた。鹿児島市内の長島熱帯植物園の露地園にも3メートルくらいの木がある。加治木で露地植えができるか。うまくいけば、ご近所を楽しませる事が出来るのに、と密かに期待しているのだが・・。

ザクロ

私の庭の南東角にはザクロの木がある。甲突川河畔秋の木市で2年前に求めたものだ。「大実ざくろ」の商品名で、赤い実がぱっくり割れて透明感のあるつぶつぶがぎっしりつまった写真が、買い気をそそる。成木もあり、「2万円を半額にまけるから持っていけ！」と、強く勧められるが、結局3千円のしっかりした苗を買った。ざくろは風水では縁起のよい木として知られる。

初夏に鮮やかなオレンジ色が咲き、それだけでも十分美しいのだが、実が大変美しい。

今年は木が大きく成長するとともに10個の実が実った。木によっては、大変美しく実が発色する場合がある、国分の中心街近くN氏のザクロの実は、たとえ様もなく美しい。N氏の実は絵を描くことにしており、実が割れたら数個譲って頂く許しを得ている。

奄美で亜熱帯の動植物を鮮やかに描ききった田中一村がザクロの優れたデッサンを残しているほか、多くの歴史の秀作に登場する。

今秋、某化粧品メーカーの広告に「透き通るようなザクロ色の輝きの口紅」というのがある。ザクロは英語でガーネットフルーツ。ガーネットは一月の誕生石で柘榴石（ザクロイシ）ともよぶ。

スーパーで見かける大きなザクロは地中海沿岸産の輸入物で、女性の健康に良い、との報告があり、今後需要が伸びそうだ。手に取るとズッシリ重く、食べてみると甘い。1個で随分と食べ応えがあるのが意外だ。

鈴虫

秋の野辺　つるべおとしに誘われて　鈴虫奏《かな》でり　いとをかし　　隆

我が家では9月はじめに野で捕まえた鈴虫が休みなく鳴いている。

私には野生の鈴虫を捕まえる特技がある。

いい年こいた男が網持って何やってやがんだ?と、通りすがりのドライバーはいぶかしげに私を見るが、そんなこたあ気にやしない。こっちは童心にかえってるところなのだ。文句あっか!?

どうやって捕るかって。警戒心の強い習性を利用し、追込み漁をやるのだ。まず、鳴き声の発信元をソッと近づきながら特定する。近くに草がまばらの開けたスペースの有無で漁の可否を決める。スペースがあれば、鈴虫が出てきたときに分かる。スペースに向けて追い込むように靴で草をバサバサと音を立て、ゆっくりスペースを中心に弧を描くように追い詰めて行く。だんだん弧が小さくなりやがてスペースに達すると、天変地異に驚いた鈴虫がスペースに飛び出す。虫の進行方向に虫取り網を置いて手で追い立てると自分で勝手に網の中に入る。網は先半分を真っ直ぐに曲げ伸ばし地面に密着する幅を大きくしておくのがコツだ。大抵はツガイでいる夫婦仲のよい虫である。

今年は暗くなるまでの小一時間に12匹捕まえた。飼育箱に清潔な土、砂に炭、割れた素焼き鉢を配し、ナス、削り節を餌とする。産みつけられた卵は土ごと野辺に返すことにしている。

野生の鈴虫は鳴き声が豪快だ。

来年、挑戦してみられてはいかがか。

2000年11月

8

新世紀に向けて

師走となり20世紀も残り僅《わず》かとなった。慌《あわ》ただしく過ぎゆく時の流れに、咲いては散っていく草花の営みがある。

一世紀を一年に喩《たと》えるならば、人の一生も、一年草の生涯に似ている。風土の中で生まれ育ち、成熟して輝き、そして静かに枯れて死を迎える。いつか、安らかに死ぬことが保証されている生命だから、安心して今日の苦難にも耐えられる。

21世紀のガーデニングはどうなっていくのだろうか。ますます温暖化し、乾いていくであろう地上の、身近なオアシスとして発展していくに違いない。

緑豊かな九州に暮らしていると気づかないが、都会は人が暮らすには暑すぎる環境に変化している。その「ヒートアイランド現象」と呼ばれる状況を和らげるビル屋上のガーデニングが、官民あげて奨められている。

人類の歴史は常に植物とともにあった。

農耕民族も狩猟民族も、森から日々の糧を得てきた。

瑞穂（みずほ）の国の民である日本人は、山河を神々が住む処として崇《あが》め、鳥や獣も神の遣《つか》いであった。水田を育み、鎮守《ちんじゅ》の森や入会地を大切に守ってきたのだ。国土の大部分が緑豊かな山だから、建築においては世界に誇る木の文化が継承されてきた。

植物は地球温暖化の原因の二酸化炭素を吸収して灼熱の太陽光を受けとめ、酸素と炭水化物を作ってくれる。豊かな海は豊かな森が育む。海洋と大気の環境保全の立場からも植物はもっと大切にされなければならない。

川辺川ダム

しかし、現実には干潟や森が公共事業で失われている。熊本県の川辺川ダムで沈むかもしれない森は日本一美しい清流が流れている。それを見たさによく、川沿いを愛車オフロードバイク、ホンダＭＴＸ２００Ｒでツーリングした。峠の茶屋でほおばる山女（ヤマメ）の炭火焼が旨いのなんの。水は限りなく透明に近く、底石はエメラルドグリーンにゆらゆらと輝く。ルリ色に輝くカワセミが舞い、カジカがシンフォニーを奏でる。神の遣いのクマタカが住む手付かずの自然だ。

このダム建設は止めて欲しいと思う。返済が不可能に思えるほど膨れ上がった国・地方の借金が、また増えるからだ。何の罪もない少子化時代の子供たちが、重税に喘《あえ》ぎながら返済していかねばならないのが目に見えている。同時に、かけがえのない自然を21世紀の子供たちに無傷で残す責任を我々大人は負うている。ダムに替わる総合治水による洪水対策や農業用水の確保は、世界屈指の土木建築技術をもつ我が国なら可能なはずだ。

民のため激務を厭わぬ為政者におかれては、判断を誤らぬよう、このまま日本の資産である豊かな自然や農村に滞在し、心身を休め、感動して欲しい。きっと百年先の新たな地平が見えてくるはずだ。

一方、私達にできることはといえば、ゴミを大量に出す消費を慎《つつし》み、生ゴミは堆肥にし、物を大切に、まだ使えるものは徹底して使い切ることだろう。一部の国を除いて世界中の人々はそうしている。石油もあと30数年分しか残っていないのだから、少なくとも水素エネルギー等次世代の代替エネルギーが確立するまでは大切に使いたい。

ガーデニングは環境に負荷を与えず、投資額に対して満足度の高い趣味として、さらに多くの人々に受け入れられていくだろう。世俗の垢《あか》にまみれ、人間関係にボロボロになった身でも、草花はいつも何も言わずに寄り添ってくれる。窓辺の一鉢の花だって自己完結した立派なガーデンなのだ。

12月は春咲球根植付適期

チューリップ①、ヒアシンス②、水仙③など春咲く球根は、一定期間低温に当てないと立派な花が咲かない。また、チューリップ、アネモネ④、ラナンキュラス⑤は温度が低くならないと根が出てこない。

だから、南九州で今年みたいに暑い秋に早く植えると、地中で腐りやすい。根が出て、根づいてしまえば球根が活性化して抵抗力が生まれ、腐りにくくなる。チューリップは通常でも一割近く腐ってしまうことがある。アネモネにいたっては、芽が出るほうが珍しかったりする。

従って1・2月の寒を経験しさえすればよいので、12月は11月と同様植え付け適期といえる。「アネモネは除夜の鐘を聞きながら植えろ」との言い伝えがあるくらいだ。球根が休眠しないユリを除き他の球根も概ね同様だと思う。

チューリップは近年、八重咲きのゴージャスな品種が多く、お奨めだ。水仙の品種改良の成果は目を見張るばかりだ。植えっ放しでも毎年増えるので、気に入った品種をコレクションしたい。

ヒアシンスは春の花壇に香りよく美しい。植えっ放しで毎年咲く。よく説明書に「花後、つゆ前に掘り上げて涼しい所に保存」とあるが、その後の管理によっては干からびることが多い。だいたい我が家の夏で涼しい所といえば冷蔵庫の中しかない。

9

謹賀新年

「ミレニアム」。新しい千年が始まった。

師走の狂気じみた慌ただしさ。ノストラダムスの予言とは一体何だったんだ?·?。何も起こらない。遠い過去の出来事のように感じる清々しい年の初め。

私は毎年、家内の実家がある宮崎の平和台公園、八紘一宇の塔のバルコニーから、太平洋に昇る初日の出を拝む。

長い石段を息切らし昇りきると、石塔が目前に現れる。手前の決まった位置で手をたたくと、ビンビンと、瞬時にこだまが返ってくる。高周波の反射音をしばし楽しむ。

遠くには、シーガイアのオーシャンドームやホテル45のシルエット。上空にはブルーの宇宙を背景にジェット機がオレンジに輝く航跡を残しながら、南の空に去って行く。

三百人ほどの老若男女が集う。吐く息が白い。冬、快晴の宮崎平野は放射冷却がきついのだ。初光が差すと同時にどよめきと歓声がわき、一様に手を合わせ、祈る。

子供達にお年玉をやり、屠蘇を飲んで、お雑煮を頂くと、午後は宮崎神宮に初詣でだ。さい銭を投げ神殿に手を合わせ、また祈る。

おみくじを引き、皆で見せ合っこし、「大吉が出た！」と言っては喜び、はしゃぐ。

今年は何かいいことあるんじゃないか?と予感するが、百五歳で亡くなった日本画家小倉遊亀さんの言葉「生きていることが天の恵み」のとおり、今、ここに生きること、そのものがいいことだと思う。モノより心をモットーに、楽しい日々を過ごしたい。

シクラメン（Cyclamen）

私の小さなガーデンに続く、こりゃまた可愛い公園は、加治木町春日神社の表参道に面している。お盆の頃には、勇壮な棒踊りの一行が踊り行く由緒ある道だ。

通りを挟んでお向かいには、宝石店Tコーポレーションがある。その庭には、おそらく鹿児島で一番見事な西洋ハナミズキの木がある。春、朝目覚めると真っ先に見る、私の大好きな夢見るようなピンクの花木は10年を超えるという。

創作ジュエリーのこの店はニュージーランド、米国の芸術家の発掘にも進出し、国際的である。笑顔の絶えないご夫婦にコーヒーをご馳走になっていると「暮れにシクラメンを顧客に贈る際、手入れマニュアルがあれば」との話題がでた。

「それならおまかせ」と早速作ってみた。

シクラメンの管理法

―農園のシクラメンはハウスの中でたくさん太陽光を浴び、元気な状態で出荷されています。いつまでも楽しむコツをまとめてみました。（引用文献ＮＨＫ出版「趣味の園芸」）

① 置き場はガラス越しに日光の当たる室内の窓辺がよい。

冬乾燥して温暖な地中海沿岸が原産です。温度が5℃（夜）～25度（昼）の範囲で管理するのがよく特に適温は7度～8度（夜）、及び15度～18度（昼）です。30度以上になると弱りますのでストーブの近くはだめ。

冬の日差しは大好きです。株の内部の芽が出るところに日光を届かせたい。

鉢は毎日少しずつ回して、まんべんなく株全体に日光が当たるようにしましょう。

② 底面給水鉢の受け皿の水は切らさない。

受け皿の水は毛細管現象を利用して鉢内に供給されます。もし、水を切らしてしおらせたらバケツに水を入れて鉢ごと浸し、鉢土に十分水を含ませます。その後は通常の水やりに戻します。

③ 肥料は、チッソ分の少ない液肥、シクラメン専用か、ハイポネックスまたは花工場の千倍液を月に1～2回、水代わりにやります。

④ 花色がさめてきたら、早めに花茎は抜き取ります。また黄色くなった葉も抜き取りますが、いずれもひねりながら抜くのが根元からきれいに抜くコツです。

そのままにしていると腐って病気の原因になることがあります。

2001年1月

⑤　葉にホコリがついたら、葉の光合成が妨げられます。天気の良い午前中にシャワーで、葉を軽く洗い流しますが、午後、濡れた株を乾かして忘れずに室内に取りこみます。それとシクラメンは雨に濡れるのが大嫌いです。

どうぞお楽しみ下さい！

10

お花畑

私は平成10年4月~15年3月に鹿児島県立農業大学校畜産学部肉用牛科教授をしていた。去る12月上旬、22期生24名引率し、豪州に農家民泊を含む8日の旅に出ていた。学生を農家に預け、現地案内人の車に乗り、農場回りをした。その途中、お花畑を見た。百キロにわたりRVで駆けぬけた草原に自生する、天文学的数のシャスターデージー。その姿は繊細なマーガレットの様。所は豪州東部海抜約千メートルのアーミデール近郊。まるで広大な雪原のよう。季節は日本の5月頃でアジサイが色づき始めていた。当地のガーデンで近年流行の花はブルーと白のアガパンサス(Agapanthus)、ブルーのルリマツリである。

アガパンサスは一度植えると年々株が増え、常緑で初夏のゴージャスな花は大変長持ちする。私の大好きな花で、数品種がガーデンで元気に育っている。

加治木駅前ロータリーの花壇に、先日、ボランティア有志とすでにあった大株を分けて植え付けた。数年後には立派なコロニー(群落)を形成する。そして容赦無く忍び寄るカヤ等の雑草から花壇を守り、初夏、当駅を訪れる人を楽しませる。

話は豪州に戻る。我が家の庭に植えるのだろう、長距離バスに乗る婦人のボストンバッグの開いた口からルリマツリが覗《のぞ》く。シドニー郊外ボンダイビーチでは、若い女性の運転するスポーツカー・アルファロメオの助手席にその大株が乗っていた。一方、本県ではクレインパーク出水（出水市の鶴博物館）のアプローチが立派なルリマツリの小径《こみち》になっている。ブルーの花が少ない夏に貴重な花だ。

英国連邦の伝統であろうか、どの家も芝はきれいに刈りこまれ、間を考えた草花と樹木の絶妙なバランスセンスはうならせるものがある。乾燥気候のもとバラは見事に咲き、忘れな草（forget me not）ペチュニア、ラベンダー（lavender）が大陸のぬけるような青空を背景に輝く。農家のガーデンではピーナッツチョコ状の可愛い羊の糞が地表を覆っていた。

農家民泊

豪州は羊毛、牛肉や穀物で知られる農業国で、親日的だ。NHKニュースが民放で流れるのには驚いた。農家は広大な農地で羊と肉牛を飼っている。羊の毛刈り職人のための古式豊かな小屋（コテージ）が完備されているが、毛刈り時期以外にはそこにツアー客を滞在させる。自炊で一泊約2千円、食事付でその倍といったところか。

ユーカリの森に注ぐ明るい陽光にそよぐ風、そしてカンガルー、極彩色の鳥、陸亀等の野生動物と星空と大地に包まれて過ごす時間はたまらなく贅沢である。シドニーから北に向け国内線小型機に揺られること一時間半。現地ではツアー業者の車が送り迎えしてくれる。お隣が数十キロ先という生活は、雨水に頼り、山火事の際は自分たちで消火する。インターネットがどの家にも通じており種畜の選抜、旅行者予約、物品購入、代金決済などに活用されている。

ここでＩＴは、厳しい自然とともに暮らす人々が生き残るために、必然的に普及した。一方「ＩＴだ、ＩＴ革命だ」と騒がしい我が国に目を向けてみる。様々な事情で家から外出することが困難な人々の外界との情報伝達手段として、又、へき地であることが多い農山漁村の人々の生活やビジネスの道具として発展してほしいと思う。

21世紀は、個人が企業並みに情報を自由に所有する世紀である。情報における都市と地方の格差はますます縮まる。

過疎に悩む市町村の定住対策として、温泉付一戸建てとともにお年寄にも簡単に操作できるインターネット装置一式プレゼント、及び、困った時には電話一本で役場から笑顔をたたえたお助けマン（ウーマン）参上・・・、なんてのが、あってもいいなと思う。

2001年2月

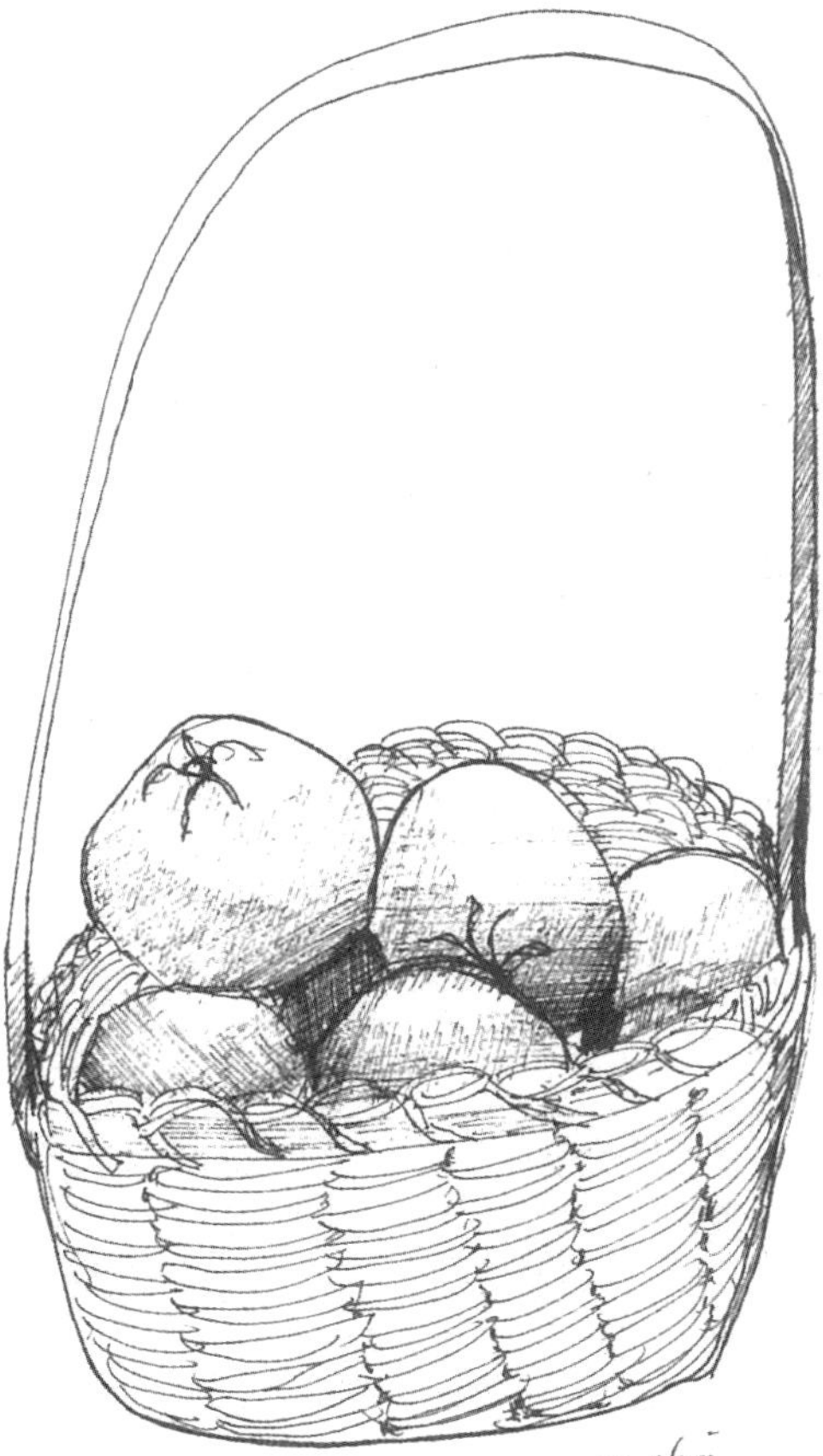

11

アマリリス（Amaryllis）

園芸店でオランダ産アマリリスの巨大球根が売られている。球根植物の中で最も豪華な花の一つだ。何より最初球根に投資すれば、その後、毎年楽しめるのがいい。

球根は大きなもので周囲40センチ、重さ七百グラムに達する。多くの品種があり、ヘラクレス、リナ、ピコティ等、名前がいい。

レッドライオンは鮮紅一色の人気種で、豪快な花姿は赤獅子のタテガミを彷彿《ほうふつ》させる。うちの庭では、大鉢に3球植えっ放しで、各球2本の花茎が立ち、立派な花が毎年咲き続けて4年になる。植え付けは、強く太い根を支持するために重量ある培土を用いる。それにマグアンプKなど緩効性肥料を混ぜ、球根の上半分を露出させ植え付ける。土の表面に小粒軽石をマルチ（覆うこと）すると、雨の跳ね返りによる病気を予防できる。

売っている球根には根がついていることが多い。3月は植え時で、付いている根を大事に植え付ける。花後は実を付けないように、花の根元の膨らみは切り取るが、太い花茎は傷つけないようにそのままにしておく。なぜなら花茎には葉緑素があり、そこでも葉と同様光合成が行われ、球根の充実に貢献していると考えるからだ。同じことはチューリップ、水仙など球根植物に共通している。

花後にお礼肥をやり、茎葉は日当りよくし、枯れ始めるまで切らない。半耐寒性があり、鹿児島の冬は戸外でも大丈夫。オランダ産アマリリスは球根がふえにくいが、毎年少しずつ異なる品種を買い増やしていくのは楽しい。

自然の摂理に従い、雨が花の中に入らぬよう横向きに開く重量感ある花を、初夏には心ゆくまで楽しむとしよう。

ブロック塀上イチゴ

イチゴはバラ科の多年草で、同じ仲間にサクラ、ボケ、りんご、もも等がある。花はよく見ると、ノバラや木苺（ラズベリー／raspberry）にそっくりだ。

園芸店で売られているビニールポット苗は殆どイチゴ農家が作ったもので、品質は間違いない。それを庭やコンテナに植え付ける。ハウスでは12月から収穫できるが、一般家庭では春以降がシーズンとなる。そのほうが自然で、真っ赤に完熟した我が家のイチゴの味は格別だ。と同時に虫やナメクジにとってもご馳走なので、それらと競争で採らないと、なかなか口に入らない。

コンテナ植えをブロック塀の上に並べただけで、石垣イチゴならぬ塀上イチゴが出来あがる。石垣イチゴは、幼き日に両親に連れられて行った熱海周辺で、石垣ごとビニールハウスで覆い、観光イチゴ狩りをやっていた。ブロック塀上イチゴは、日当たり、風通しよく、ナメクジたちからも遠い。見やすい位置にイチゴがコンテナの縁からぶら下がり、赤く変化していくのを眺めるのは楽しい。美味しさを知っている子供たちは、まだかまだかと日々熱い視線を注ぎ、期せずして自然観察眼が養われる。

肥料を欲しがるので、植え付けは有機質の豊富な培養土にリン、カリ中心の緩効性肥料を混ぜて植え付け、春には追肥として固形完熟骨粉入油粕を置くとよい。志布志市のイチゴ農家Y氏は、カルシウム剤を長期にわたって効かせる。株元に稲わらを敷くことで雨の跳ね返りを防ぎ実を保護する。寒さには意外と強い。

盛んにランナーと呼ばれる茎を伸ばすが、その先端には来年花芽をつける子株が付いている。このランナーはそのままにしておくと実の成る養分が奪われるので、収穫の間は除去する。シーズンの終わりに来年用の苗を作るときは親株とランナーでつながった子株をポットに植えこみ、根づいたらランナーを切り離

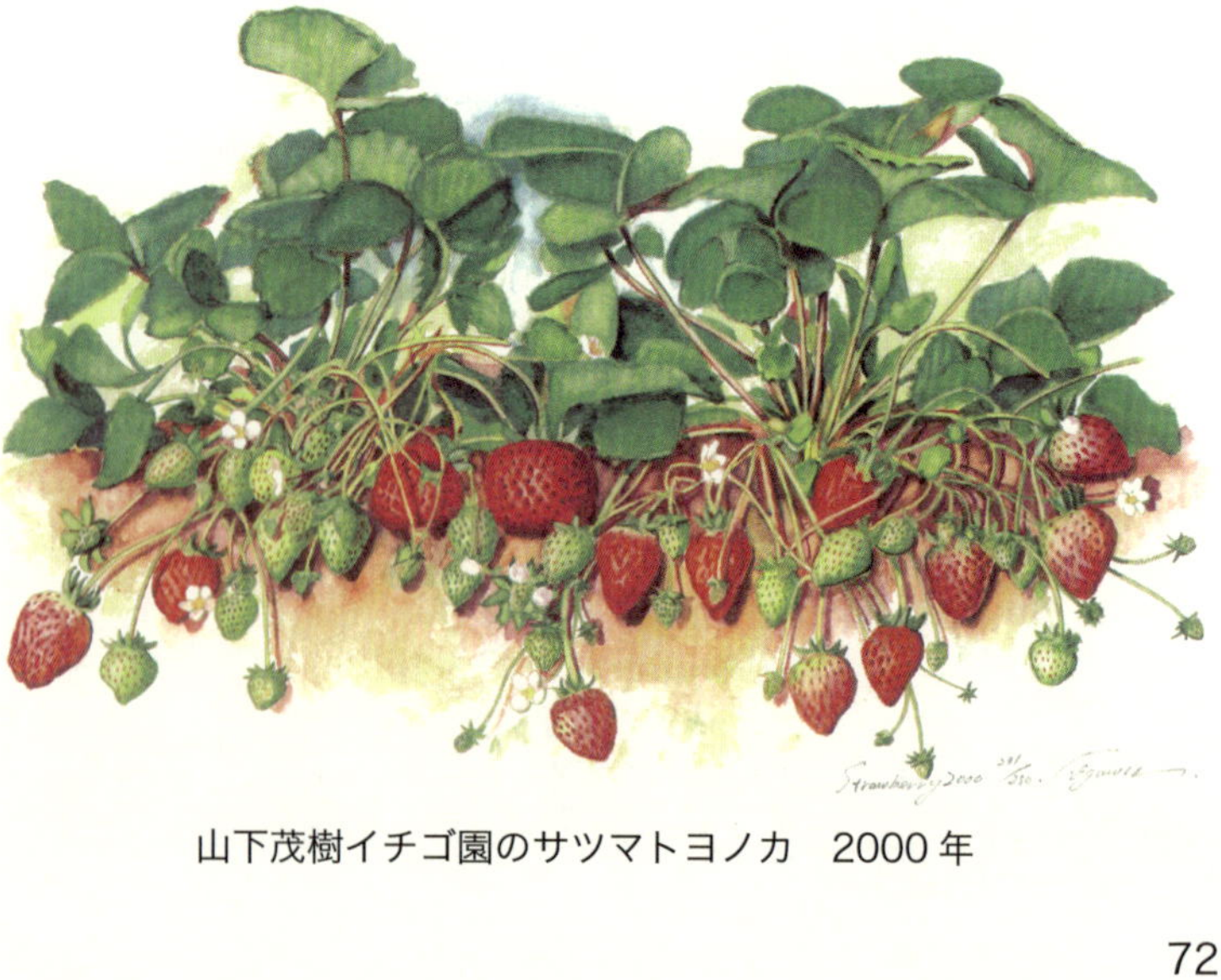

山下茂樹イチゴ園のサツマトヨノカ　2000年

す。実の成る花茎はランナーの切り口と反対側に出やすいので、これを知っておき、植付け時に株の方向を決めるとディスプレーや収穫に重宝する。なおイチゴは、ランナー第一株は使わず第2～7株を使う。第一株は実成りが少ないからだ。

昔、イチゴは、八百屋の店先でダンボール色の紙小箱に一重に、行儀よく並んでいた。それを大皿に盛り、コンデンスミルクをたっぷりかけて食べるのが、幼い頃からの夢だった。母はよくオーブンでスポンジを焼き、イチゴショートケーキを作ってくれた。今は妻が家族の誕生日に、心を込めて作ってくれる。

2001年3月

12

野菜ガーデン

日々、自分の育てた野菜を楽しむ暮らし。

自分で作っているから、農薬の心配も無く何より新鮮がいい。庭に常設朝市があるようなもの。

私の野菜ガーデンは日当たりが悪い。日当たり良い場所は花や果樹が占めている。

でも、一日2時間は日が差す。

日照を必要とする根菜類は、まず太らないが、ネギ (leek)、セロリ (celery)、レタス (lettuce) の葉菜類は立派に育ち、日陰を好むミョウガ、ショウガ、ミツバは元気に育つ。ミョウガは春と秋に収穫するが、特に秋ミョウガは丸々太っており、薬味、天麩羅、甘酢漬け、きのことサラダオイルで炒めて塩コショウが美味しい。

夏から秋の新ショウガは、甘酢漬けによい。ガラス容器の中でピンクに染まるショウガは第一級芸術品だ。古ショウガはすり下ろして料理に重宝する。イカ刺し、かつおのタタキ、豚汁、なんでもござれ。ミョウガとショウガはいずれも栽培種は野生にごく近いため非常に強く、日陰野菜の王様である。いずれも園芸店で種株、種球が手に入る。

新ショウガは、博多の夏の箱崎宮のお祭り「放生会」(ほうじょうえ) の縁日を思い出す。生きとし生けるものに感謝する祭りだ。見事に太った葉付き新ショウガを売る裸電球の露店が軒を連ね、傍らではチャンポン（ガラス細工で、息を吹き込むとペッコンと鳴る）がにぎやかだ。見世物小屋では「世にも恐ろしい蛇に育てられた女」だの「ヒマラヤで見つかった乳房が6つある女」など、おどろおどろしい看板に惹かれ怖いもの見たさに結構高い入場料を払って見れば「なーんだ」と笑ってしまう。金返せと主張する客対策なのであろうか、出口には屈強そうな兄さんが立っている。

板で組んだ巨大な円筒の中をオートバイがアクロバット走行するのはすごい。観客は円筒の上端に陣取るが、遠心力を利用して垂直の壁を縦横無尽に走る数台のオートバイが、時折観客に突っ込んでくるかと思えば鼻先でターンしていく。学生時代のなつかしい思い出である。

ブロッコリー小話

家庭でもブロッコリーは実に大玉が成る。中心の大玉を収穫した後も脇から次々出てくる。以前はカリフラワーが殆どだったが、緑色したブロッコリーの方が体によさそうとの消費者志向により地位が逆転した。

食べるところはいずれも蕾《つぼみ》で、菜の花やキャベツと同じ4枚の花弁が十字の形をした十字架植物の仲間である。

米国ではブロッコリー、カリフラワーやマッシュルームも生で食べる。マクドナルドのサラダバーではそれらが小さく刻んでありドレッシングで食べる。最初は抵抗があるが、だんだん美味しく感じてくるから不思議だ。年によってはブロッコリーは葉がヒヨドリの餌食になるし、モンシロチョウの幼虫青虫が秋には大発生するから、手でつまんでは取っている。

さて、種子島は海で隔離された環境が好まれ、多くの種苗会社が農家と契約して種子、球根を生産している。

フリージア、アッツザクラなど球根と共にブロッコリー種子の栽培が盛んだ。3月になると島のあちこちにブロッコリーのクリームイエローの雄大な花を見る事が出来る。ちなみにフリージア球根栽培農家は、種苗会社から、丸い小さな種球の供給を受ける。それを植えつけると立派な花が咲くが、それは除去して球根を太らせると、商品サイズの立派な球根になる。それを収穫、薬浴し乾燥後出荷する。フリージア球根栽培は以前、沖永良部島が中心だったが、近年種子島が台頭している。種子島はフェリーで4時間半、高速船トッピーで1時間半。トビウオやイルカの歓迎を受ける船旅を楽しむとそこには大変人情味豊かで、美しい島が待っている。海岸には武田鉄矢のログハウスがあり、キムタクが嫁さんとサーフィンしている。夏はシュノーケルと水中メガネ、足ヒレさえあれば、熱帯魚舞う珊瑚の海を満喫できる。

スカイブルーとマリンブルーを背景にサトウキビが揺れ、潮風に吹かれれば、時が経つのを忘れる。とびうお、ながらめ、アサヒガニに舌鼓を打ち、ビールで乾杯。

2001年4月

「ああ、生きてて良かった」といたく感動。
島はどこの島もいい。どこだって天国に一番近いのである。

13

桜

日本の国花「さくら」の名の由来は瑞穂《みずほ》の国で稲作農耕に生きた古代日本人が、農耕神として崇めた「田の神」が宿る座（くら）に、神聖なる音である「さ」をつけたものといわれる。当時、桜の花の咲き方をみて稲の作柄を占っていたという。

大坂花博にあった日本展示館「さくやこのはな館」は、桜が神格化された「木花開耶姫」（コノハナサクヤヒメ）に由来する。この「サクヤ」は「さくら」と同義といわれる。花といえば桜。古代から日本人の美意識は桜によって磨かれてきた。日本は桜の品種の宝庫で、美しい品種が多い。南九州ではまず山桜が咲き、ソメイヨシノが咲く。最後に八重桜が咲き初夏となる。

ソメイヨシノは江戸時代の終わりに山桜から生まれた品種だ。

桜餅の包みは山桜の仲間オオシマ桜の葉を塩漬したもの。子供の頃、葉は紙みたいなもので、まさか食べられるとは思っていなかった。桜色に染めた餅米の皮と、あん、桜葉が渾然一体となった味のハーモニーは春の味覚。葉独特の香りはクマリンという成分に由来する。原料の葉の殆どは静岡県沼津市の農家が栽培して樽に塩漬したもの。その生産量は年間数億枚という。

江戸時代中期、庶民の記録に初めて登場する桜餅は、２枚の桜の葉に包まれ柏餅のようであったという。原料は餅米ではなく葛《くず》粉を用いていたらしい。

私の次男は卵アレルギーでケーキやアイスクリームが食べられない。兄弟の誕生日に一人だけ寂しい思いをしている。でも桜餅なら大丈夫だ。食べられる菓子が少ない彼にとって貴重な菓子の一つである。

八重桜を塩漬けして作る桜茶というものがこの世に存在するのを知ったのは、姉の結納の時であった。母が桜茶をつくった。

器の中でユラユラと開く八重の桜に驚き、美しさに心がうち震えた。香りほのかな液体は、かすかな塩味がして、特別な日を印象づけるに十分な個性を放っていた。

山桜の木片チップは肉製品の薫煙用に重要である。ハム、ソーセージ、ベーコン等は原料を香辛料で加味、加熱した後、桜のチップでいぶす。いぶし、即ちスモークにより香ばしい独特の風味が生まれ保存性が高まる。チーズ、魚類等のスモークにも合う。

山桜は建築材として用いられる。私の家の床は桜の無垢材を用いている。木目が美しく輝き、素足の感触が柔らかで冬暖かく、夏涼しい。杉無垢材の壁や天井とともに、木をふんだんに使った家は時と共に風合いが増し、愛着が強くなるのがうれしい。桜の床は少し割高だが投資する価値は十分あると思う。

2001年5月

玉虫

桜の木には玉虫がつく。

幼い頃、近所の神社に切り倒された桜があって、虹色の玉虫がいっぱい群がっていた。数百の宝石が陽光を受けて輝きながら動き回る様は、幽玄の世界であった。カラスアゲハ、ハンミョウと並び世界で最も美しい日本の昆虫だ。国宝の玉虫厨司《ずし》（仏像や経巻を安置する両開きの箱）は数千枚の玉虫の外羽を敷き詰めたもの。玉虫はタンスに入れておくと虫がつかないといわれているが、真偽の程は定かでない。

カブトムシ、オオクワガタ、鈴虫と黒い虫ばかりが養殖されている。だれか玉虫を養殖してくれないだろうか。本当に少なく、今では殆ど見る事がなくなってしまった。本居宣長のうた「敷島の　大和心を人問はば　朝日に匂う山桜花」

江戸時代になると財力をつけた町民が桜の下に幕を張り、毛氈《もうせん》（獣毛に繊維をまぜた厚手の敷物）を敷き、酒を酌み交わした。幕がテープになり、毛氈がビニールシートになったのが今日の花見であろう。

「桜は花に顕（あらわ）れる。」

普段は雑木に紛れて気づかないが、美しい花が咲いて初めて、それが桜であったことに気づく。あるときまで、他の人と同じ様に見えていた人が何らかの機会に生まれもった才能を表すことの喩《たと》えである。

2001年5月

14

ガーデンを創る

今、独創性に富んだガーデン創りに取り組む人々がいる。その一つを紹介しよう。

国分市は天降川西岸、シラサギの営巣地を見おろす森にアトリエを構える洋画家T氏は、焼きものと草木染め衣服の店、夢彩集を営む奥さんとガーデンを創っている。

一緒にいるだけで安らぎを覚える暖かい御夫婦は、川のとうとうとした流れと共に、静かに時を刻んでいる。

家に隣接する荒れた傾斜地を借り、雑草や土壌浸食を克服しながらコツコツと草花を植える。庭造りを加勢する人も現れ、高台の住宅地と堤防沿いの道を結ぶ画期的な階段の小径が完成した。秋にはコスモスが風に揺れ、早春には菜の花が陽だまりに遊ぶ。

近隣の住民は、待ちわびた小径を慈しむかのようにゆっくりと行き来する。先日訪ねると、芸術家の作品であろう馬らしき石像が忽然と現れていた。背には古代の象形文字のような文様がある。

その碑文は暖かさに溢れ、傷ついた旅人を癒すが如く、心の琴線に触れる。

荒れた土地はまず雑草を取り除き、堆肥を入れ、地下茎の強いメドーセージ、小菊を植えコロニーをつくり雑草の進入を抑え、土の侵食を防ぐ。姫シャラが植えてある。元来、日照の柔らかな森の木であり、高温乾燥の環境では根づきが難しいとされるが、ここのそれは枝全体からたくさんの新芽が出ている。根元にはアジュガが植えてある。紫と白の葉が美しい。通常は濃緑色であるがその改良種である。硬い地面に必死に勢力を広げようとするアジュガはグランドカバー（地表を覆う植物をいう）に最適だ。節ごとに丈夫な根を紳ばし地を這うように勢力を伸ばす。一度地表を覆うと密に茂り雑草の進入をほぼ完璧に防いでくれ、初夏にはブルーの花がかわいい。

アジュガの名所を紹介する。宮之城から出水へ抜ける国道３２８号線を行くと左手に紫尾山系を望み峠を越えるとほどなく、右手に渓流をみて走る。春には梅の香が漂う美しい休憩所が設けてある。植栽された樹木の根元周辺にアジュガがカーペット状に覆っている。小径を降り、ほとばしる冷たい渓流に手を入れると精気に満ち、ここが山岳国日本であることを実感する。

徳永ガーデンでは厳選したアジサイをさし木で育て、斜面に植えている。数年もしたらアジサイ咲き乱れるガーデン越しにシラサギの舞いを楽しむことができるだろう。

アジサイ咲き道恋し

アジサイが楽しめる季節が来た。と同時に憂鬱でもある。篤志家が丹精こめて植えた道沿いの美しいアジサイの周囲に散らかる弁当ガラ、空缶、空瓶である。ファストフード、コンビニや自動販売機が台頭し、それら由来のゴミが大量に投棄されている。

私には、捨てる人の神経が、どうしても理解できない。

半永久的に腐蝕せず、道行く人々の心を曇らせ続ける。除草する人々や、道路沿いの農地を耕作する農民が、ケガをしたり困り果てている。ゴミを投げ捨てる者たちよ、あなたたちは、小中学生や老人が、いつもゴミを拾い集めているのを知っているのか?。迷惑を通り越した所業だ。恥を知るがよい!私だけではない。地域住民がみている。だれも見ていなくても、天は見ている。「天に吐きツバ」という言葉を知らないのか?今すぐ、今後は捨てないと、天と約束してください!お天とうさんが見ている。いや、あなた自身の良心が見ている。

日本人は、人の心の痛みの想像力が退化してしまったのだろうか。香港のビルの谷間に投げ捨てられる膨大なゴミは、それなりに街の風景の一部かもしれないが、ここは山紫水明の瑞穂の国、日本なのだ。

高度成長期以降、小袋に入った菓子が溢れ、ビニール袋を所構わず平気でポイした無垢な少年・少女が今、親になっている。ジュニアは親の背中を見て育つ。誰かが止めさせないと、子々孫々までゴミを捨て続ける迷惑な家系が延々と続く。

出来ることから流れを変えよう。普段は優しい父親が子供のポイ捨てに烈火の如く怒り、有無を言わさず拾わせる。ただそれだけで、子供は生涯父親を誇りに思う。立派な子育てだ。子孫に美しい日本の自然や街並みを残したい。

2001年6月

15

ジャカランダ（Jacaranda）が咲いた！

こんな嬉しいことはめったにない。

我が家のジャカランダが3年目にして初めて咲いた。シドニーでみた夢のブルー。オペラハウスを望む港公園の花木が、私の庭で咲いている。たくさんのベル状の花が円錐形に付いて、下から上へと咲き上がる。

熱帯性花木で、霜降る加治木の冬で戸外の冬越しが出来るか心配だった。3年前、園芸店で求めた鉢苗は、2年間は冬、屋内で管理して、昨冬初めて戸外で冬を越した。この春、庭に植え込んだ木が美しい葉とともに花をつけた。行きつけの園芸店のひとつ隼人町Hの店長さんも、このニュースに高い関心を示してくれた。庭植えなので、この夏はグングン成長するだろう。冬前には大事を取り、根元をワラでおおい、幹枝は縄で巻き、防寒対策する予定だ。万全を期して、ぜひ大きくしてジャカランダの魅力を皆さんに知らせたい。

この春、公園に西洋ハナミズキ（Dogwood）の大輪、ピンクと白を一本ずつ植えた。この花も喩《たと》えようもなく美しい。餅みたいに重量感のある大ぶりの花びらが十字に展開する。これらと併せて道行く人に楽しんでもらえそうだ。

ジャカランダの苗は最近園芸店でもちょくちょく見かける。2千円から4千円で販売されている。

小さな池の楽しみ

小さな池が我が家にはある。

大きめなプラスチック製鉢の底面穴を、ホームセンターで売っている水漏れ補修材で塞《ふさ》いだだけの池である。その中にスイレンを植え込んだ鉢を入れた。最近「ビオトープ」と呼ばれ、水生小動物が住む環境として、自然観察にはもってこいだ。

子供たちがメダカや夜店ですくった金魚を泳がせている。彼らにはすこぶる好評で、涼しげな佇《たたず》まいは夏の暑さを和らげる。水のある環境には不思議と心休まるものがあり、それは人の祖先が海に暮らしたからなのだろうと思う。

夏の間グッピーを飼うのは、どうだろう。6月から9月いっぱいまでは、水温が十分あり、それ以降は掬《すく》いあげて室内で熱帯魚として飼う。今は田や河川で殆《ほとん》ど見かけなくなったドジョウを飼うのも昔懐かしい。これは、冬も入れっぱなしでよい。

イモリなんか、乙なもの。腹が赤く、背が黒い可愛《かわい》い両生類であるイモリは、カエルやサンショウオの仲間で、米国では人気のペットになっている。

スイレン（Water lily）は小さな品種が黄色、ピンクなど販売されている。ホテイアオイ（Water

Hyacinth）を浮かべればウォーターヒヤシンスの名のとおり、うすいブルーのヒヤシンス状の花を涼しげに咲かせる。ただし、この植物は繁殖力が強く、すぐに水面を覆ってしまい、息苦しくなる。増え過ぎた分は穴を掘って埋めてしまおう。河川や湖沼に放せば、爆発的に増殖する怖《おそ》れがあり、後の処理に多くの税金をつぎ込むことになる。

今年の夏も暑そうだ。朝は早起きしてラジオ体操をしたら、朝、開いたばかりのアサガオを愛でて、小さな池を覗《のぞ》き、水生小動物たちと、ひとときを過ごす。午後は、真っ赤に熟れたシャリ感のあるスイカにかぶりつく。縁側に陣取り果汁をしたたらせ、種を思いきり遠くへ吹き飛ばす。また、かき氷にタップリ練乳をかけて頭がキンと痛くなるのを感じながら食べる。風鈴の音を楽しみながら、風に吹かれて昼寝。夜は近くの六月灯をそぞろ歩き、打ち上げ花火の色彩と形、そして、あの、全身を震《ふる》わす衝撃波を楽しむ。

抜けるような青空に入道雲が成長している。大輪のヒマワリ（Sun flower）が誇らしげに咲いている。子供たちと海に出かけよう。泳ぐもよし、加治木港でサビキ釣りで豆アジを釣って、から揚げにして、冷えたビールで乾杯しよう。一日にあった楽しかった事だけを思い浮かべながら酔い潰《つぶ》れて眠る。そんな夏の過ごし方がしたいと思う。

小さな池を眺《なが》めていると色々な事を思う。きっと夏を象徴したガーデンの一角なのであろう。

2001年7月

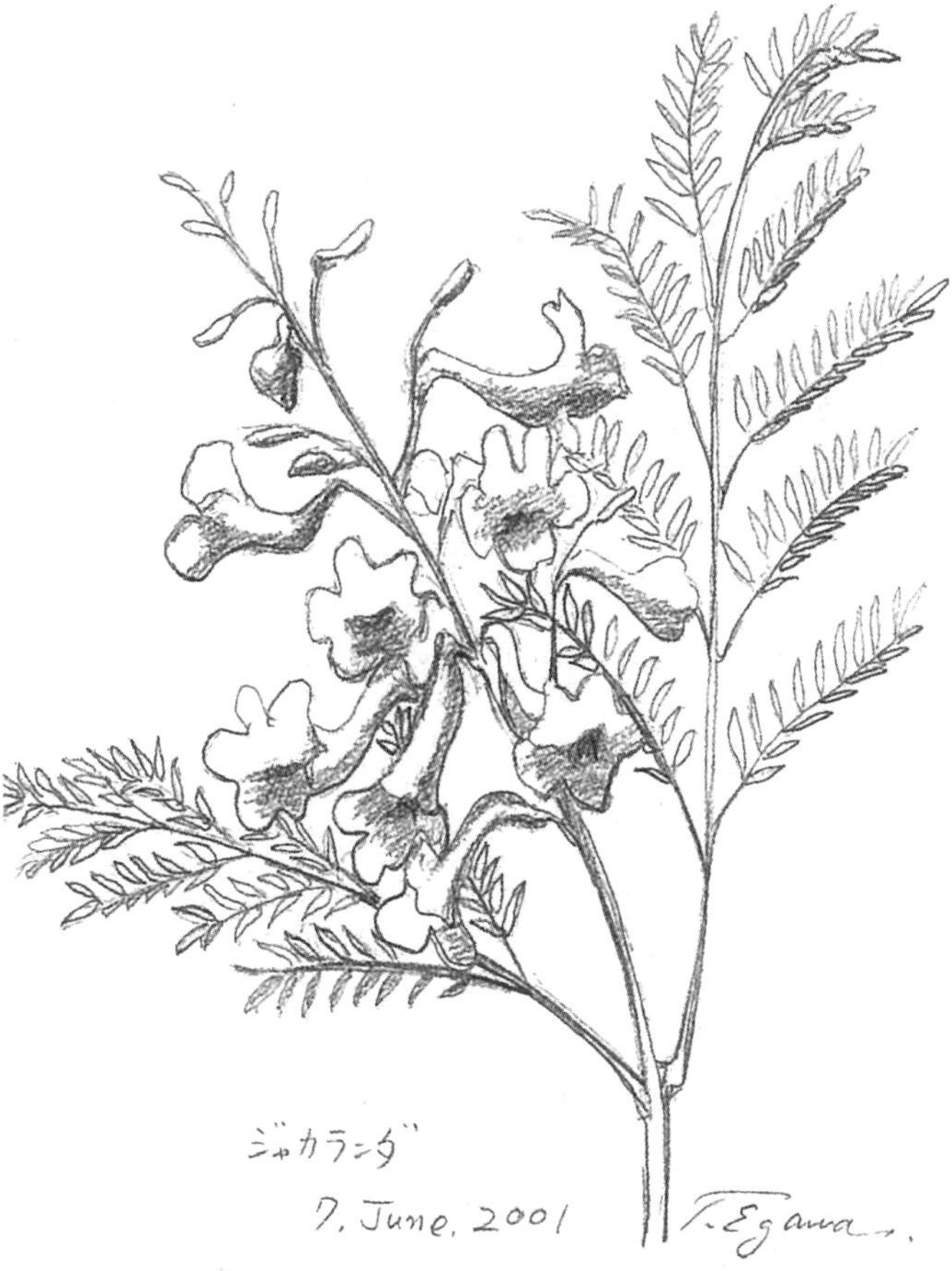
ジャカランダ
7, June, 2001
T. Egawa

16

ハムスター（Hamster）とひまわり

我が家のペットとしてハムスター一匹がきたのは、今年2月のことだった。ジャンガリアンのパールホワイトの雌《めす》、とのこと。シッポの短い野ねずみといった風貌《ふうぼう》である。次男が「ピピリちゃん」と名づけた。これが可愛いい。いつまで見てても、飽きない。

癒《いや》しに効果のある小動物として、人気が高まっている理由が分かる。いつもの如く、「一匹じゃあ寂しいだろう」とオスの「パパリちゃん」が婿入りした。最初は大喧嘩で、相性が悪かったのでは？と心配したが、別の籠《かご》に入れ、柵《さく》越しに慣らしたら、一週間ほどで同居できた。妊娠期間17日前後。ピピリちゃんは初産は4匹、二産目は6匹の子を産み立派に育て上げた。子は成長が早く、あっという間に親と同じサイズになり妊娠して子を産んだ。ねずみ算の意味を初めて実感した。

夜行性で昼間はジッとしており、面白くも何とも無いが、夜は凄《すご》い。籠《かご》の中を所狭しと俊敏《しゅんびん》に動き回る。クルクル回る車を入れているが、それを回す音が煩《うるさ》く、夜眠れないので外したら、ブクブク太り出した。これが無いと肥満で死んでしまうのだそうだ。思わず自分の腹の緩《ゆる》みと重ね合わせてしまった。

ハムスターの主食はヒマワリのタネ。食べ残しを庭に捨てたら発芽したので、非加熱のタネであることが分かった。現在どんどん巨大に成長している。どこまで大きくなるのだろう。品種の分からない米国産ヒマワリは、様々な思いを集めながら、今日も抜けるような夏空に向かって上へ上へと伸びていく。立派に咲いたら沢山のタネがとれ、しばらく餌代が節約できそうである。

NHK学園高等学校同窓会

講師を頼まれた。霧島のホテルに全国から集まった同窓会の早朝講演会である。聴衆の皆様は30代から70代までと幅広く、皆ハツラツとしている。女性が半数以上を占め、深夜まで交流した疲れも見せず80人ほどが熱心に話を聞いてくれた。

内容はまず、ガーデニングは、庭の有る無しにかかわらず楽しめる創造芸術であること。例えば一鉢の花は、立派に自己完結した世界である。

次に、本当に自分の好きな草花を探し、出会いを楽しむこと。私の大好きなカシワバアジサイやアガパンサスの巨大な花房を枝ごと切り取って皆さんにお見せし、その雄大さを知ってもらった。さらに気に入った植物が自分の家で育つかどうかを試すこと。植物には動物と同様に適応力があり、少しずつ暑さ寒さに慣らせば、以外と大丈夫である。我が家でジャカランダを3年目に庭で咲かせたことをお話した。

2001年8月

そして、地球環境に優しい園芸の追求。生ゴミを土に返す。木酢液の防虫。カマキリのいっぱいいる庭などである。冬に野原でカマキリの卵を探して、くっついている枝ごと庭に刺しておくと、あちこちでカマキリを見かけるようになり、思わず「こんにちは。たくさん害虫を食べてくれてありがとう！」と話しかけてしまう。

最後に見知りの園芸店を見つけておき、ちょっとしたトラブルなら的確なアドバイスを得られる草花のホームドクターにしておく事。上手に利用すれば、新品種の情報や、欲しい種苗の確保など相談が出来、豊かなガーデンライフを支えてくれるだろう。

講演会の参加者は皆モシターンガイド２００１年６月号を手に再会を誓い合い、霧島山麓を去って行った。

パイナップルリリー（Pineapple Lily）が咲いた

いつもカタログ写真で見て、いつか咲かせたいと思っていたパイナップルリリー（Pineapple lily）が今年初めて開花した。雄大な花茎には白い小花がびっしりついて、大変ダイナミックである。昨年春に植えこんだ球根が一年ぶりに開花した。うれしい。

もうひとつアカンサス（Acanthus）も３本の花茎を雄大に伸ばし、咲いた。ギリシャの貴族の紋章になっているという切れこみの美しい凛々《りり》しい葉を持つ。東京に住む叔父が昨年春、苗を送ってくれ

2001年8月

た株が咲いた。

夢にまで見た花が次々に咲く。なんて素敵なことだろう。至福のガーデンを心ゆくまで楽しむとしよう。

17

猛暑

猛暑が続いている。太平洋高気圧が日本列島をスッポリ覆い、すさまじい太陽エネルギーが容赦無く大地に照り付ける。全てがブッ飛んでしまいそうな暑さに、人や獣は涼を求める以外、なす術が無い。一方、草花は元気に成長を続けるものと、枯れ上がっていくものがある。

暑さに弱い草花は冬から春に成長して、夏になる前に花を咲かせ、種をつくる。二千年生きた大賀ハスの種が証明するように、種は強い。草花にとって、最も過酷な時期を種の姿で乗りきる。秋、適度な温度と湿度を与えられ、発芽する。

同様に寒さに弱い草花は、秋に花を咲かせ、種の姿で冬を越す。それは多くの昆虫たちが、卵や蛹《さなぎ》の姿で冬越しするのと似ている。

今、庭ではピンク色のサルスベリ（百日紅・Crape myrtle）が元気に咲いている。うす紫のムクゲ（Hibiscus）も「一日花（一日限りで咲く花）」が次々に咲く。ノウゼンカズラ（Chinese trmpet creeper）も赤やオレンジの花を咲かす。あっという間に大木になつたノウゼンカズラに今、私は悩んでいる。所かまわず地下茎を伸ばし、半径5メートルの範囲にあちこちに蔓《つる》が出現し始めた。取っても取ってもゾンビみたいに出てくる。まるでイタチゴッコだ。掘ると、地中深く太い地下茎が姿を現す。放っておいたら、庭木や草花が駆逐され、姿を消し、ノウゼンカズラだけのガーデンになってしまう。困った・・・・。

同じ様な話が全国の竹林で起きている。手入れの届かない竹林は、周囲の林に容赦無く進入し、木々を枯らしながら勢力を伸ばす。現在、なす術が無いという。竹の子を大量消費しても、とてもとても太刀打ちできない。

結局、ノウゼンカズラは切る事にした。地下茎も掘り起こす。樹が小さいころは、可愛いの、綺麗だのと、愛でておきながら、樹が大きくなり、もて余すと処分する。なんと私は身勝手な人間。庭の秩序を取り戻すためとはいえ、心が、痛む・・・・。

眠れない夜中、ふと民放ＴＶを見ると、ミッドナイトウエザー（真夜中天気予報）をやっていた。桜前線は知っていたが、ナ、ナ、ナント蛍前線、てんとう虫前線、シオカラトンボ前線や、トノサマガエル前線があることを知った。色んな前線があるもんだなあ、と感心した。それらが姿を現す日をラインで示したものだが、それを丹念に調べ上げる人がいることに驚く。今年、梅雨明けは関東の方が先だった。今後、夏は都心からやってくるかもしれない。

ふだんのラジオでどうしても馴染めないのは「ウエザーリポートの時間です」というアナウンサーの日本語英語。なぜ「天気予報の時間です」と言わないのだろう。英語に縁の無い人々にわざわざ馴染みの薄い英語を押し付けるのは傲慢だ。これは一つの例なのだが。文盲率の低さ世界一を誇る美しい日本の言語文化まで、米国の占領地にすることはない。地球温暖化防止京都議定書に同意しない米国がことさら憎いのは、この暑さのせいだろうか。

田んぼにオタマジャクシがいて、手足が生えていた。二男はそれを「カエルジャクシ」と名づけた。「う〜ん、スゴッ!」発想が自由な新語に思わず唸《うな》ってしまった。私達はこの子供たちに灼熱地獄の未来をプレゼントしてしまうのだろうか。二十世紀の豊かな文明とは一体、何だったのだろう。いくら考えても、なんだか解からなくなってしまった。

公園がパラダイス

家の前の公園は、四季折々花が咲く。「この公園で、バーベキューパーティーを開きたい!」という、かねてよりの思いが叶い、隣近所の呼びかけに26人の老若男女が集った。

炭火おこしはヘアドライヤーが便利で、ゴーゴーと音を立ててすぐに赤々と火が付いた。夜の庭仕事に使うハロゲンライトに照らされた公園はロマンチックな雰囲気で、まるで南の島のビーチ。子供たちは花火に興じ、大人達は語らう。隣人と普段ゆっくり話す機会が少ないだけに、求め合うように触れあう。楽しげな多くの笑顔は、この集いが成功した事を表していた。

隣近所の連帯は、そこに暮らす人々に安らぎをもたらすかけがえの無い共有資産である。次世代に、ここが新しい故郷である事を感じてもらえたら本当に嬉しい。

2001年9月

18

グッピーのお引越し

秋風が吹く。猛暑に見舞われた夏を乗り切った身には何とも嬉しい季節到来である。一旦、夏までの疲れた自分をリセットして、新たな自分を作り出そうと思うのは、このところ休み無く仕事をし、燃え尽きてしまいそうな自分が現れたから。

頼りにできるのは自分の心身だけ。善人はやめて、少々悪者でもいいから、とにかく細く長く生き延びなければ、私を頼りにしてくれる家族達に申し訳ない。ストレスたまる現代を生き抜くには、身近に楽しみを持つに限る。

そこで、この夏私を元気づけてくれたのは、グッピー。本誌7月号で紹介したように、6月に小さな池に放したオス、メス5匹ずつのグッピーは恐るべき繁殖力を発揮し、9月はじめには大小約70匹に、増えた。

夏、出勤前に餌のテトラミンをパラパラまくと、水草の茂みから寄ってきては、餌の取り合いを始める。その仕草が可愛いのなんの。

テトラミンは、中学生の頃から愛用しているドイツテトラベルケ社のベストセラー。鰹ふりかけそっくりな外観と匂いを持ち、いくらでも細かくなるから、生まれたばかりの稚魚でも食らい付ける。

かつて熱帯魚の生餌として糸ミミズが流通していた。それを専門に採る業者がいて、街のどぶに腰を屈めて、U字溝の継ぎ目に集団でユラユラしているそれを丁寧に採っていた。熱帯魚が糸ミミズを食べる素振りが面白くてよく買っていたが、さすがに魚の成長は凄《すご》く早かった。

テトラミンは糸ミミズに劣らない栄養性能を表して、生まれたグッピーはみるみる成長し、オスは生後2ヶ月で美しい体色を現した。母魚の腹は丸々と太り、次々に稚魚を産む。グッピーは胎生メダカで、卵は親の胎内で孵化し、稚魚の状態で生まれてくる。

ところで私は小学生の頃から水生生物と縁が深い。アメリカザリガニ、シラスウナギ、ドジョウ、フナ、メダカ、ゲンゴロウ、及びヤゴは近くの沼や川で採ってきては飼っていた。

中学生の頃から熱帯魚を飼い始め、途切れながらも今日に至っている。「熱帯魚はグッピーに始まりグッピーに終わる」と云われる。13才の時に初めて飼ったグッピーは、それほど好きでもなかったが、43才の今、大好きになったのは30年の月日の賜物か。最低気温が22度を記録した9月2日、池のグッピーは、全て室内の水槽に移住させた。極彩色のヒレを揺らして舞う泳ぐ宝石を見ていると、自分もお魚になったみたいで気持ち良く、いつの間にか眠りに落ちる。そうか、私達の遠い祖先は魚だったのだ。子供たちも大喜び。ホームセンターでの10匹千円なりの投資は沢山の楽しみをくれた。

28才のとき、私は県育英財団から百三十万の奨学金を得て米国ジョージア州立大アニマルサイエンスに留学した。学部長メイブリー教授の運転するフォード社ステーションワゴンに乗り、フロリダ州に近い広大な森の農場を訪れた。そこの沼には天文学的数字の野生グッピーが岸近くに群れをなしていた。一網千ドルか！。一方、34才のとき、鹿児島県農政部流通対策室流通企画係主席技術主査で、「かごしまブランド確立運動」を担当をしていた時香港大丸で黒牛黒豚などなど県産品販売拡大のため香港を訪れた。目眩《めまい》がしそうな匂い漂う香港の市場の金魚屋では、銀色に輝くシルバーアロワナの幼魚が、金魚並みの価格で大量に売られていた。目が釘付けになるそれらの光景に、世界は広く想像を遥《はる》かに超えていることを思い知らされた。

生きものセラピー

ガーデンの草花や生き物たちは全て同じ時代の地球に生きる命ある仲間であり、愛情の対象となる。一緒にいるだけで幸福な一時《ひととき》を送れるのだ。命あるものは、人が生まれながらに持つ宿命的孤独を癒してくれる。

私の家の近くに龍門の滝から続く網掛川《あみかけがわ》がある。川沿いの千鳥公園《せんとり》は、親水型公園で子供たちの歓声が絶えない。故、椋鳩十先生も、かつて籠《かご》に味噌を入れて川底に沈め、魚を誘《おび》き寄せ捕まえた。アユ、手長エビがいる。夏になると次男が手長エビを採ってくる。生きたそれを空揚げにして、それを肴に昼間からビールを呑めば、なんと幸福《しあわせ》な昼下り。

ガーデンの周りは命に溢れている。全ての命に乾杯！

2001年10月

19
ヒヤシンス（Hyacinth）の水栽培

晩秋は、春咲き球根水栽培開始の適期である。水栽培の王様は何と云ってもヒヤシンスだろう。春に咲く代表的な球根植物で、花は強い芳香を放つ。原産はシリアからギリシャにかけての地中海沿岸。

ヒヤシンスの名はギリシャ神話の美少年ヒヤキントスに由来する。ある日、太陽神アポロンは美少年ヒヤキントスと仲睦《むつ》まじく円盤投げに興じていた。すると、かねてより美少年に想いを寄せていた西風の神ゼピュロスが、嫉妬のあまり強風を吹きつけた。円盤は美少年の額に当たり、そのまま息絶えてしまった。そのとき流した血の中に咲いたのがヒヤシンスだ。

球根の外皮の色と、咲く花色は似ていて、白い球根には白い花が咲き、紫の球根には紫の花が咲く。このように大体球根を見ただけで何色が咲くか予想がつく。このように、球根の色から花の色が判別できるのは同属のシラーカンパニウラータなどユリ科に多い。小学3年の理科の教科書に水栽培があった。描かれた絵は、紫のヒヤシンスと黄色のクロッカス（Crocus）。根が出るまでは暗いところに置くか、黒い紙で容器を覆いなさい、と、書かれていた。その授業の日が待ち遠しかった。おそらく、当時私は世界で一番ヒヤシンスを愛した少年だったろう。

昔から形の変わらない水栽培容器がある。ヒョウタンの上半分の、そのまた半分を横に切った形をしている。球根は、底の部分に環状の根が出るところがある。既にブツブツした半粒状の根の原器があるため、すぐ分かる。根はそこから放射状に広がる様に発根する。水栽培容器のくびれ部分の内径と、この環状部分の大きさの関係が大事で、球根の環状部分が大きすぎると容器のくびれ部分より下に根が入っていけず、根は上にはじかれ空中をさまよい干乾びてしまう。水栽培用と表示してあるものは特大球であることが多いのでこの点に注意しよう。

発根までは球根底が浸るまで水を入るが、根が伸びるに従い、水を少し減らし数センチは根を空気に触れさせる。厳寒期に1～2週間戸外の冷気に晒《さら》す方がよい。なぜなら春咲く球根は寒冷刺激を経験したのち、立派な花が咲くからだ。

芽が出てきたら、ガラス越しの日光の明るいところに置き徒長を防ぐ。球根には花を咲かす養分が、既に蓄《たくわ》えられているため基本的に肥料は要らないが、ハイポネックス等の肥料を入れても良い。

ハイポネックス粉剤

小学生の頃川内市向田《むこうだ》に住んでいた私は近所の「アゼリア園芸店」に入り浸りになった。そこの主人はオペラ歌手のような風貌と、清らかな透き通る声をもち、商売にならない園芸小僧に草花のことを、優しく教えてくれた。それは、私のガーデニングの基礎となった。

アゼリア園芸店の店主はヒヤシンスの水栽培のセットを買ったとき、「これを入れるとよく育つんだ

2001年11月

よ！」とハイポネックス粉剤を耳掻《か》き一杯水に入れてくれた。クリスタルに輝くガラス容器の水中に微粒子は、静かに溶けながら底へと沈んでいった。そして翌春ヒヤシンスは見事に咲いた。

その時「ハイポネックス」「耳掻き一杯」という言葉を覚えた。ちなみにハイポネックスはその頃から現在までの30年以上ラベルのデザインが変わらない。優れた意匠とはこういうものなのだろう。

ヒヤシンスは病害虫に強い。とくに病気や害虫の心配がない。植えっ放しでも毎年咲く。水栽培の終った球根は、どんなにくたびれていても庭の片隅にでも埋めておこう。翌春、思い掛けず咲く美しい花のプレゼントに驚くことになる。ヒヤシンスは原種一種から発達したので、種間雑種が生まれなかった。そのため花の形に変化が殆《ほとん》ど無い。原種は青紫色だがピンク、白、黄色等の花色を持つに至った。チューリップと同様に大変人気がある花だが、19世紀の品種が今でも通用しているのは珍しい。日本には江戸時代末期に紹介され、夜香蘭とも呼ばれた。明治時代には、にしきゆり、ヒヤシント（風信子）とも呼ばれていたようである。

ユリ科の多年草で、ユリと同じ花形で6枚の花弁とオシベを持つ小花が20から40密に咲く。自分の気に入った容器で水耕栽培するためにはハイドロカルチャー用の発泡礫石（ハイドロコーン）等を用いるとよい。最近オレンジ系の魅惑の花色が増えた。

瑞々しい根、力強い葉、夢色の花、幸福に満ちた芳香。どれをとっても一級品の楽しみに、今年も取り組んでみたい。

2001年11月

T&E Collezione da Giardino

ヒヤシンス水耕栽培　　2000 年

20

バナナ（Banana）

フルーツパフェ、氷白熊、オムレット、ｅｔｃ。洋菓子やデザートには欠かせないバナナ。四十代以上の方はこの果物がかつていかに貴重であり、これを食する人が羨望の的であったかを知っている。童謡「さっちゃん」の歌詞で「・・・だけど、ちっちゃいからバナナを半分しか食べられないのよ、かわいそうね、さっちゃん・・・」。この歌を耳にするたびに、なんともったいないことを！と憤慨していた幼い日々。

遠足にバナナをもってくるのは医者か社長の子ぐらいのものだった。羽振りのよいおじさんの手土産とか、誰かの病気見舞いに、４本が高級フルーツ店の化粧袋の中にうやうやしく鎮座していた。

幼い頃、父に連れられ伊豆の熱川バナナワニ園に行き、バナナの大きな房が実っているのを見たことがある。群れるワニはこわかったけどバナナの魅力にはかなわない。実が幾重にも重なっている。すごい。

野生種は種子があり、そのまわりのデンプン質がわずかに食べられる程度。種子ができない3倍体の出現により食用バナナの歴史が始まった。種子では殖やせないので株分けで殖やすが、成長が早く、次々に実る。

2001年12月

鹿児島市与次郎の長島熱帯植物園（現在は閉園している）には見事なバナナ園があり、実っているところが見れる。種子島以南の島々では、島バナナが普通に見られる。島バナナはネットリとした粘りがあり、酸味と甘味が混じり、香りが素晴らしい。空港で売られ、無人市でも売っている。

かつて日本は、台湾バナナ主流だった。現地では緑色の未熟果が収穫され、船で北九州門司港に陸揚げされたのち、倉庫で黄色く熟され、市場に出回る。門司港の伝統芸能となっている「バナナのたたき売り」は、輸送中に熟してしまったそれを、腐る前に売ってしまうために生まれ、発達した。

茎に見えるのは偽茎という葉を重ねた円柱状のつくりで、輪切りにするとタマネギみたいで、どこまで剥いても茎がない。偽茎の先には左右対称の広い葉がひろがる。

葉は香りがよく、現地では食べ物を包んだり、肉を包み蒸し焼きにしたりする。偽茎は柔らかいため台風で折れ易く、南西諸島では栽培するも収量が安定しない。その理由で日本向け産地はフィリピンにとって替わった。ドール、デルモンテ、チキータなどの巨大資本が広い農園を所有し、日本市場の殆どを独占する。

芭蕉アラカルト

バナナは芭蕉科の植物である。この仲間は外観が似ていて、大きさが違うだけで、どれも同じに見える。芭蕉布は沖縄特産で、リュウキュウバショウの偽茎を外側から剝ぎ取り、木灰汁で煮る。その後、竹串でカスを取り除き、白い繊維だけを取り出し、琉球藍、シャリンバイなどの植物染料で染め上げ、反物にされる。芭蕉布で作られた芭蕉衣は肌触りよく涼しく王侯貴族、庶民の別なく人々に好まれた。高温多湿の地における天与の素材といえよう。

バナナの仲間のマニラアサはフィリピンの特産で、偽茎を開花前に切り倒し縦に裂き繊維をしごき取り乾燥させたもので、白い光沢があり、水に強く丈夫な紐やロープができる。ボルネオでは第二次大戦前、日本人がフィリピンから苗を持ち込み広大なマニラアサの農園を作ったという。

バナナの仲間の芭蕉（バショウ）は寒さに強く、東京神田川沿いにある俳人松尾芭蕉が居た芭蕉庵の庭に植えられていた。

古池や　かわず飛び込む　水の音　　松尾芭蕉

鹿児島では普通に見られ、条件さえよければ花が咲き、バナナに似た小さな実が成る。トロピカルムード満点の植物だ。

秋に鹿児島近海で刺し網にかかる秋太郎はバショウカジキのことで、口先が長く突出し、背びれが芭蕉の葉にそっくりである。ヘミングウエーの小説「老人と海」で描かれた豪快にジャンプする魚は、確か、このデカイやつだった。秋太郎は刺身に美味で、季節には鮮魚店に並ぶ。時折出回るカマも絶品で、脂が乗り、塩焼きに最高だ。

マグロがタップリ乗った鉄火丼が、久しぶりに食べたくなった。馬肥ゆる秋である。

Banana.
2001.11.10

21

朝日のダイヤモンド

晴れた朝はガーデンで、虹色に輝くダイヤモンドを見よう。葉に付いた夜露や夜中に降った雨の雫《しずく》に朝日が当たり、虹色に輝く現象で、太陽の贈り物だ。見つけたら、しばらくジッと見つめて、比類無き煌《きら》めきの虜《とりこ》になりたい。初めて気づいたのは小学生の頃、夏ミカンの葉に付いた雫《しずく》だった。神々が降臨したような厳《おごそ》かな空気に包まれた。後日、学校でプリズム現象を学び、その正体を知る。

人生には分からないことが多く、生きることは、知らない事との出会いの連続である。

自己という生命も祖先からの遺伝子に従って今を生きている。森羅万象の多くが科学的に説明がつくけれど、自分が何者で、どこへ行こうとしているのか、謎だらけである。好奇心の塊のような少年がそのまま大人になった。ただ、好きな事だけは続けてきた。ガーデニング、大型バイク、植物の絵などなど。不肖の夫に好きな事を存分にさせてくれる妻に感謝。どんな時間も大切にしようと思う。不惑の年はとうに過ぎたけど、自分の生き方に合わない時間なんて一秒だって嫌だ。一生、青臭くたっていいじゃないか。文句あってか？

いま、9・11テロによる犠牲者鎮魂の祈りに包まれた新年を迎え、家族や友人と共に、喜びと悲しみを分かち合える年でありますよう、祈る。21世紀が平和な世紀でありますよう、ひたすら祈る。映

2002年1月

像で見る限り、アフガニスタンの荒涼たる国土には朝日に輝く雫は無いかもしれない。日本のあふれる緑を分けてあげたい。

ユーカリ

新年を迎え、門松が立つ。世は不況。忍耐は続くが、心の中までは不況風を吹かせない。どう転んだって健康で文化的な生活を営む権利を謳《うた》う憲法を持つ国に、生を受けた幸運な私達。心の豊かさを追求したい。

ガーデニングは命を育てる趣味。好きな草花を殖やす楽しみや、美味しい果樹が実る喜びは驚くほど創造性に富んでいる。

街を散歩すれば、個性的なガーデンが草花の香りや土の匂いを発散している。パンジーやキンギョソウが霜にも負けず美を競っている。育てる人の人柄が表れる植物の息吹に元気をいっぱいもらう。

家の前の公園には昨秋、ユーカリを植えた。可愛い丸葉のユーカリ。葉は青白く、フラワーアレンジメントの個性的な素材となり人気急上昇中。冬を無事に越せるのかまだ不明だが、園芸植物の霧島・姶良地域における適地性調査をライフワークにしている私には興味の尽きることが無い。

スリー・シーズン・コンテナ

最近、優れもののコンテナ（プランター）と出合った。アイリスエコシリーズでリサイクル木炭40%を含む木樽風プラスチック製。国分市ホームセンターNで手に入れた。外観は表面を焼いた木材風で、一見プラスチックだと気づかない。強度があり軽い。価格は12号（径36センチ、高さ24センチ）で9百円前後とお手頃。

素焼鉢やイタリア製テラコッタは、見た目は良いが、とにかく重い。中年過ぎると腰に負担がかかる。私にとって救世主のようなコンテナを用い、3シーズン楽しめるコンテナを作ろうと思う。用意するのは、底に敷くゴロ石。それと生ゴミをたっぷり埋めこみ腐熟させた土、草木灰及び、骨粉である。ゴロ石以外はよく混ぜて用土とする。

球根はカサブランカをはじめとするオリエンタルリリー系のユリを3球、チューリップ（tulip）を10～12球、好きな一年草（ビオラ（Viola）、スイートアリッサムなど花期が長く葉や花が繊細なものがよい）を適量。植え方は図で示す。冬～初夏は小花、4月はチューリップ、7月はゴージャスなオリエンタルリリーが楽しめる。

小花、チューリップは花が枯れ次第引抜き用土を補充する。花工場、ハイポネックス二千倍液を月一回水代わりにやる。月2回ほど植物全体に木酢液希釈液をジョウロでかけるとユリの蕾やビオラにアブラムシが寄りつかない。オリエンタルリリーはチューリップがつぼみの頃、芽を出す。リリーの

2002年1月

花後のお礼肥をあげて肥培し、秋深く堀りあげ、再利用する。私は新登場のユリ、黄色のスターゲイザーを植えた。どんな花が咲くのか今から夏が楽しみである。

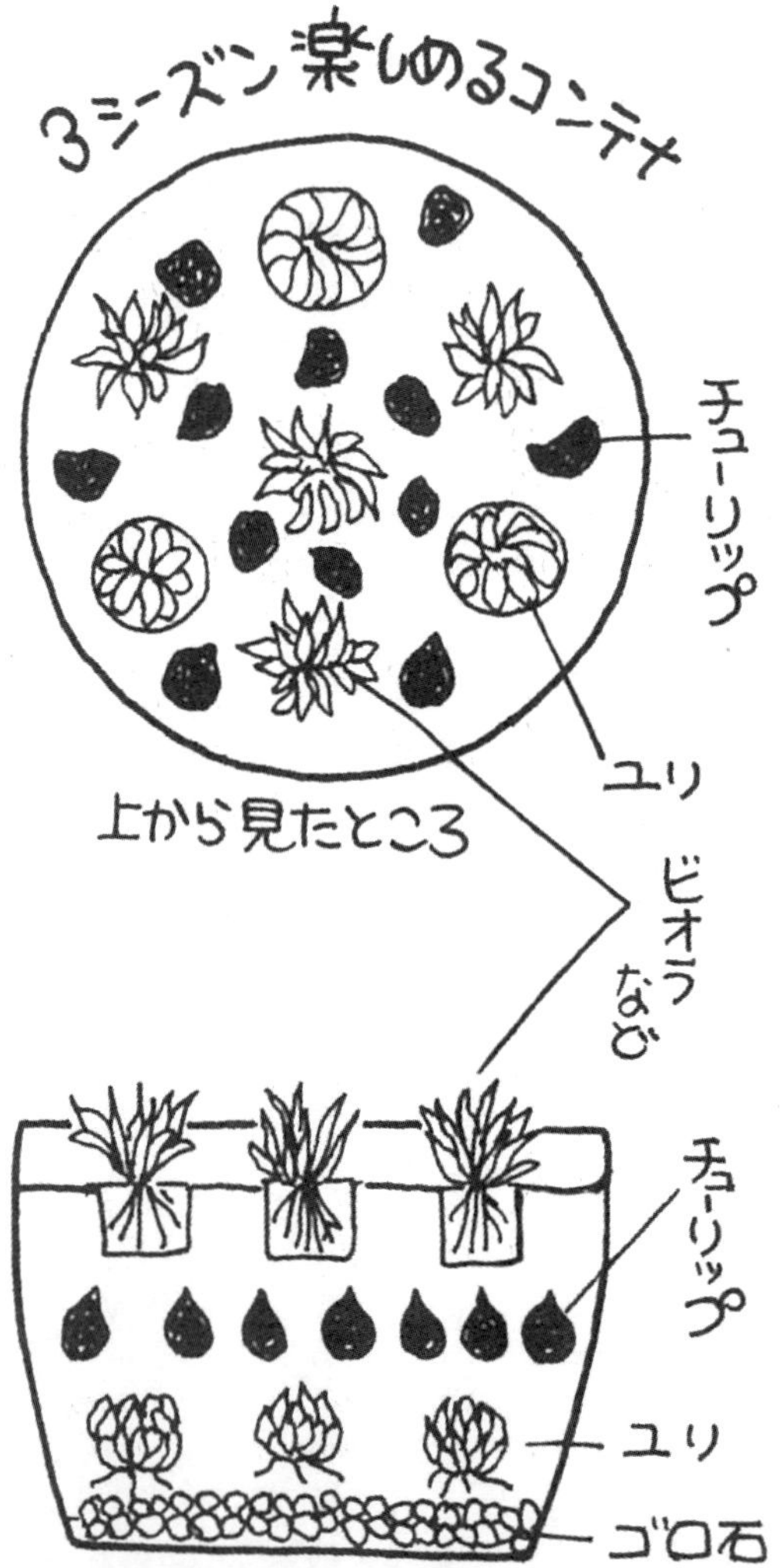

22

2月は春待つ楽しみ月

この冬、寒波が次々にやってくる。寒さが身にしみるのは歳のせいか。20代の頃、心身を鍛えるため寒風の中をTシャツでランニングし、雪が降るとオフロードバイクで霧島山麓を走った。銀世界の凍てつく林道を走破したあとは、ほてった身体を冷やすため氷の滝壷に飛び込んだ。

頭上には滝がそのまま凍りついたグリーンに輝く氷の造形が眩しい。氷温の水泳は寒いのではなく、痛い。死を予感させるような全身を突き刺す肌の感覚は、若い冒険心を象徴していた。そのなごりか、今も風呂で冷水摩擦を欠かさない。長年喘息で苦しんできた私は心身の鍛錬が効いたのか、症状を最小限に抑えている。

皮膚は呼吸器や消化器とつながっており、胎内の成長課程では同一のものが分化したとか。皮膚を乾布摩擦や冷水摩擦で鍛えれば、その効果は呼吸器等に及ぶことは日本の心療内科の祖、九大医学部池見先生の持論であった。ロシアからの映像では氷をくりぬいて作ったプールで人々が寒中水泳を楽しんでいる。一方パラグライダーで空を舞う友人たちがいる。厳寒の中を時に2千メートル上空を飛ぶという。どんなに寒くても彼らは飛ぶ。サーマル（上昇気流）にのって大空を浮遊し、鳥の目になったら、いったいどんな世界が見えるのだろう。

2002年2月

寒さをものともしない人々の逞《たくま》しさにはとても元気づけられる。
そんな真冬のガーデニングは、春の開花を待つ楽しみの季節。3月から5月にかけて咲き誇る草花は、まだ小さな芽だったり、地を這うように株を広げたりしている。

成長し春咲く姿を想像する。オーケストラのように個々の草花が美を競って響きあい、ガーデンをエデンの園に変える。そんなイメージをするのが楽しい今の季節。樹木の剪定以外、これといって庭仕事もなく、ただコーヒーを飲みながら眺めて楽しむ。

実際は想像をはるかに超えて草花は咲く。私の場合、春花壇をゴージャスに演出することを最大の目的に年間労力の大半を費やす。だから客人には3月から5月にガーデンを訪ねて欲しいとお願いする。ただ転勤のシーズンでもあり、人も一番忙しいシーズンであることが、なんとも歯がゆい。

宿根草ガーデン

私が加治木町でガーデニングを始めて丸4年たつが、ガーデンの草花も栄枯盛衰があった。当地で環境に適する魅力ある草花探しが私のライフワーク。環境に合わなければ育たず、合えば殖える。園芸店で自分の好きな草花探しは楽しく、それが殖えることはさらに嬉しい。対象は宿根草や球根植物が中心になる。

現在うまくいっている植物を紹介しよう。宿根草ではアガパンサス、アリストロメリア、クリスマスローズ。アカンサス、ジャーマンアイリス、シャクヤク、小菊、ガーベラ、ルリマツリ、ベアグラス及びハーブストロベリー。球根植物ではテッポウユリ、カノコユリ、オリエンタルリリー系、ダッチアイリス、ヒヤシンス、水仙、クロッカス、ムスカリ、グラジオラス及びアマリリス。アマリリスはあまり殖えないが、毎年ゴージャスに花が咲く。

アリストロメリアは高級切花として、春のブーケの素材に魅力的であり繁殖力強く、病害虫も少ない。クリスマスローズは2月から5月まで4ヶ月咲きつづける花期の長さと花持ちが魅力。色合いがデリケートで、通好みの花である。寒さ熱さ病害虫に強く、切花としても大変魅力的だ。ベアグラスはクリームとグリーンのコントラストが美しいグラスで年間を通じて鑑賞でき、繁殖力旺盛で鉢植え、花壇の縁取りに最適である。

以上紹介した宿根草や球根はほとんど植えっ放しでコロニー（群落）を形成し、雑草を寄せつけない。ガーデンのデザイン上、宿根草エリアが充実することで、一年草エリアをコンパクトにまとめることができ、手間のかかる一年草に充分手を入れることができる。何より、お気に入りの宿根草が年々殖えていくのは大変楽しい。現在ベロニカ族の増殖にチャレンジしている。ブルーの小花ベロニカは株が充実すると5月には株全体に花をつけ大変きれいである。

気に入った果樹や花木をポイントに植え、宿根草と一年草の組み合わせを楽しむ。そんなスタイルが出来てきたところである。

ふきのとう 2002. 1/10
T.Egawa

2002年3月

23

春がきた。

先日、ＮＨＫ番組「日曜美術館」でチェルノブイリ近郊の放射能汚染地域に生きる農民の姿が映し出され、大きな衝撃を受けた。老人がクワも持たず手を道具にして馬鈴薯の収穫をしていた。グローブみたいに肥大した手を土中にもぐり込ませ、貧相なイモを僅《わず》かばかり掘り出している。なぜ、危険な場所にしがみついているのか？との問いに、「この歳で一体どこに行けというのだ」と応える。顔に刻まれた深いしわが、どんな境遇も受け入れて生きる不屈の生命力を表していた。そんな姿を見て自分を振り返る。生きることに、もっとシンプルであるべきではないのか。

うららかな春の日、素手でガーデンの草むしりをした。ひんやりした土の感触が手のひらに気持ちいい。指爪の間を土でまっ黒にしながら考えていたら、チェルノブイリの農民たちが危険地帯を離れない理由がわかった。農地を愛し、そこで骨を埋めたいのだ、とごく当たり前のことに気づいた。チューリップやアネモネが小さな芽を出している。希望の春だ。陽光に包まれて、いつまでもガーデンの人となり、草花と触れ合う至福の時間。ガーデンは人生をシンプルにしてくれる。それは、現代社会という魔物の住むところで付けてしまった心の垢《あか》や、いやな自分を洗い流し、忙しさに擦《す》り切れそうになったり、興奮で容易に戻らなくなった神経を鎮《しず》める。朝になれば、新たな自分がまた、一日の戦略を立てている。ガーデニングセラピーはとてもよく効く。「毎日が新しく、毎日が門出！」なのである。

羊頭狗肉

ガーデンからちょっと話をそらす。ＢＳＥ（狂牛病）で牛肉の消費が落ち、肉用牛農家が苦境に立たされているなか、雪印食品による羊頭狗肉《ようとうくにく》（羊の頭を看板に掲げ、キツネの肉を売る、サギ的行為の意）を地でいく行為が明らかになる。

この犯罪に手を染めた人達は、働くことの意味を忘れていた。読んで字の如く人のために動き、はたの人を楽にすることが「はたらく」。報酬は人に役立つモノやサービスの対価である。人の幸福に結びつくから仕事は生きがいになる。企業は利益追求が目的の法が認めた人格であるが、その企業倫理は社員一人一人の善意の精神に支えられている。金のためならルール無視の企業であれば、もはや企業に値せず、存在理由は無い。

現代産業は巨大システムによって成り立っている。肉用牛産業は世紀に及ぶ品種改良、牧草や飼料穀物作りとその運搬・貯蔵、ふん尿処理、と殺解体、部分肉加工流通。そして人工授精から40ヶ月後にやっと肉になる牛は、農家による年中無休の汗と愛情の結晶だ。消費者に届く直前の卸業で虚偽ラベルが使われた。安全で美味しい良質たんぱく質を消費者にお届けすることを使命に長年がんばってきた畜産業だが、その信用がゆさぶられている。

ＢＳＥ発生以降、深刻な価格低下に喘ぐ畜産農家の苦悩はいかばかりか。と同時に同社の罪の無い社員とその家族は生活基盤を失いかけている。数ある仕事の中、縁あって入った会社の危機に、どんな思いで毎日の報道を見ているのだろう。

憎むべきは魂を売った幹部達であり、殆《ほとん》どの社員には何の罪もない。雪印関連会社の社員が誇りを失い悲嘆に暮れていることは想像に難くない。ソルトレイクシティーで原田雅彦選手がベストを尽くして美しい笑顔を見せてくれたら、スノーブランドを底辺で支えてきた人々の心に再起に向けた新たな一歩が生まれることを願っている。国産プロセスチーズの最高傑作「雪印北海道チーズ」を創り出す高い技術力を再評価し、職人気質に徹した「今後」を見守りたい。

国分の街が変わった！

「アッ、ここにも・・・あそこにも・・・」。感動した。国分進行堂前の通り南北方向数百メートルに出現したおびただしい数のパンジーや春の草花のハンギングバスケット（吊り鉢）。通りの雰囲気がガラリと変わった。すばらしいの一言。鉢の一つ一つに表情があって、なんてロマンチック。生き生きとした勢い溢《あふ》れる花はそれを育てている店の方々の人柄まで表していて、心に温かいものがこみ上げてくる。人の心が見えなくなった今、これは凄いことだと思う。そして、励まされる。ガーデニン

2002年3月

グのもつ無限の力と可能性を見る思いがした。

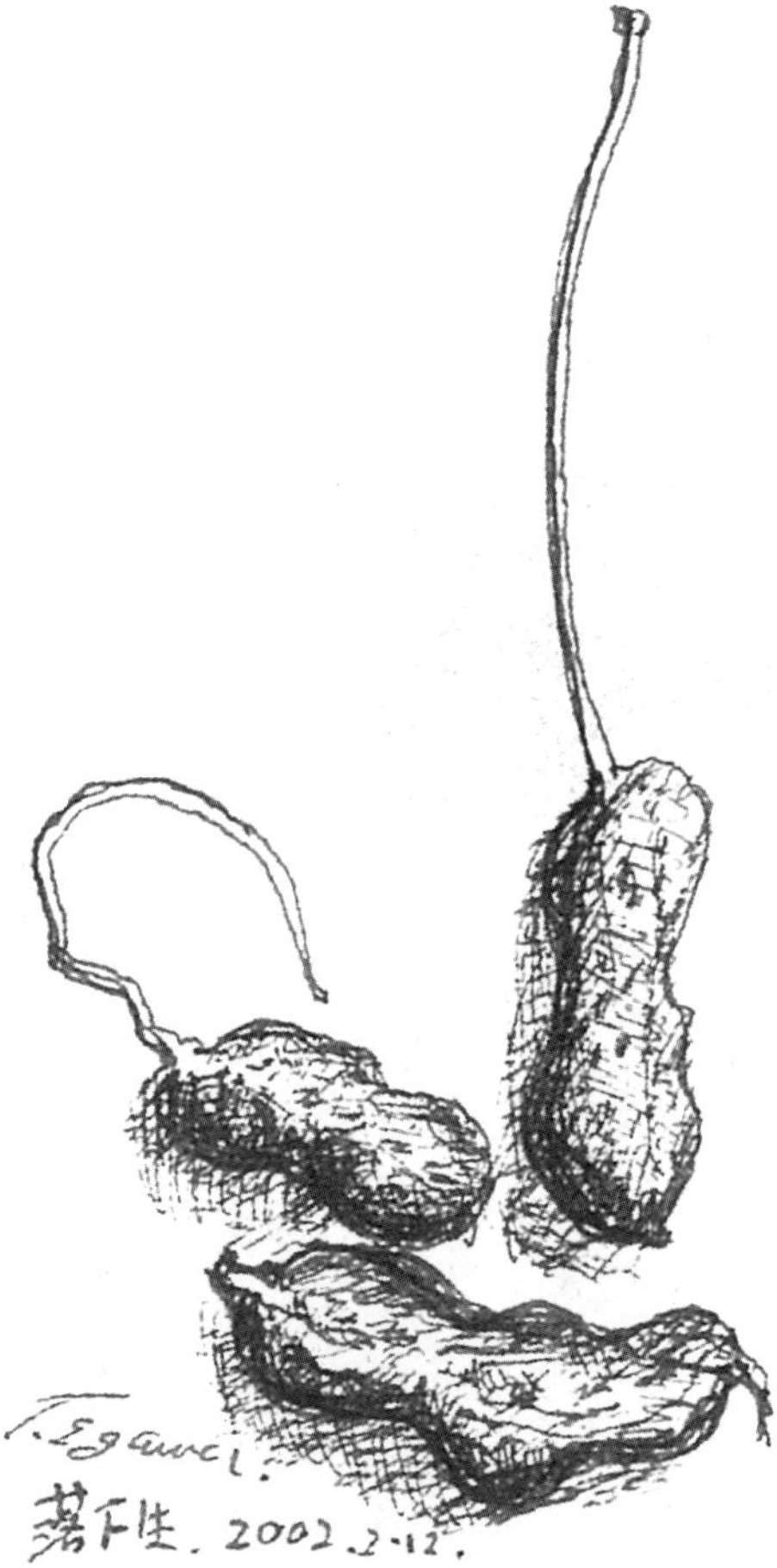

24

クリスマスローズ（Christmas Rose）

私はクリスマスローズが大好き。植付け一年目は葉だけ茂って花は咲かなかったが二年目から咲きだした。咲かないものとあきらめていたから、最初の花はとてもいとおしく感じた。

だんだん惹かれている自分に気づく。どちらかというと地味な色が魅力に感じてくるから不思議。花色が刻々と変化することに気づく。ふやしたくなる。庭木の根元を新たな群生地にしようと、ハイブリッド系の苗を中心に植付けた。冬は日が当たり、夏は半日陰で西日が当たらない落葉樹の根元がよいとされる。肥料にはリンが豊富の完熟豚糞堆肥とカリが豊富な草木灰を使ってみた。本来花の肥料として優れている骨粉が狂牛病のあおりで農協の販売所から姿を消してしまったのが惜しい。

クリスマスローズは実生でふやす事ができる。初夏、十分実が熟すのを待って種をとり、ストッキングに包んで地中15センチ程に埋め、10月に掘りだし蒔いて春に芽ばえる苗を育て、三年後の開花を待つ。

クリスマスローズはキンポウゲ科の宿根草で、この仲間にはオキナグサ、アネモネ、ラナンキュラスなど美しい花が多い。夏の暑さにやや弱いくらいで、病害虫が少なく寒さ乾燥に強いので、意外と簡単に楽しめる。私の庭には植えつけ4年目の大株があり、多くの花茎が立ちあがり乱れ咲く姿は圧

2002年4月

巻で、この花の虜《とりこ》になってしまう。庭の和風洋風を問わず山野草の風情もあるので、商業的にも今後注目すべき品目といえる。もし農地が遊んでいたら、実生苗をふやしておくと将来へのよい投資となりそうだ。

ハイドロボールが楽しい

インスタントコーヒーの空き瓶、ラベルをはがせば立派な水耕栽培容器になる。それにハイドロボールを入れて、ヒヤシンスの球根をのせ、水を発根部にヒタヒタになるまで入れる。それだけでりっぱに花が咲く。ガラス越しに白い根が伸びていく姿は美しい。

加治木港に陸揚げされた海砂の山に時折大きな巻貝が見つかる。すでに中は空なのでそこにハイドロボールを入れ、ムスカリの球根を入れ、あとはヒヤシンスと同様。インテリアとして楽しめる。ハイドロボールは赤粘土を粒状にして焼成したもので、何度でもリサイクルできる優れものでハンズマン国分店が扱っている。値段は袋一杯百八十円で、これだけあれば相当楽しめるので、ぜひお試しあれ。

野に遊び山菜を摘む

二月、春早く芽を出すフキノトウ。開く前の球状のつぼみを妻が天ぷらにした。アクが無く、フキの風味が口いっぱいに広がり、旨さに驚く。自然の生気をいただき体よみがえるが如くである。また、フキノトウは醤油、みりん、砂糖で煮詰め、梅干と絡《から》ませて佃煮にすると、春の香いっぱいのご飯の友と酒の肴になる。数年前、東京の叔母から作り方を教わってからは毎年作っている。

3月になると銀白色に輝くヨモギが芽ばえる。この時期のヨモギを湯がき、冷凍保存し、年間を通じてふくれ菓子を作る。これは奥様方の会合で茶菓子にするが、大好評の一品だ。この時期、あちこちの清流ではクレソンが群生している。別名「西洋水ガラシ」で、ステーキの付けあわせ、サラダオイルに塩コショウで炒めてもいける。スイートアリッサムと同じナノハナの仲間で、白い小花が密に咲く。

さらに奥深い渓流ではセリが旬を迎える。春の七草の一つで吸い物や水炊きの素材として香りが楽しめる。香りのよいミツバも日陰に生えている。新芽を楽しもう。

4月になり野山を行けばワラビ、ツワブキ、こごみ（ぜんまい）がごく普通に見られ、運が良ければまだだれにも取られていないタラの芽、山ウドが取れる。いずれも大変おいしい山菜ばかり。家近くの川の土手、田のあぜではノビルが旬を迎える。球状の根を湯がいてぬたにし、酢味噌で食す。

山菜は、毒のあるもの以外は基本的に食べられる。いずれも香気豊かでビタミン・ミネラルが豊富だ。たまには仕事を忘れて家族と野山に出るのもいい。冬の間、縮こまった身体の調子を整える自然の恵みをつんで、春の香を大いに楽しもう。

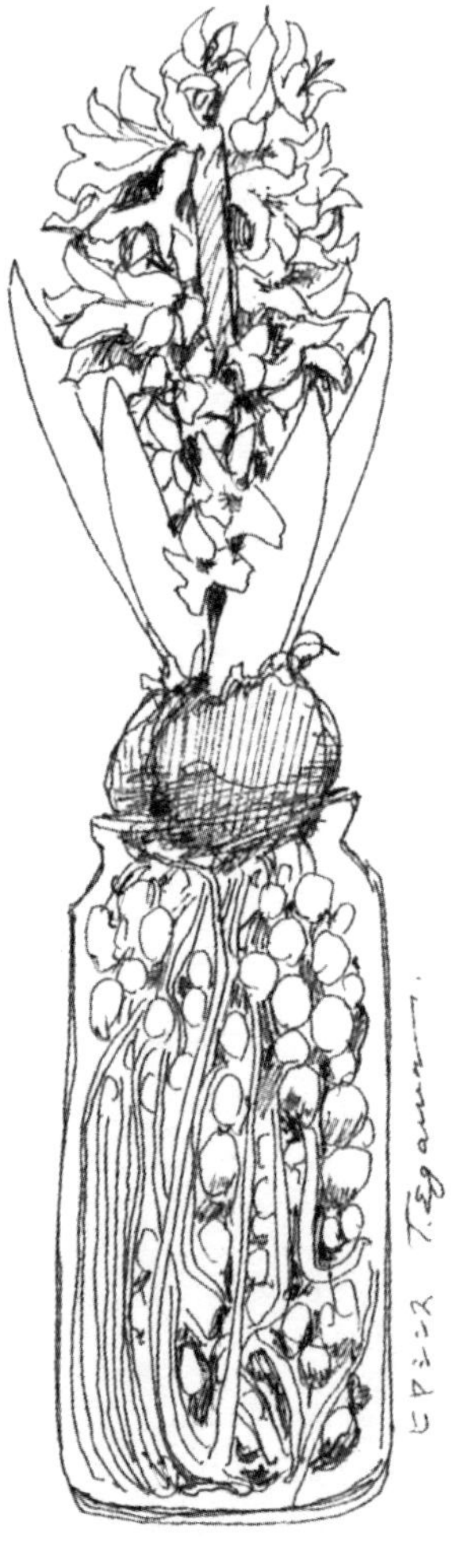
ヒアシンス T.Egami

25

ガーデニング事業

風薫る5月。黄砂でかすんでばかりいた春空のエピローグは、スカイブルーの五月晴れであってほしい。

さて、3月号で紹介した国分進行堂前の通り南北二百米を飾るおびただしいハンギングバスケット。それらをはじめとする通りのガーデニングを先日、ゆっくり見て歩いた。「国分商工会議所ガーデニング事業」と印した看板が、さりげなく足元を飾る。桜が満開のうららかな日、パンジーやビオラは美を競い、全国的人気の西洋ハナミズキは新芽をふき、ピンクの花びらをひろげている。ライトグリーンの繊細な葉をもつシマトネリコは風にゆれている。

この通りには不思議な空気が漂う。模型店、宝石店、飲み屋、ギャラリー、花屋をはじめ多くの専門店が軒を連ねる。どこか懐かしい下町風情がある。街の活性化に取り組むにあたり、どこでもあるアーケードづくりでもなく、新しい街灯設置でもなく、画期的なガーデニング事業に取り組んだ。作りも外観もさまざまな店が大きな花のゆりかごとなって、ひとつに溶け合う。

聞くところによると、市民の散歩コースになっており、客もリピーターが増えているとのこと。住居兼店舗の強みで、熱心な奥さんたちが手入れを怠らない。そこにはバスケットの数だけ人の思いが

2002年5月

込められ、整備された都市公園花壇では味わえない温もりに満ちている。ひとことで言えば、ホッとする。花で客を喜ばすのは洋の東西を問わず最高のおもてなしなのだ。

ところで通りをガーデンにする発想はどこから出たのだろう。ポイントごとにクラシックレンガで洒落た一角を築き、樹木を配す。見られたくない壁はトラリス（木枠の中を格子状にした板）で覆い、空間をハンギングバスケットで飾る。ハンギングバスケットは水分の蒸発が多いため乾きやすく、水やりが欠かせない。花がら摘みも欠かせない。すごい手間ひまかけて愛情を注がないと、ここまで見事に咲かせ続けることはできない。花好きに悪い人はいない。そんな人達の営む店はきっと良心的で、街は元気に違いない。自然、そう思う。

脱帽、そして多謝。「こぼれだね」

草花を育てていると、植えた覚えがないのに草花の芽が出てくることがある。それは前作の花のたねが地面に落ち、季節がきて最適の地温を感じとり、自ら芽生えた命なのだ。それを「こぼれだね」と呼ぶ。

私の家前の公園にはガーペラ、アガパンサスなど宿根草のまわりをこぼれだねの花が彩る。春はピンクやオレンジ色の姫キンギョソウ（リナリア）、白のクリサンセマム・ノースポール、そしてブルーや白の黒種草（ニゲラ）だ。今年はネモフィラの明るいブルーが加わって、夢のようなパステルカラーのガーデンができた。

こぼれだねの長所は、雑草並に強く、病害虫が殆どないことと、草花本来のもつ自然の形が楽しめることだ。品種として遺伝子が十分固定されているので美しい花色が毎年楽しめる。なによりも毎年勝手に出てくるのだから、手間がかからない。人のすることといえば、草取りと、種が熟してこぼれるまで咲き終わった株を抜かないよう気をつけることくらいだ。これを利用することは広い面積をナチュラルに管理するガーデニングの裏技といえる。流行のスローライフ（ゆったりとした生活）によく合う。いずれの花もかわいいブーケに最適。空港での見送り用にラッピングすれば、おしゃれでかさばらず大変喜ばれる。夏秋花壇ではトレニア、コスモス、オシロイバナ、ひまわりなどが利用できる。野菜では日本の代表的ハーブの青ジソがあり、葉だけでなく花は穂ジソ、実は実ジソとして利用できる。野生のスミレも人気だ。スミレ科のビオラは原種に近い紫系統がよく殖える。

ワイルド・フラワー・ミックスは多種類の草花のタネを混合した市販のたねで、99年宮崎の花博で真価を発揮した。道路わきの斜面、牧草地の景観用によいし、自然の風情は家庭でも楽しめる。ハナビシソウ（アメリカンポピー、ヤグルマソウ、ケイトウ、ルピナス、月見草などが混じり、条件がよければこぼれだねで毎年楽しめる。

つつじ. April 2002.
T. Egawa

26

4年目のジャカランダ

このエッセイで以前紹介したジャカランダの4年目を報告する。この5月で購入後丸4年たつジャカランダの木がすでに二度露地で越冬したことから、加治木で冬を越せることが判かった。昨年、一房の花が咲いた木は2メートルに成長し、今年、多く枝分かれした先端におびただしい数の花房をつけた。この原稿を書いている5月上旬は、蕾が膨らんでいる最中で、花の見頃は5月下旬から6月上旬と予想する。輝くようなブルーベルを道行く人に楽しんでもらう夢が実現に近づきつつある。

お向いの宝石店のシンボルツリーである西洋ハナミズキはこの4月、驚くほど美しく開花を見せた。花弁はピンク濃くポッテリと重量感があり、大きい。枝全体を覆う花は、一帯がピンクに染まるほどで、人も車も思わず立ち止まり、樹幹を見上げた。植栽後10年を越えるこの木は当地が西洋ハナミズキの生育に適していることを証明している。

ジャカランダや西洋ハナミズキは海外ではもともと大木になる。ここでどこまで大きくなるのか、予想がつかない。

ホワイトガーデン

カサブランカ、デンファレなど白い花が溢《あふ》れるウエディング。花嫁の無垢を象徴する色としてのホワイト。清楚にして大変奥が深い色だ。人は色の好みが年齢とともに変化する。20代のころ、白い花は地味であまり好きでなかった。不思議なもので、40を過ぎると好きになった。

4月に咲くオオデマリ。緑が次第に純白に変化する花弁の移ろいは形容しがたく美しい。5月に咲くテッポウユリ。その清々しい香りは特筆すべきものであり、ガーデン全体が華やぐ。純白のパンジーとクリサンセマム・ノースポールを組み合わせたコンテナガーデンは冬から初夏にかけ長期にわたって咲きつづけ、モンシロチョウが乱舞するかのような幽玄の世界がひろがる。

牧園町にある「みやまコンセール」裏の公園では昭和59年に天皇陛下がお手植えされた杉が大木に成長した。4月終りから5月にかけてヤマポウシが満開の時期を迎えていた。庭では結構気難しい花なのだが、ここでは木全体が純白の花で覆われ、おごそかな空気に包まれる。背景には天孫降臨の神々の住む霧島連山が深い新緑をたたえていた。

家庭ではユキヤナギ、カシワバアジサイ、白花西洋ハナミズキ、白モクレン、などの花木がホワイトガーデンを抜群の存在感で彩る。草花でカスミソウ、クリスマスローズ、ヒヤシンスの白、スノーフレーク、白色系水仙、チューリップ、キンギョソウなどが心の琴線に触れる。

白をベースにすると、葉の緑が引き立ち、また、緑色にも多くの変化があることに気づく。さらに、ブルーやオレンジ色の花をポイントに添えると引き立てあう。それは、ぜんざいに塩を少々入れると甘さが引き立つのに似ている。

日木山川

加治木町に日木山川という二級河川が流れている。住宅街を流れる河川としては珍しく清流だ。これは、流域が自然豊かで汚染源となるものが極めて少ないからだ。源流を楠原の台地は隼人町境、加治木カントリークラブ近くに発し、溝辺町との境界の谷を奔流となって一気に下り、日章旗が頂上にはためく蔵王岳（ざおうだけ）のふもとに添い、加治木インターチェンジ、住宅地の中を流れ加治木港、錦江湾に注ぐ。

堤防には地域の人々が草花や花木を植えている。菜の花がＪＲ踏切から10号線までの堤防にびっしり植えられ、春の風物詩になっている。６月は黄花コスモス、アジサイが美しい。周囲住人が植える色とりどり花が楽しい。川は鮎、川エビ、スッポンなど清流に住む魚類に富む。堰《せき》に魚道が設けられ、シラサギが獲物を狙う。

そこには昔と変わらぬ日本人の原風景が今もある。市民は時間を止めて散策し、犬を遊ばせる。今日は子供とピンクに透き通る小エビを採ろう。熱帯魚水槽で多くの腹ビレを活発に動かし、優雅に泳ぐ姿が大好きだ。河川が次世代に残す大切な資産であると、改めて思っている。

2002年6月

ヤマトヌマセビ。2002年5月

27

2002年7月

夏が来た。

灼熱の太陽が大地に照りつけるシーズンだ。私は小学生のころ川内に住んでいた。夏休みが待ち遠しく、宿題は「夏休みの友」だけ。ラジオ体操と朝食をすませると、もうそのあたりにはいなかった。家々の軒先には今は見かけなくなった赤やピンクのホウセンカが咲き乱れ、日よけにはわせた朝顔がブルーやピンクにみずみずしく咲いていた。「朝10時までの涼しい時間は勉強しなさい」と言われたが、とても無理。好きなことをやった。特に、読んでもいない本の読書感想文は、私を本嫌いにした。

近くに子供会の花壇があり、そこで花を育てるのが日課だ。ダリア、グラジオラス、ケイトウがきれいに咲いた。昭和四十年代の子供会は太陽国体に向けて花いっぱい運動に取り組んだ。ただサルビアとマリーゴーレドの二種類だけ推奨されたので、花壇や国体ロゴマーク入りプランターは赤とオレンジで埋め尽くされた。強烈な色彩は度が過ぎると押し付けがましく、それが原因でこの二つの花があまり好きでなくなった。

川内川

川内川には川内（センデ）ガラッパ（河童）が住んでいて、ヒューヒュー音を出して子供を川に引き込むとの伝説がある。しかるに私が一人で川に行く時に限って不気味な音がどこからともなくヨシ原に響き、泣きそうな顔で逃げ帰ったものだ。

そのころ堤防にはトノサマガエルはじめ豊富な餌がいたからであろう、多くの蛇が住んでいた。大人の二の腕ほどもある黒光りする大蛇は、草むらにゴロンと横たわり、出会った瞬間に心身が凍りついた。川には大きなカメが住み、巨大な魚の群れが水面近くを悠々と泳いでいた。

よく堤防でキリギリスをとった。虫かごに入れて軒先につるし「チョン・ギース」の鳴き声を楽しむ。当時、東京のデパートでは高価な商品であることを知っていたから、とれるとうれしくてたまらず、きゅうりを与えて大事に飼った。当時、川内市民会館周辺にはいたるところに沼があり、食用ガエルのオタマジャクシが沢山いた。鶏卵ほどの頭をもつ巨大なそれをとろうと水に浸れば赤黒いヒルが足のあちこちに付き血を吸い丸く肥大していた。その気味の悪さは超ド級。沼周辺の製材所のオガクズ置き場にはおびただしい数のカブトムシが繁殖しており、さなぎを捕っては羽化の様子を観察した。カブトムシはよく逃げ出したが、夜行性なので夜中、蚊帳（かや）の上をブオーンと重爆撃機のような羽音で飛び回るから、すぐつかまえられた。

川内川の太平橋周辺には手長エビが多かった。パンをちぎってよどみにばらまくと底に沈む。エビがそれを引き込むと白いパンが動く。それを目印にエビ網をかぶせると驚いて網に絡まる。かくして大量に捕れるのだった。

現在、毎日のように、わが子が近くの網掛川で立派な手長エビを採ってくる。それを空揚げにして冷えたビールで頂くのが夏の我が家である。

学級園

母校川内小学校の学級園にはヘチマが植えてあり、先生がヘチマ水を採った。ヘチマ水は咳止め、利尿に効き、薬品を調合するとヘチマコロン化粧水ができる。よく茂ったヘチマは黄色の花が咲き、緑色の実がいくつも垂れ下がっている。そのツルを切り、下からのツルを一升瓶の口に射込み、一晩待ち、ヘチマ水をためる。地表に水を撒くと2リットルほどたまる。でも元気のよかった茎葉はしおれ、細いツル一本が膨大な地上部を支えていたのだなと驚いた。も

がくあじさい June 2002.

う少しで種を残せるはずだったヘチマはギロチンにかけられてしまい、なんともかわいそうに思った。

学級園にはひまわりも咲いた。入道雲の青空を背景に黄金に輝くひまわり。ゴッホも好んで描いた夏をイメージする花の最右翼であろう。米国原産でロシアで改良された食用ひまわりは高さ4メートル、花は直径60センチに及ぶ。鹿児島では民家で巨大化したひまわりが新聞の地方版でときたま記事になることがある。

サツマイモ　2000年

28

蝶は好き、ガはきらい

私は芋虫が大嫌いだ。ススメガの幼虫が丸々と太って葉を食い荒らす。あっという間にツタが丸裸。でっかい糞が誇らしげに転がっている。「どこにいるんだ、大人しく姿を見せろ・・・。いたいた、覚悟せい！」

夏が来るたびに玄関先で繰り返される光景である。いまだかつて親のススメガを見かけないのは夜中にコッソリと卵を産みに来ているからだろう。ガは夜行性であったことを思い出した。

突然、イラ（くらげ）に刺されたような傷みがはしる。「うわっ！」バラの葉にイラガの毛虫がビッシリ。全身に毒針をまとう悪魔の化身。もう我慢ならない。片っ端からワリバシでつまんでは踏みつぶす。かくしてバラは丸坊主をまぬがれた。

我が家にはキンカンが植えてある。これをアゲハチョウが見逃すはずがない。センサーで柑橘類を探し当て、クリーム色でピンポン玉状の卵を産みつける。

卵は孵化すると鳥の糞そっくりの幼虫となる。鳥にとって最も食べたくないものの姿に進化する自然の妙。さらに成長すると、敵を驚かす目玉模様の芋虫に変身する。頭には匂いを出す角をもっている。うっかり触れようものなら強烈な匂いで鼻が本当に曲がる。

庭に蝶が舞うのが私は好きだ。最近よく来るクロアゲハ、ナガサキアゲハなど大型の蝶。カノコユリ、ノウゼンカズラに寄ってくる。きっと美味しい蜜なのだろう。

パンジーを食べるツマグロヒョウモンはきれいだ。年中見かける。先日、幼稚園でツマグロヒョウモンを飼育しているのを見た。かつてはモンシロチョウが生き物観察の主役だったのに。モンシロチョウは無農薬キャベツ畑でしか見られなくなってしまった。今日も子供達が蝶を見つけては「あみ、あみはどこ？・・・早く、はやく！逃げちゃうよっ！」と脱兎のごとく追いかける。

物心ついたときから子どもが大好きな虫とりは、太古からの遺伝子に組み込まれた狩猟本能によるものなのだろう。

2002年8月

地球温暖化と向き合おう

台風５号６号そして７号と大型台風が相次ぎ九州をかすめる。「やはりそうなのか」と思う。地球温暖化は海水面の上昇を招き、巨大台風の発生頻度が増える。台風は困る。丹精込めたガーデンは見事にめちゃくちゃになる。私が夏のガーデンに熱が入らないのは台風が落胆を招くことを恐れるからだ。だが、私のガーデンごときは所詮たかが趣味。本当に大変なのは農家や漁家である。例えば溝辺、国分で盛んな梨、ぶどうは風に弱い。収穫を間近に控え防風対策に命を削る。一年の殆ど肥料代などの支出である。収穫時だけが収入で、一挙にそれまでの買掛金を精算する。

その果実が無残に落ち、財産である樹木までも傷つく農家の気持ちを想像してみよう。失意のどん底から気を取りなおして運転資金をなんとか融資してもらい、来年以降に希望をつなぐしかない。子どもは小さい。これから金もかかる。果樹園のまわりは丈夫なイヌマキなどの防風垣で囲み、猛烈な風のエネルギーを和らげる。果樹の成長と共に防風垣も成長する。「台風なんぞに負けてたまるか！」台地からはそんな農民の不屈の根性が伝わってくる。

一方養殖業者のいけすもブリ、カンパチやタイが出荷の時を待っている。ふだん穏やかな錦江湾は突如豹変して牙をむく。いけすの避難にしくじると、数千万円の魚が海の深みに消えて行く。魚は名前が書いてないから、目の前で釣られる魚の所有権を主張できない。養殖の餌代は魚を出荷後精算するが、払いたくても払えない債務に泣く。人は農業漁業なしには生きて行けない。

彼らのために私達にできることは、ゴミや空き缶を投げ捨てない、川や海を汚さない、資源ゴミはしっかり分別する、生ゴミは出きるだけ家庭で土に返す。などであろう。二酸化炭素を削減し、地球温暖化を防止することは世界60億人の緊急の課題だ。世界的に農業漁業は現在、各国の基幹産業であって決してバクチではない。農民漁民を泣かす国はいつか滅びていくだろう。

2002年8月

29

真夏の入院

うだるような夏の日に私は扁桃腺の手術を受けた。ここ数年40度近い発熱を繰り返し、かかりつけの医師から手術を勧められていのだった。鹿児島市内のI病院を紹介してもらい8日間ベッドの人となった。

救急指定の総合病院は入院患者であふれかえっていた。手続きを終えると、手術に際し起こりうる危険とその可能性について念入りな説明が繰り返された。いわゆる「インフォームド・コンセント」というやつだ。全身麻酔、気管内挿管、筋肉弛緩剤・・・など、聞いただけで身が硬直しそうである。まな板の鯉「ええい、どうにでもしてくれ！」の境地。

手術直前にマジックで名前の記されたテープが手首にまき付けられる。赤ちゃんを取り違えないように新生児の足に名前を記すのと一緒だなと思った。以前、整形外科でひざ半月版の手術をした際にも手術台の上で「頴川さん、あなたは左右どちらの足を手術するのですか？」と尋ねられ、驚いたことがある。決して間違えてはならない仕事は、徹底した確認の積み重ねの上に成り立つことを教えられた。

全身麻酔のとき、意識の無くなる瞬間の自分をしっかり見届けたいと思うのだが、いつも失敗に終わる。それは、意識が無くなる速さが尋常でなく、テレビのスイッチを切るのに等しいからだ。「眠る」のではなく、瞬時に「気を失う」のだ。麻酔医が「じゃあ、麻酔流すよ」と言った直後に意識が切れる。次の瞬間「頴川さん！」の呼びかけに気づくと、病室のベッドに横たわっていた。

3分粥、5分粥、と日々柔らかいものから硬いものへ食事が変化していく。「口内炎食」と注意書きがある。傷口は何か通過するたびに痛み、なるほど口内炎と同じだ。

さすがに救急病院だけあってひんぱんに救急車のサイレンが近づいては止まる。時折り「院内の医師は救急室へ来て下さい」とアナウンスがある。重症者の搬入なのだそうだ。病院は約七十人の医師を抱え、ATM、温泉、霊安室等が備えられ、一つのコミュニティー（共同社会）を作っている。

6人部屋に入れられた。同室の患者さんの病気やけがの状態は医師との会話、見舞人とやりとりに聞き耳立てていると少しずつ分かってくる。脳腫瘍や肺がん、事故による打撲など各々決して軽くはないのだが、病室内の雰囲気は驚くほど明るい。ナースが底抜けに明るいことにも加えて、患者が悟りをひらいているからのようにも感じた。同室の人たちは限りなく優しかった。

こんなことがあった。目の見えないMさんは、昼夜が逆転し、痴呆も始まっているのか一晩中看護師を呼びつづける。「看護婦さん、つめたーい茶が飲みたいよ」「Mさん、夜中の3時だよ、皆寝てるでしょ、朝まで我慢してよ」まわりは睡眠不足で苛立つが、誰も文句を言わないのはすごいと思った。私は喉まで出かかっていた文句をやっとのことで抑えていたのに。後日看護師は彼をナースステーションの隣室に移した。

ガーデンを見つけた

病院の窓からは桜島が見えた。山肌の緑にホッとする。私は緑がないと落ち着かない人間なのだ。窓の下、通りを隔てて病院理事長宅があった。広い庭園には山椿、ヤマモモ、キンモクセイなどがうっそうと茂る。朝日がさすと同時にクマゼミが合唱を始める。「シャワシャワシャワ・・・」午後からはアブラゼミが「ジリジリジリ・・・」夜中もライトアップに惑わされて鳴いている。夏を感じるのがうれしかった。限られたスペースで精一杯鳴き、交尾し、卵を産みつけて一生を終える。病室の窓からの風景は私にとって貴重なガーデンだった。

妻が庭から切ってきたピンクのカノコユリと銀白色のユーカリがとてもきれいだった。元気になったらまた、いろんなことしよう。セミのようにドラスティックな脱皮は出来ないけれど、心の中で古い皮を脱ぎ捨てていこうと思った。

家に帰るとヤマモモの木にキジバトが巣をかけていた。キジバトの親は警戒心が強く、のぞくと作り物のようにじっとしている。ザクロの実は色づき、ジャカランダはますます雄大に枝葉を伸ばしていた。ガーデンは主人がいない間も確実に季節を進めていたのだった。

2002年9月

30

サルスベリ

夏休みの終りに家族で南薩を旅した。

九州縦貫自動車道は加治木インターに入り指宿スカイライン川辺インターから出て、国道225号線を枕崎に向かう。目的はトリエンナーレ枕崎。枕崎市が3年に一度行なう絵画彫刻公募展だ。賞金の破格さもあり、芸術の盛んな本県ですら入選者わずか一名という恐ろしくレベルの高い作品が全国から集まる。妻と私は大の美術ファンで、これはという展覧会は万難を排して観にいく。

途中、有名な川辺町「道の駅」に立ち寄る。梨、鯉、農産加工品など地域の特産品が美味しくて安い。ヨモギ団子とヨーグルトを求めたが、素材の風味が際立つその味わいは格別で、ぜひ、また来たいと思った。

展覧会場である枕崎南溟館は南の海を臨む小高い丘にある。ガーデンには大小のオブジェを配し、ムベ棚のトンネルをくぐると玄関に至る。10年ほど前はまだ細い苗木だったムベは立派な成木となり、たわわに実をつけている。枝葉越しに吹きぬける風は涼しく、スカイブルーの空に、ここが南のさいはての地であることを実感する。

展覧会は予想以上の内容だった。一つ一つの作品が作者の精神世界を惜しげもなくさらけ出し、圧倒的な迫力をもって観客の魂を揺さぶる。入場料二百円でこれほどいいものに出会える幸運。ああ、3年後が、もう待ち遠しい。

日が西に傾きかけたころ、海岸沿いの国道226号線を指宿に向かった。森本レオ出演のさつま白波のCMで空を飛んでいく、あの白地にブルーラインの列車が走っている。「われは海の子・・・」の歌がゆったり流れるあのCMは秀作である。まぶたの奥にある南薩摩の陽光と郷愁が見事に昇華していく。ほどなく薩摩酒造の工場群が現れる。今、いも焼酎が全国でがんばっている。これは鹿児島県民にとって大変うれしいことだ。天災に強く幾多の飢餓を救ってくれたサツマイモにはさらにブレイクしてほしい。

南国情緒タップリの街道沿いを彩る花はサルスベリ。中国南部原産の中高花木で7、8メートルになる。夏空を背景にピンク、うす紫、白、赤のパステルカラーが風に揺れる。開聞岳から池田湖に通ずる道路沿いには背の低い倭性種が見事に植栽されており、街路樹としての非凡さを表している。サルスベリは百日紅（ひゃくじつこう）とも呼ばれ、文字どおり夏の間ずっと咲き続けるタフな木だ。樹皮がはげ落ちた木肌はなめらかで思わずスリスリしたくなる。

それにしても「猿滑《さるすべ》り」とはよく名づけたもの。最近、気に入ったピンクと赤の品種を入手し、鉢に仮植えした。移植適期の早春に公園に定植する予定だ。純白のむくげとピンクのサルスベリとの組み合わせは夏の公園に映えると思っている。

雑草はもう怖くない

私にとって庭と隣接する公園の雑草を取るのは本当に骨が折れる。子どもが遊ぶ場所なので除草剤は使えない。日本中どこでも春から秋、特に夏の雑草対策は大きな課題になっている。高温多湿な日本の夏はまさに雑草天国。最近の雑草は強い。特に増えているイネ科の小型メヒシバは針金のような細く硬い茎を四方八方に伸ばし、地面に触れた節ごとに根づく。どんなに丁寧にとっても取り残した節から芽吹く。もう戦意を喪失して投げ出したくなる。ところが今回強い味方を手に入れた。灯油気化式強力バーナー。ホームセンターのバーゲンで一万二千円。強烈な炎が広範囲の雑草を見事に焼きつくす。焼けては困る花や樹木まわりの雑草はこれまで通り引きぬく。じっくり焼けば、地中に隠れた根まで焼ける。地面に落ちた雑草の種も同時に焼ける。ついでに苦労してきたつらい過去の記憶まで焼いてくれる。思わず「やった！」と心の中で叫ぶ。

草取りの重圧から私を解放してくれるバーナーはまさに革命的な道具であった。

芝に入った頑固なハマスゲ、カタバミなど雑草は、根気よく地下茎ごと抜き取るしかない。芝もいたむが、気にしなくていい。いずれの雑草も、種ができる前に何とかしないと先々苦労する。一方夏の草取りはヤブ蚊に悩まされる。これには昔ながらの蚊取り線香が一番いい。雑草対策の答がやっとみえてきたところである。

2002年10月

31

みずほの国の民

10月上旬。そのころ田は、こがねに色づいた稲が一面に広がる。

米はダイエット効果抜群の美容食だ。

同じカロリーであっても脂肪は体内に蓄積され体脂肪になりやすいが、米は体内でほとんど燃焼されるため太らない、との最近の報告がある。30年前まで日本人は年間約130キロの米を消費していたが、今日その半分程しか食べなくなった。

それはパン、パスタなど食の多様化によるものだが、どうしても日本人の体質には脂肪分が多すぎる。生活習慣病の増加は米を基本とした日本型食生活が揺らいでいることにも原因がある。そういえば昔は皆スリムだったような気がする。

ごはんは美味しい。幼い頃、農家で頂くごはんのおかずは小皿にのった塩と、小鉢に盛ったトコロテンだった。その素朴な味わいが忘れられず、時折塩だけでごはんを頂く。私達は瑞穂（みずほ）の国の民である。空腹と塩のにぎり飯が最高の御馳走であることを忘れてはいけない。

当地ではヒノヒカリ、雁の舞（かりのまい）、コシヒカリなどが栽培されている。いずれも味に優れている。

貯蔵技術の進歩により年間を通じ、おいしい地元産の米を味わうことができる。先日旅した熊本では「森のくまさん」という品種の米が味の良さで人気だった。いや、ネーミングだってすごくいい。

四季折々姿を変える田園は、日本のふるさとの象徴的原風景である。減農薬の取り組みが進み、水生生物がかなり戻ってきた。オタマジャクシ、ヤゴ、タニシなどだ。

鮎の石焼き

田にイモリが生息する姶良町上名には見事な清流が流れている。県民の森の奥深くを源流とし、下流は別府川となって錦江湾に注ぐ。上流にはダムがない自然そのままの流れである。その川沿いの農家が鮎の石焼きに招いてくれた。夕刻、焼酎を下げて家族で押しかけると、川で農家の主人たちが鮎の背ごしをこさえていた。

取れた鮎の数多さにア然とする。子供たちはすぐに川に入り、ヨシノボリ（ハゼ科）を見つけては歓声を上げている。流れはヒンヤリと冷たい。

漁法は下流を網で仕切り、上流から追い込んだ鮎をタモですくったり針でひっかけたりするもの。料理はシンプルかつ豪快だ。上面が平らで直径が二尺はありそうな巨大な焼け石にナス、キャベツ、鮎をのせてジュージュー焼き、みりん、砂糖で味付けした味噌をからませる。最後にザク切りのニラを合わせて出来あがり。背ごしをとった残りの頭や尾も入れる。冷えたビールとの相性は抜群。もちろん焼酎とも。

清流で身が締まった鮎の背ごしと鯉の洗いは身がプリプリして最高。

鮎の石焼きは土地ごとに流儀があり、伝統が継承されている。かつて住んだ種子島には「磯遊び」と称す浜辺の飲み会がある。ウニ、ブダイ、石鯛など素もぐりで捕った海の幸を炭火で焼く。ナガラメには前述と同様の味噌をのせて焼くが、香ばしく焼酎がすすむ。「鮎の石焼」と「磯遊び」は雰囲気が驚くほど似ている。

もうすぐ丸々太った山太郎ガニが川を下りてくるだろう。秋の日はつるべ落とし。オレンジ色だった風景はいつのまにかグンジョウ色に変わっている。地元民が満面の笑みをうかべ三々五々集まってきた。どの顔もよく日焼している。話題は黒毛和牛の子牛や肥育牛が高く売れて嬉しかったことや野菜講習会の盛会、人の噂など。話ははずみ、楽しげな声はせせらぎの音と一体となり漆黒の闇へと消えてゆく。山栗を土産にもらい名残を惜しみつつ宴をあとにした。

鹿児島には幸多い海山川あり、田畑の豊かな実りがある。牛豚鶏がいて、古老は達者で日々を楽しむ。町の数だけ焼酎があり、熱く夢追う仲間がいる。この豊かさはどうだ。そんな県民である潜在的価値を感じてみる。

世の中がどんなに変化しても変わることのない普遍的豊かさを私達は生まれながらに持っている。

2002年11月

こんな時代だからこそ、それはもっと誇りにしてもいいと思う。

32

今年、活躍した植物

今年もあとわずか。早いものである。

ガーデニングの一年をふり返り、今年、のガーデンで活躍した植物ベスト6を紹介する。

いちじく（Fig fruit）

5千年の昔、人類が栽培した最初のくだもの。地中海沿岸の高温乾燥地域が原産。聖書やペルシャの古文書に登場する。

「無花果」と書くが花は内側にビッシリ付いている。かたい緑の実は、ある日突然赤く熟した実が3倍くらいに肥大する。

熟すと急に果実が肥大する果実には柿、ビワなどがあるが、いちじくは驚くほどそれが著しい。収穫すると切り口から牛乳のような白色の液体が出る。

完熟した果実を冷蔵庫で冷やして食す。甘くマッタリとした食感で夏秋のフルーツとして大変重宝。

切れこみ深い明るいグリーンの広葉は涼しげで、観葉植物としての価値がある。樹肌は白く品がいい。

植えつけ二年目から沢山実がなる。

葉の付け根の実は一つずつ熟すので。「一熟（いちじゅく）」が「いちじく」になったとの説がある。

品種はドーフィン。2年前の正月、苗をホームセンターで買った。いい果樹を植えたと満足している。

ジャカランダ

私のエッセイにたびたび登場する花木。

今年、驚異的に花数をふやし、枝先から50本の花房が展開した。各花房には約2百のベル状花がつく。エナメルの光沢をもつブルーの花は壮観。5月下旬から一ヶ月間咲きつづけ、現在3メートル以上に成長している。この木には病害虫がつかない。

出水市のポトス専門農家である遠矢氏は、ジャカランダを最初にためしてみたという。しかしハウス内で年2メートルも成長するので商品化をあきらめたそうだ。この冬3回目の戸外の冬越しに挑む。過去2回成功しているので多分大丈夫だろう。

トックリラン

この春、園芸店でミニ観葉のなかに小さなトックリランを見つけた。この植物、株もとが丸々とふくらみ上部はヤシのように細い葉をひろげ、グリーンの噴水みたいである。徳之島の公園で3メートルほどに成長した立派なものを見たことがある。寒さに強く屋外でも大丈夫。暑さ乾燥に大変強く、年々大きくなるので愛着がわく。見るからに長生きしそうで、私の死後もずっと成長を続けるだろう。

赤ちゃんトックリランはひと夏でずいぶん成長する。将来が楽しみだ。

ルリマツリ

苗を植えてから二年目を迎えた大株のルリマツリは9月から10月にかけてルリ色の花をビッシリつけた。長く咲きつづけ、病害虫がなく高温乾燥、低温にも耐えとても元気。ルリ色の花は珍しい。丈夫さと美しさがこの花の真価である。今年、それがやっと分かった。今後も殖やしていきたい。

パイナップル

生パインを食べるときに切り落とす、葉のついた頭の部分を清潔な土に挿しておくと簡単に根が出る。

葉の姿がいかにも熱帯的で、何よりも生ゴミになるべきが、立派な観葉植物になることにたまらない愛しさを感じる。

培養土とピートモスを混ぜた酸性土を用い鉢植えにする。今回、霜の当たらない軒下におき、戸外での冬越しに挑む。成功すれば、4年後にパイナップルが実るかもしれない。

デュランタライム

小さな鉢植えで買ったものが、5年目に二メートルの美しい樹に成長した。ひこばえ、無駄枝を整理して直径一メートルの球状トピアリーにした。冬は落葉し、楽しめるのは5月から11月まで。

ライムグリーンの葉は、他の樹木にない明るい色調。挿し木で容易に殖やせる。

33

謹賀新年

新たな年を迎え、ガーデンは春の予感に包まれている。世の中の変化になかなかついていけない私にも草花は「ゆっくり生きたらいいんだよ」と教えてくれる。植物の成長は目をこらして見てもわからない。早くても一分間に数ミクロンの世界だ。

だが着実に日々大きくなっている。暑さ寒さの厳しい季節にはその厳しさに耐えられるように種子や休暇状態に姿を変えてじっと待ち、季節が来たら一気に芽を吹き、成長する。その生きざまは実に悠然としている。ガーデニングとはスローライフ（ゆっくりした生活）のシンボル的な人の営みである。

混迷をます現代社会では人が生きていくことに希望を持ちにくくなっている。「この世に誕生して成長したら枯れて死ぬ」という生き物にとってごく当たり前のことが妙に辛く感じる。外で働きづめのお父さんだって家族とともに種子をまいて育てれば、農耕民族の末裔（まつえい）としての遺伝子がよみがえり、元気が出てくるだろう。

英国のお父さんは生涯かけてガーデニングを追求するという。一方、日本だって園芸の歴史は古い。園芸は「種の芸術」。一袋数百円の草花の種子が、ときに人の生き方も変えてくれるのだ。

今年も草花をはじめ生きとし生けるものとともに生きる「共生き（ともいき）」の一年でありたいと切に願っている。

2003年1月

トロピカルガーデン

地球温暖化によって、鹿児島の平均気温は年によるブレはあるものの上昇傾向にある。そのため温暖な無霜地帯でしか育たないと思われてきたブーゲンビリアやハイビスカスなどが内陸でもけっこう育っている。

加治木において露地で冬越しのできる熱帯植物はないだろうか。

今回、いくつかの植物を試すことにした。伝統的観葉植物であるゴムノキ。常緑熱帯樹で樹液から天然ゴムを作る。耐寒性は未知数だ。ただ、九州本土の海岸沿いで越冬している木を何本も見た。今、ゴムノキを鉢植えと庭植えで耐寒性テストをしているところだ。極彩色の花が美しいストレリチア（極楽鳥花（Bird of paradise）は指宿国民休暇村の庭に群生している。結構寒さにも強い。黄色いラッパ状の花アマランダは奄美諸島では庭木として植えられており美しい。ただ茎や葉が水分に富んでおり、本土の寒さには弱いのではないか。もしアマランダが越冬できれば夏花壇の彩りが飛躍的に華やかになるのだが。

これまで何度となく試したが、クロトンおよびアカリファは霜が降りると腐ってしまい越冬できない。一方ノボタンの二品種であるコートダジュールとリトルエンジェルは大丈夫そうだ。この二品種は大変なヒット作。赤色は混じりけのない極めて鮮やかな赤紫で、多花性、花期の長さ、樹姿のどれをとっても申し分ない。ぜひガーデンに一本欲しい花だ。ハイビスカスの赤色中輪咲きは、すでに四回冬越しを終え、一メートルほどに成長し秋深くたくさん花をつける。冬は落葉するが、春に勢いよく芽吹く。花の大きな黄色、オレンジ、ピンクの鉢植えが出回っているが、原種に近い前述の中輪咲きより軟弱な印象がある。冬越しについてはまだ未知数だ。

カランコエの仲間は大丈夫。その中のひとつで「子宝草」の商品名で出回っている肉厚の観葉植物を殖やしている。成長した株は葉の周囲にビッシリと新株がついて、トウモロコシのひげ（めしべ）のような柔らかで繊細な根を伸ばす。それが地面に落ちて根づき、数カ月でまた親株になる。一株から数百の子株がとれるから全部ものになったら2、3年で数百万株に殖える。預金の利子は増えないけれど、これは面白いように殖える。なお、株が成熟すると花茎が立ちあがり、赤銅色の美しい花が長期にわたり楽しめる。

近年葉色の美しいドラセナが出回っている。輸入苗である証にラベルが英文だ。葉は細長く、色は赤銅色や、オレンジがかったグリーンでシックな美しさをもつ。

真冬のガーデンは、まさに楽しみのいっぱいつまった宝石箱と化してしまった。

2003年1月

34

灼熱の大陸

昨年12月に豪州を旅した。二年前に訪れたことのある人口2万人の地方都市アミデールとシドニー近郊を回った。農大生の研修旅行引率と、農業ビジネスの現状把握が目的であったが、今回は百年に一度のひどい干ばつのさなかで、緑の牧草地は茶色い灼熱の大地と化していた。一方、豊かなユーカリの森はブッシュファイヤー（山火事）が各地に発生していた。ユーカリはユーカリオイルとよばれる油分を多く含み、一度火がつくとタイマツのように燃え続ける。

四十度の高温と乾燥は発火を容易にする。発生の原因は、放火や捨てられたガラス瓶のレンズ効果（レンズにより太陽光が焦点をむすぶ現象）だといわれている。

飛行機の窓から見ると立ちのぼる煙が地平線のかなたまで水平にたなびき、あたかも大陸が断末魔の悲鳴をあげているようであった。シドニーの抜けるような青空のもと、そびえる高層ビル郡は時折白い煙に覆われて、視界が一気にさえぎられ、異様だ。

今年度の世界穀物生産見通しは前年割れの厳しさだ。その一因は豪州穀物の不作によるという。比較的雨に恵まれた地方の牧草は、干ばつ地方へ送られている。また会社を休み火消しボランティアをかってでる人々がいる。フロンティア精神に根ざした助け合いの心が息づいているのだ。

驚いたのは、人々がのん気なこと。近くまで火の手が近づいて我々が動揺しているのに、「大丈夫。ここまでは来ないさ」と意に介した様子もない。大陸の民は肝っ玉がでかい。現地の友人からの便りで年末にかけて山火事は収まったと知り安堵した。

豪州の土壌は赤土が多い。粘土質で、良質レンガの原料となる。日本のホームセンターには種類豊富な「オーストラリアレンガ」が大量に売られている。ひところより価格も安くなった。ブルーブリック（青レンガ）と呼ばれる青みがかった暗色のレンガが現地では富の象徴として好まれ、解体建物から出る年代ものでも安定した市場がある。鹿児島でも青レンガが容易に手に入る。色々なレンガを組み合わせて壁やアプローチ、敷石を設計するのは楽しい。水はけの悪い花壇でも地面から20〜30センチ位レンガを立ち上げて囲い、水はけよい土を入れることで改善できる。

土の圧力を考えたら、レンガ同士はモルタルで固定したほうが無難だろう。

究極の英国ガーデン

今回多くのガーデンを訪ねることができた。どこの家庭でも、庭は自慢で、個々の草花について熱心に説明してくれる。

その中のマリリン・ビジョン婦人のガーデンを紹介しよう。婦人はガーデニング専門書を執筆出版するほどの実力派ガーデナーで、イングリッシュガーデンの伝統を流儀としている。アミデール市街地に一エーカー（千二百坪）の敷地にガーデンを25年かけて夫婦でつくってきた。優しさがにじむ婦人の案内で、秘密の花園はその全貌を見せ始めた。圧倒的迫力のメタセコイヤに囲まれたガーデンはアプローチ沿いに幾種類もの桜が植栽され、アジサイが色づき始めていた。中庭では幾何学模様に敷き詰められたレンガが重厚なおもむきを与える。美しく刈り込まれた芝は木もれ日を柔らかく受けとめ輝く。赤く実ったラズベリー（木苺）は婦人が摘んでくれ、口中に濃厚な果汁がはじける。見たこともない巨大な白いケシ。パステルカラーの青いプルーンやピンクのセージ。ギボウシの森、そして圧巻はクリスマスローズの群生。オリエンタリス系品種がこぼれだねで殖え、ビッシリと群落を形成していた。

それは私が夢にまで見た光景であった。7百種の植物が響き合い調和するなか野鳥の水浴び場（バード・サンクチュアリ）が配され、澄んださえずりが響く。邸宅は英国建築で、リビングの広い窓からはブドウ棚越しにガーデンを臨む。コーヒーとクッキーを頂き意見交換の後、感謝を込めてさよならを言った。今もゴロ石を取り除き土壌改良に余念がない夫婦に「花好きの心の究極」をみる思いがした。ここはオープン・ガーデンになっていて、予約すれば訪ねることが出来る。

2003年2月

35

ピーカンナッツ

シドニー近郊は今、園芸産業が好景気。それは新興住宅地が勢いよく広がっており、公園や庭の緑の需要が多いからだ。

先日の旅ではシドニーの北、田園都市ヴィネヤードで園芸店を営むミラー氏に近郊を案内してもらった。道路周辺の緑地帯では芝やアガパンサスが植えられ、乾燥防止にユーカリの木のチップをマルチング（地表を覆うこと）している。

マルチの方法は消防士がホースで消火するのと同様、チップを満載したタンク車からのびるホースを作業員が持ち、地表に向けチップを吹きつける。芝は日本の野芝に似て大柄な葉をもつ。芝畑での収穫は日本では四角に切るが、ここは細長く切りロール状に巻く。トラックの荷台に整然と積まれた様は抹茶ロールケーキのお化けのよう。

家々は英国ガーデンの伝統を受け継ぎ、芝で面を構成して隣家との境界に生垣を植え、ポイントに好きな庭木を配している。庭木にはコニファー（杉の仲間）をはじめサルスベリやキョウチクトウ、オレンジやピンクのブラシの木（カリステモン）といった色鮮やかな花木が目立つ。メロン畑ではスプリンクラーが乾いた畑を潤し、その周囲には魚料理のハーブ、フェンネルが半ば野草化している。

ばれいしょ畑は収穫のまっ最中で、トラクターにけん引された作業機の上では数人の男達がバレイショを袋づめしている。ところが動くトラクターに運転手が見当たらない。ミラー氏曰く「透明人間が運転している。」頴川「?・?・?・」。

畑の終点に近づくと、一人が軽業師みたいにひょいと運転席に飛び移りトラクターを止めた。畑を過ぎるとピーカンナッツの並木に入る。ピーカンナッツはだ円形をしたクルミの仲間で森のリスが好む。ミラー氏曰く「ピーカンナッツは食べ過ぎるとのぼせあがる。アメリカ人の好物で、とりわけブッシュ大統領は最近大量に食べている。」頴川「・・・!」なかなかこの人、ブラックユーモアがうまい。

川沿いには町自慢となっている樹齢八十年のジャカランダ並木がある。抜けるような青空にのどかな田園風景はまるで印象派シスレーの絵画の世界。並木沿いにあるレンガづくりのレストランで昼食をとる。ぶ厚いステーキに焼きたてパンとサラダ。地ビールは味にどっしりと存在感があって旨い。デザートはフルーツをたっぷり添えたストロベリーアイスクリーム。

ブラックボーイ

食後、ミラー氏は私の雑記帳にサラサラと鉛筆で絵を描き始めた。ユーカリの木にコアラ、川の流れはるかに山々。そしてブラックボーイが描かれている。

ブラックボーイとはソテツに似た高山植物で、百年に三十五センチしか成長しない希少保護植物。

幹が黒く、頭に松葉を長くしたような葉が放射状に生え、黒人の子供のように見えることが名前の由来とか。

しかしこの名前は黒人べっ視、との批判があるという。トラが木の周りをグルグルまわってバターになる「チビ黒サンボ物語」や、ダッコちゃん人形と同様の論争がここにある。

最後にミラー氏の園芸店を訪ねた。店の2階まで覆うオレンジやピンクのブーゲンビレアが印象的。店を抜けると広大なナーサリー（育苗場）になっていて、ミラー氏が品種改良に取り組む白のジャカランダやアガパンサス、そしてグレビレアはじめ豪州を代表する園芸植物がおびただしい。見て回るのに時間がいくらあっても足りやしない。近年豪州の植物が日本に多く紹介されている。シドニー周辺と鹿児島は気候が似ている。ただ鹿児島の夏の高温多湿と冬の低温は厳しい。それを克服できれば将来性ある草花ばかりである。

ミラー氏から新種のアガパンサスをみやげに頂き、ショップでインコの置物と極彩色のトウモロコシやカンガルーポーの種を買うと、さよならを言って店を後にした。

庭先の谷にブラックボーイが群生するブルーマウンテンの農家ではシャワーの時、髪を濡らしたら水を止め、シャンプーした後、わずかの水で洗い流した。さらに食器を洗剤で洗ったあと、あわを水ですすがない。干ばつに見舞われた雨水頼りの生活を知ると、水は命なのだと改めて痛感する。

シドニー空港では夕日が山火事の煙を錦に染めつつ沈むのをぼんやり見つめながらジャンボ機に乗

り込み、帰途についた。

36

ヒヨドリ

この冬は野鳥が多かった。昨年秋から訪れたメジロは体が黄緑色で目の回りにはクッキリと白い輪がある。はじめはザクロの実をつつき、師走になると軒下の干柿をついばんだ。年が開けたらビワの花、2月はローズマリーの花。こちらを気にしながらも、しきりに花房に顔をうずめて蜜を吸う。

チチッ、チュンチュンチッチとリズミカルな乾いた鳴き声が冷気に響く。メジロは通常つがいで行動する夫婦仲のよい鳥。厳寒の中、寒くないのだろうか、鉢池で水浴びをしている。超高速にふるえる羽毛にはじかれたミクロのしぶきが一瞬、銀色に輝き宙を舞う。

川内に暮らした小学生の頃、友達から「ハナシといけ行っが！（メジロ捕りに行きましょう）」と誘われ、トリモチを持って里山に分け入った。トリモチは強力な接着剤で、おとりのメジロを入れた籠をつるしたそばの、いかにもメジロがとまりそうな枝に巻きつけ、獲物がとまるのをひたすら待つ。でも、そう簡単には捕れるものではなく逆に髪の毛にトリモチをくっつけ、さんざんな目に合うのだった。

さて、師走から頻繁にやってきたのはヒヨドリ。集団でやって来ては電線にとまり、ビーヨビーヨ、ギューイ、ギューイと騒ぐ。女性の悲鳴にも似たすさまじい鳴き声は、平和な住宅街の空気を一変させる。

ハトよりひとまわり小さく灰褐色の、とても強そうな筋肉質の風貌をしている。イメージとしてはハイエナか。まずブロッコリーが丸裸になった。隣のテッポウユリもまきぞえをくい葉先が無くなった。さらにブロッコリーと葉の質感が似ているカスミソウも全て茎だけになってしまった。よくもまあ、他には目もくれず好きなものだけ狙《ねら》うものだと感心する。

ヒヨドリは森林をはじめ樹木のあるところを住みかに、夏は山でトンボやガなどの昆虫を食べている。年によっては大繁殖し、冬に里におりて柑橘類や野菜を食害する。冬は虫がいないからお腹がすいて悪さをする。丹精こめた作物が荒らされるのはたまらないが、鳥にしてみれば人の苦労など知るよしもない。野生動物にとっては当然の営みであり、これも私たちを生かしている大自然の一部なのだ。

2003年4月

ブーケ

先日友人から届いた便りに、「人は誕生から結婚式、そして病気見舞、最後は葬式まで花に包まれて生きているから、花は人の相棒」とつづられていた。男の花道。華やぐ。ひと花咲かせる。蓮の花に極楽浄土をみるように、人は花を愛す。花の嫌いな人なんてこの世にいない。世界中の人々は花をもらえば顔がほころぶに違いない。花を愛す心では分かり合えるのにと、争いの絶えない人の世を悲しく思う。

さて季節は春。水仙から始まった花前線はクロッカス、ブルーペル（ムスカリ）、ヒヤシンスとつながり、春花の女王チューリップが咲くのが4月。

私のガーデンには一坪ほどのチューリップ畑があり毎年数百本の花を咲かせる。実はこれ、ブーケ用チューリップなのだ。チューリップはどの花とアレンジしても違和感がない。正月前後に価格が十分下がった球根を大量に買い込み、一列に隙間なく植えつける。列の間隔は30㎝もあればいい。密植したほうがきゃしゃでブーケにあう花姿にできる。4月は門出の月であり店の花は値が張る。頴川ガーデンでは花のラッピング資材を揃えており、子供関係のお付き合いはじめ色々な場面で「うちの庭で咲いた花です」と一言添えて贈る。離れた家族にクール宅配便で送る。それはそれは大変喜ばれる。

花は生き物。あっという間に旬は過ぎる。だが贈られた花の感動の情景は生涯消えることはない。人は死後、花に飾られて黄泉（よみ）の国へ旅立つ。私が死んだら菊の花でなくガーデンの草花でひつぎを飾って欲しいと望んでいる。大好きなスイートピー、チューリップ、ヒアシンスにアリストロメリア。バナナの香りのオガタマ。そのためにはガーデンに花溢れる3月から6月までの間に死ぬ必要がある。人間は死に方が最も難しいと思っているが、さらに死ぬ時期にまで変なこだわりを、私は抱えこんでしまった。

2003年4月

37

卒業旅行

この春、長男が小学校を卒業したので卒業旅行ということで、ハウステンボスに一家六人で一泊二日の旅にでた。今回、インターネットで宿の予約をしたのだが、大失敗をしてしまった。なんと、泊まる前日の日付の予約をしてしまったのだ。佐世保駅前の回転のよさそうなホテルなのに、結局シングルとセミダブル合わせて四室が連休かきいれどきに一晩カラのままとなった。「困りますよ。今日は飛びこみの客が多く、どれだけ断ったことか・・・。」「いやー、お詫びの申し上げようもありません。本当にすみませんでした・・・。」平謝りに謝り、損害賠償を請求されることもなく許していただいた。

インターネット予約は要注意。電話予約なら人と直接話すため、電話をかける前に十分準備する。最後には日付けを復唱するため間違えることはまずない。一方パソコンのモニター相手だと緊張感なくゲーム感覚で入力してしまう。さらに電話確認を受けた妻も、「間違えるわけない」との思いこみから「はい、お願いします！」と、ろくに確認もせず、元気に返事してしまった。

困ったことに最近多いのが思いこみと物忘れ。今置いたばかりの財布や車の鍵が見つからない。人の顔はよく覚えているのにその名前が出てこない。毎日顔を合わせている人の名前が瞬間的に飛んでしまい、人に紹介するとき「こちらが、・・・えーと、・・・」本当に焦る。痴呆の始まりか、と不安がよぎるが、まあ、年齢によるものと気にしないことにしている。幸いに厭なことも同時に忘れやすくなった。とはいえ以前にもましてこまめにメモをとり、少しでも周囲に迷惑を掛けないように心がけようと思う。

さて、旅の話に戻るが、九州縦貫道を加治木インターから入り、鳥栖で長崎に伸びる高速道路に入りハウステンボスのすぐ近くまで達する。途中熊本県宮原サービスエリアでは私の大好物の辛子レンコンを買う。

男はクセやアクの強い食べ物が好きだ。

私の好きな酒盗（鰹内臓の塩辛）、鰹の腹皮、キムチ、山菜など酒に合いそうな食べ物はほとんどが刺激的だ。

こだわり

鼻にツンと抜け、涙が出そうな辛子レンコンをかじりながら単調な高速運転の眠気を払った。そうしてたどり着くと、おお！ジェイアール全日空ホテルが眼前にそびえている。このテーマパークのシンボル的建物だ。入場した我々を出迎えてくれたのはおびただしい数のチューリップ。日差しを受けて花びらがキラキラ輝いている。水路をのぞくとボラが泳ぎ、海藻がゆらめいている。さすが環境に力を入れるテーマパークだけあって水がきれいだ。西洋風屋形船に乗り、ゆっくりと運河をいく。

運河沿いには外国のマリンリゾートのようなヨットやレジャーポートが係留してある高級住宅街があり、異彩を放つ。いまだに分譲中とのことだが、ここの住人はどうやら庶民とは住む世界が違うようである。

大量の水が流れ落ちる映像ファンタジーや、テディベア（熊のぬいぐるみ）の館、風車やゴーダチーズが振る舞われるチーズ農家、お祭り広場などを楽しんでいるうちに夕暮れとなった。

それにしても隅々まで根性の入った施設である。広大な敷地内はいたるところ花で埋め尽くされている。テーマとしているオランダは花の国。経営危機といえどもガーデニングに手を抜かない姿勢は好感がもてる。

振り返ってハウステンボスの魅力とは何か。模倣とはいえ、それなりに丹念に作り込まれた西洋風の雰囲気の中、花咲き乱れ、運河を抜ける涼風を感じ、華やいだ広場で愛する家族とワッフルをほおばったりと、ゆったりバカンスを過ごす喜びか。よく訓練された社員の対応も大変気持ちのよいものだった。幸い外国資本が経営に参加の意志を示している。周辺地域まで含めハウステンボス町という正式な町名がつけられ、そこで生まれ育つ子供たちがいる。九州の元気のためにも、がんばって千年の歴史を重ねてほしいと思う。その夜は何とか宿が取れ、夕食は町に繰り出した。換気扇から吹き出すいいにおいに誘われて入ったラーメン屋が大当たり。年配の主人が作るチャーハン、餃子とラーメンが絶妙で味へのこだわりを感じた。冷やで飲む日本酒の美味いこと。人のこだわりがいいものを生む。いつの時代もそれだけは変わらないと思う。

38

ガーデニング講習会

4月に国分、隼人、福山そして霧島の4市町農業経営者クラブの皆さんがガーデンを訪れた。環境美化研修として県姶良農業改良普及センター国分市駐在の花担当普及員が企画したものだ。皆さん大変に花好きで、農場を花でいっぱいにすることを楽しみにしている。

今回は歳をとっても楽しめるガーデンをテーマとした。そのコンセプトはこうだ。広い面積に一年草を毎年植えかえるのはしんどい。雑草との仁義なき戦いも待っている。そこで宿根草、球根植物、中低木を生かしたガーデンでそれらを一挙に解決しようとするものだ。

強健かつ美しい草花が球根や地下茎で勢力を広げながら群落を作り、また、光をさえぎることで雑草を抑える。「良花は悪花を駆逐する」である。

姶良郡は年間で摂氏35度からマイナス5度まで40度の厳しい温度差がある。夏の日差しと冬の寒は植物にとってこの上なく過酷だ。それを乗り越えて年々大きくなる植物を捜している。鹿児島は多くの熱帯性植物の生育北限であると同時に寒冷地域植物の生育南限という2つの顔をもつ。それはあたかも銚子沖で黒潮と親潮がぶつかり合い多種多様な魚が溢れるように、ここは植物のパラダイスなのである。

2003年6月

今回、紹介した花でインパクトが強かったのは、クリスマスローズ。極めて強健で病害虫とは無縁で年々株が大きくなる。私のガーデンにはその群落があり、おびただしい数の花茎が2月から4月にかけてあがる。この花には優しい雰囲気がありその魅力はとても語りつくせない。

また、くすみのない鮮紫色のノボタンはガーデニング素材として欠かせない。ノボタンの品種による耐寒性比較試験ではリトルエンジェルが一番強く霜にもびくともしなかった。コートダジュールとシコンノボタンは、厳しい寒で地上部が枯れてしまったが、4月には地ぎわで新芽を吹いてきた。

参加者はそれぞれの農場の立地を考えながらアリストロメリア、ジャーマンアイリス、アガパンサスなど多くの植物について情報をえた。さて寒さに弱い植物は、なるべく家屋に近いところに植えたり、鉢を置くとよい。それは、植物の寒冷障害の元凶である晴れた夜の放射冷却を和らげるからだ。放射冷却は星空からの冷気が直接電磁波として葉や茎を冷やす。建物が近くにあれば昼に暖められた外壁からの放射熱や、暖められた空気の流れが寒を和らげる。「南側の軒下」は冬の植物にとってはまさに天国。先日、加治木町で熱帯観葉植物のモンステラが戸外で巨大に成長しているのを見てど肝をぬかれた。玄関横の日だまりという偶然生まれた好環境がよかったのだろう。

さて、先日、少し変わった野菜を植えつけた。「クワイ」である。ブルーの宝石のようなイモが11月に収穫できる。芽が出た姿が縁起いいとおせち料理用に生産される。通販で手に入れた種球を鉢に水を張って植えつけた。クワイはオモダカ科の水生植物だ。今、勢いよく芽をふいており夏の観葉植物としても大いに期待しているところだ。

リーフが楽しい球根植物

ガーデニング素材として重要な球根は3つのタイプに分けられる。一つはタマネギのようにリン片と呼ばれる部分が幾層にも重なっているもので、アマリリス、ヒヤシンス、チューリップなどユリ科の球根が多い。これらは親球の周囲に子球を増やす。一方、ショウガのように地下茎と呼ばれる地中の茎が変化した球根はジャーマンアイリス、カンナなど。これらは外へ外へと地下茎を伸ばして増えていく。またジャガイモ、サトイモ、グラジオラス、クロッカスも地中の茎が球根である。3番目にはサツマイモのように根が変化したものでダリアやラナンキュラスが代表的である。

チューリップやアイリスのように球根植物は一般に開花期間が短い。だが長期にわたる葉の伸長と展開は実にりりしく美しい。

芽吹き時の感動、それは忘れずに会いに来てくれた恋人との再会のよう。花が咲くまでの葉の伸長や花茎が伸びてきた時の開花への期待と楽しみは尽きない。花後のお礼肥をやるだけで毎年これを繰り返す。球根植物の観葉植物としての価値の再発見は、ガーデニングの幅をグンと広げてくれるだろう。

2003年6月

39

アロマテラピー・ガーデン

ガーデンの楽しみは無限である。なかでも香りの楽しみは奥が深い。香りを感じる人の嗅覚は五感の中でもとりわけ、自分を一つの生きものとして鋭くよみがえらせる。

コーヒーの香りやパンの焼ける香りに朝が始まり、一日中様々な匂いに出会う。夜、風呂では石鹸やシャンプーのに香りにつつまれ一日が終わる。いい音楽や好きな花の香りに包まれた暮らしはひとつの夢だろう。

このところ香りのよい花の収集に熱が入った。まず、2月から3月にかけて咲くジンチョウゲの香りはすばらしい。ただ、この木は気難しく、なかなかうまく育ってくれない。ひとつに水管理の難しさがある。過湿に弱く、鉢植えで管理するほうがうまくいくと聞き再チャレンジしている。

4月に咲くオガタマノキは葉がサカキに似た常緑樹でバナナのような果物の香りが特徴だ。ガーデン全体に広がる香りは甘く、全身が溶けていくような恍惚を感じてしまう。私はこの花のとりこになり、もう抜け出せなくなった。花は触れるとあっけないほどポロポロと崩れてしまう。午前より午後から夕方にかけて香るのは、きっと受粉を助ける昆虫の活動時間に合わせているのだろう。

同じ頃咲くクチナシは渡哲也の演歌で知られる。香りは気品に満ちており、常緑低木で葉も美しく、今、鉢植えで楽しんでいる。また、人気上昇中のマツリカ（ニオイパンマツリ）は紫から白に花色が変化するおもしろさと、香りのよさが魅力。あまり知られてないがアジサイにも独特のすがすがしい香りがある。それは梅雨という感傷的な季節の記憶を瞬時に呼び起こす。

さて、バラは万人が認める花。魅力の多くは香りが占めている。十分開いたバラの花に鼻をすりよせて香りをかぐ。鼻腔いっぱいに広がる芳香は至福の極みだ。

キンモクセイの秋、彼岸過ぎに咲く花の香りのすばらしさは皆知っている。香りは走る車中からでもわかり、もうそんな季節かと、一年の過ぎる早さに驚く。

テーブルに香りの花を！花木だけでない。草花だって香る。

早春から順を追うと、まずニホンズイセン。スイセンは一輪のカップ咲きと複輪の房咲きがあるが、香りのよいのは房咲き。病虫害に強く、植えっぱなしでよくふえる。その改良種も美しい上、同じくよく香る。

ヒヤシンスもよく香る。毎年植えっぱなしのヒヤシンスは、花茎がよく伸び、花も適度にバラけて咲き、切花に最適だ。ブーケにして食卓に飾ろう。香りが家人の心をはずませる。多くのガーデンで成功しているハゴロモジャスミンはツル性でフェンスなどにはわせる。強い香りで満開のときは圧巻だ。五月に野に咲くスイカズラはジャスミンの強い香りがある。花は白から黄色に移ろい可愛らしい。

先日試しに切り取ってテーブルに生けたら芳香が部屋中に広がり、水あげと花もちは悪くなかった。

スイートピーは、名前の由来どおり、甘い香りが特徴。この春、ガーデンはおびただしい数のスイートピーが咲き乱れ、周囲はその香りに満たされた。行き交う人々には香りを長期間楽しんでいただいた。さて、カサブランカをはじめとするオリエンタルリリーや鉄砲ユリは時にむせ返るほどよく香ることが知られている。

一方、年々大株になるカレープラント。本当にカレーの匂いがあたりに漂う。カレーの原料ではないのだが、なんでこんなに匂いがカレーに似ているのか不思議でならない。ミントではアップルミントの香りが好きだ。ただしミント類はけっして花壇に直接植えてはいけない。地下茎が広がり他の植物を滅ぼしてしまう。鉢植えで楽しむか、根域を制限する。スペアミントやパイナップルミント、レモンバームなども個性的な香りが魅力で強く育てやすい。セージはサルビアの仲間で、近年多くの品種が紹介されている。中でもメドーセージは濃紺の花が長期間咲き続ける。多くのセージの仲間は茎葉が香り良く、繁殖力旺盛なので、雑草を抑える目的で植えると面白い。

以上、メドレーで紹介した草花は当地のガーデンで十分育っており、おすすめだ。

アロマテラピー（香りによる療法）はガーデニングの世界に可能性が大きいと思う。草花の香りの豊かさにガーデンの懐の深さをあらためて感じているところである。

2003年7月

40

イタリアン・ジェラート

夏真っ盛りである。今年の夏も暑い。夏といえば氷菓子。先日、財部町にオオッ！と感嘆する超感覚アイスクリームを見つけた。財部町の道のオアシス「きらら館」がライセンス製造・販売しているイタリアンジェラートだ。（H28年現在は販売終了）

それはアイスクリームと白熊をミックスしたようなソフトクリームとでも言おうか、これまで体験したことのない食感だ。ミルクをベースにごま、茶、チョコレート、カフェオレなどがアイスケースに整然と並ぶ。ボリュームがあるのにあっさりして素材の風味が生きて旨い。うれしいことにコーンは香ばしいカリカリのワッフル・コーンである。これが２５０円とは超納得価格だ。

食べ進むうちに好奇心がわいてきた。売り子さんに「どうしてイタリアン・ジェラートなのですか？」と聞いてみた。するとこうだ。

きらら館は財部町の農林産物を県内外の消費者にＰＲする販売拠点として昨年オープンした。その際、町長さんの発案で地元産のこだわり農産物を素材として生かせる商品としてアイスクリームを選んだ。イタリアン・ジェラートはその構想にいちばんマッチしたという。

原料の牛乳は高品質のブランド乳で知られるデーリィ牛乳。ちなみにデーリィ（南日本酪農業協同株式会社）は子供や若者に大人気の霧島の高千穂牧場とファミリー企業である。南九州の豊かな牧草をふんだんに食べた乳牛からは日々、おいしい生乳が搾られている。

さて、アイテムを紹介すると「ミルク」は牛乳の自然な風味がありナチュラルな味。「ごま」は財部町特産の有機栽培ものを用いており、香ばしいごまの風味がアイスクリームによく合う。財部産完熟かぼちゃ、サツマイモなどをブレンドしたものも季節によっては作られるという。毎朝その日に売る分だけ製造し、作り置きはしない。もったいない話だが、売れ残った商品は全て処分するという徹底した鮮度へのこだわりがにくい。

食感を極めたマイナス8度の氷温とミクロの氷のツブツブを感じるこのアイスが大好きになった。きらら館には財部町産の新鮮な野菜・果物、旨い豆腐などの食材、ガーデニング用土、花苗など魅力満載の道のオアシスだ。トイレも広く清潔で気持ちいい。

国分からは霧島線を上り国分電気の交差点を右折、県道2号線を都城方面にまっすぐ向かい、財部の街を過ぎるあたりに位置する。ドライブがてら、ぜひ立寄ってみたいポイントである。

究極の白熊

都城名物に「コーヒーの田中」の白熊がある。その巨大さ、美味しさ、シンプルさは他の追随を許さない。トッピングは小豆だけ。オーダーすると、奥の厨房からシャラシャラと氷を削る音が聞こえてきて、いやがうえにも期待がふくらむ。

ウエイターが笑みを浮かべ運んできたそれは背の高いかまくらのようであり、手塚治虫の漫画「どろろ」にでてくる妖怪「かね小僧」のようでもある。器は、なんとすり鉢。あのギザギザの摩擦力がないと巨大な氷の重量を支えきれないのだろう。全面に惜しげもなくかけてあるコンデンスミルクは最高級のデーリィ社製だ。さあ、どこから攻めようか。一人で全部食べようなどと考えないことだ。カップルで協力しながら氷をつつき、崩しながら食べる。それはプチウエディング・アイスケーキとでも呼ぶにふさわしい。食後、お互いに芯まで冷えきった身体は、真夏の夜の夢をみるのに十分な舞台装置となるだろう。

コーヒーの田中は、きらら館前の県道2号で都城に入り、途中左折、自衛隊前の通りにでて西都城駅方面に行くと醤油工場が見えてくるので、そのすぐ先にある。ご当地の若者なら誰でも知っているから、尋ねてみよう。

話はかわって、今、私はきらら館で手に入れた特殊培養土を使ってプルメリアを育てている。プルメリアは松田聖子の「プルメリアの伝説」に歌われている花で、ハワイではレイに使われ、東南アジアでは寺院に植栽される芳香花。昨年、シドニー郊外の民家の庭に白い花が咲くのを見て、好きになった。インターネットを通じてハワイから輸入した赤、黄、白の三種がすくすくと成長している。一年目の今年は葉が茂り、2年目に花が咲く、と英文の説明書にある。来年の開花が今から待ちどおしい。

2003年8月

41

米づくり体験

今年、私はコープ鹿児島が主催する有機無農薬栽培の米づくり交流に家族で参加している。場所は姶良町で6月の田植えから10月の稲刈りまでを多くの家族連れとともに汗を流す。ここで稲についておさらいしたい。米は日本で唯一自給できる農産物だ。

日本の農家の耕地面積は平均約一ヘクタールで一反はその10分の1。その一反から5人家族の一年分の消費量に相当する約２５０キロの米がとれる。今日、米づくりは昔と比べ、手がかからなくなった。それを可能にしたのが栽培技術。かつて田に水を張り苗を作った苗代（なわしろ）はもう死語になってしまい、箱にモミを蒔いて作る箱苗に替わった。箱苗の時にかけた薬は長期間、病害虫を防ぐ。田植えは田植え機で、肥料と一緒に植えつけ、あとは除草剤をまき、1～2回必要に応じ病害虫の農薬を散布する。秋の黄金の実りはコンバインが収穫してくれる。

米は八十八の手間がかかることがその文字の由来と聞く。今日、田を一反借りて自分で米を作れば一家の米を自給でき、百円精米機を利用していつでも美味しいつきたての米を食べられるわけだ。多額の投資を必要とする機械作業は受託してくれる農家を捜したい。南九州の誇る「ヒノヒカリ」、「雁の舞」はうまい。

米づくりはもちろん片手間でできることではないが、自分で米づくりをしたい。願望に終わるかもしれないが、農業にあこがれている。

さて話は交流会に戻る。6月に田植え。水を張った田土はヌルヌルして、はだしの足にまとわりつく。はじめ足を田に入れるとズブリとどこまでのめり込むのだろうと不安になるが、ちゃんと堅い土層が体重を支えてくれる。参加者は一列に並び、目印のヒモを頼りに苗は3〜4本づつ植えていく。植えたばかりの苗は細く頼りなげだが、生育期には猛烈に分枝し、たくましく成長する。植え込もうとする土は柔らかくて頼りない。浅く植えれば苗が浮き上がり、深く植えると苗が窒息死してしまう。ほどよい深さに気をつけて植える。子供たちもどろんこでチャレンジしながら田植えを終えた。

半月ほどして田車を使った除草と、さらに半月して手取りの除草をした。田車は雑草の生え始めた田の表土の土をかくはんして、ドロの中に雑草を押し込む道具。苗を踏まないように気をつけて田車を押すが、ズブズブ埋まってしまいなかなかうまく進まない。悪戦苦闘しながらなんとか一通り済ました。すねにはヒルが吸い付いて血を吸い丸々と太っている。ひっぱって取ろうとするが、歯がしっかり皮膚をかみこんで取れない。やっと取れた後は血が止まらない。蚊と同様、血を固まらなくする成分を出して、止血を妨げている。農家の人が道ばたのヨモギをもんで傷口に擦りこんで止血してくれた。

雑草恐るべし

それから半月後の手取りの除草ではまず、田を見てア然とした。田は雑草にビッシリ覆われている。コナギ、ヒエをはじめ繁殖力旺盛な雑草だ。放っておくと肥料分が吸取られ、稲が育たなくなる。周囲の田に雑草が1本も生えてない。一反あたり三千円の除草剤の威力はすごい。雑草はドロが柔らかいので意外と抵抗なく抜ける。集めてはドロに埋めて窒息死させる。それが腐ると肥料となる。しかし量が尋常でなく、2時間も作業を続けると、体力も限界に来て、終わりとなった。

うーん。無農薬農産物作りは口で言うほど優しくないなと身をもって知った。次は米の花の観察会と、稲刈りで、楽しい体験が待っている。今回、有機無農薬米をわずかだが、一通り自分で体験しながら食の意味を自問自答している。

アメリカがＷＴＯ（世界貿易機関）農業交渉において農産物の関税引下げを要求している。日本の稲作は主食であると同時に国土保全、農村文化など重要な役割を担っている。アメリカには世界の農業と農村社会が共存して将来の人類の食糧安定につなげるという視点が全く無い。ただ、国内で食べきれない農産物は他国に売るという自分の国益だけを考えている。世界的な異常気象といい、もっと食糧について世界が心をひとつにすべき時が近づいていると感じている。

2003年9月

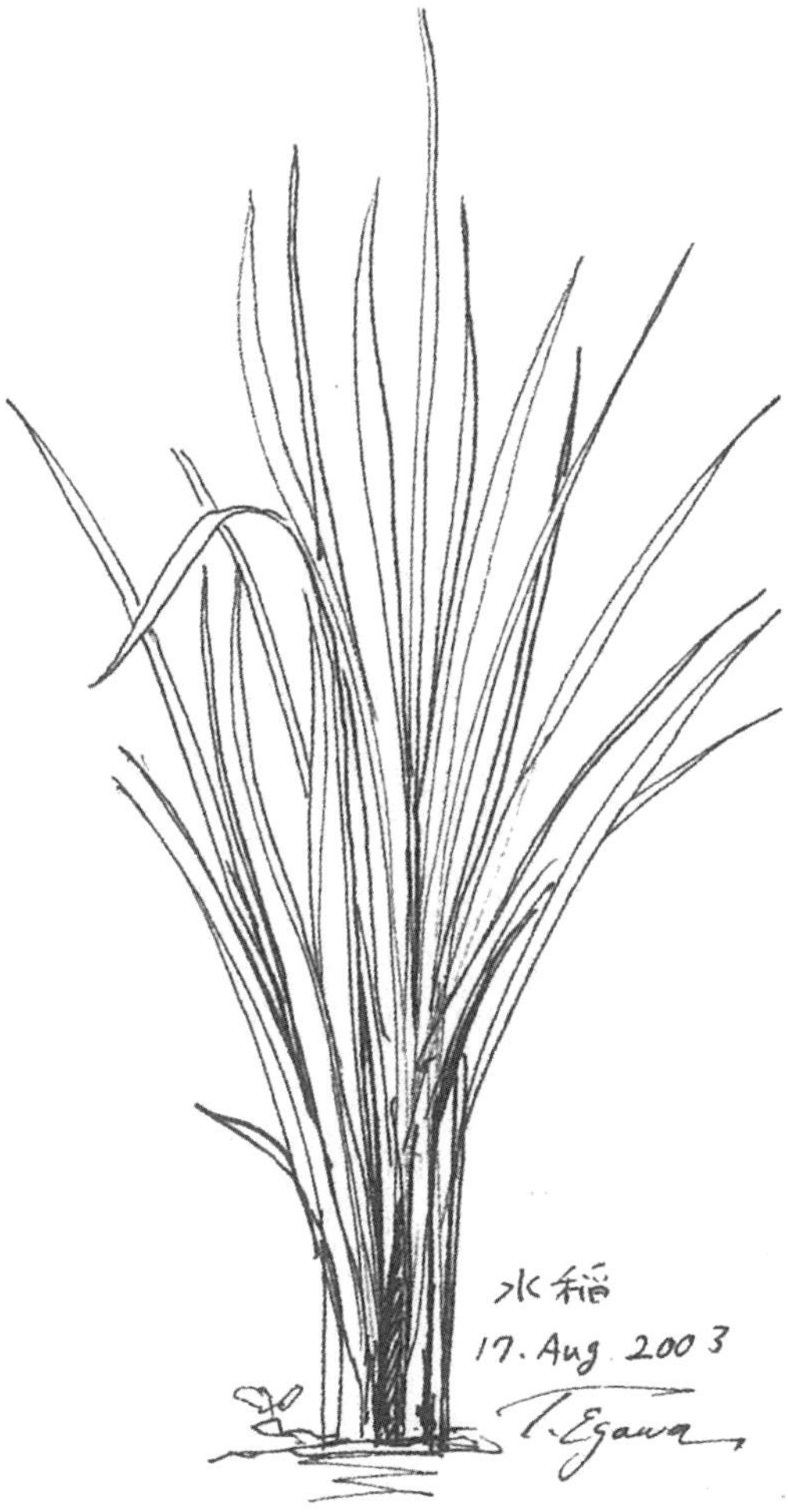

42

花壇コンクール

お盆すぎ、私は曽於郡末吉町が主催する花壇コンクールの審査をした。４人の審査員は車に同乗して25ヶ所の花壇を見て回る。小学校、親子会、老人会の人々が育てた花は、夏の陽射しに見事に輝いていた。

小学校は夏休みにもかかわらず手入れがゆき届いている。きっと先生たちが頑張ったのだろう。サルビア、ブルーサルビア、マリーゴールド、ケイトウ、ポーチュラカといった夏の花が美を競う。花壇は道路沿、交差点の一角、公民館の庭、ゲートボール場、墓の隣、と生活の場に作られ、規模もさまざまだ。

審査のポイントは、まず花壇が美しいか、すなわち、花は元気で雑草は生えてないかをみる。次に、その花壇が地域の美化に貢献している度合いをみる。どの花壇からも作る人の思いが伝わり、序列をつけるなど誠におこがましいが、割り切らないとコンクールにならない。

花壇では到着時刻に合わせて、代表者が待っている。見せてくれた植栽計画のデザイン画、管理日誌、記録写真はガーデニングのぬくもりに溢れている。台風で痛んだ株には支柱が添えられ、元気になった花は、つくりびとに感謝するが如く、虹色に輝いている。

ある小学校の木陰で休憩をとった。炎天下で乾いた喉に差し入れの冷茶がしみ込んでいく。陽炎《かげろう》がたつほどに熱気を帯びた情景の中で、子供たちはプールで水しぶきをあげている。その瞬間、私は小学生のころにフラッシュバックして固まった。「ぼくもいっしょに泳ぎたい！」と熱く火照った体が求めている。セミしぐれがふりそそぐフェンスに立ちすくむ私は、プール当番の奥さんと目が合ってしまい、会釈をしてその場を去った。昔、夏休みの学校プールを子供たちは待ち焦がれた。それは今も変わらない。

コンクールでは愛情がたくさん注がれた花壇が上位となる。審査結果が来年への励みとなることを願っている。今回、地域社会のガーデンを支える多くの人々の心に触れることができた。

さて、すっかり「泳ぎたいモード」になっていた私は、週末に家族で志布志の夏井海岸に出かけた。外洋に面した美しい海岸だ。迷い込んだ巨大なシイラを追いかけたり、波にはじけたりと、気の済むまではしゃぎ、太陽と遊んだ。

2003年10月

スズメ

ある日のこと、仕事場で一羽のスズメが私の肩に止まった。逃げる様子がない。面倒はごめんと外に逃がした。するとまた飛んできて肩に止まった。ほう、珍しいこともあるもんだ、と感心していたら、開いた窓から飛び出していった。そんなことはすっかり忘れて帰宅しようとした時、なんとまた私の肩目がけて飛んでくるではないか。三度目の正直。「きっと、私と縁の深いスズメに違いない！」と憐憫《れんびん》の情とかわいさがごっちゃになって、ＣＭのチワワお父さん状態になった。

家に連れて帰ると、相当おなかが空いていたようで、ごはん粒をいくらでも食べる。くちばしにくっついたごはんが気になるらしく、しきりに首を振り周囲にこすりつけて掃除している。まだ幼鳥で、栄養状態もよくないし、左足も麻痺しているのでしばらく保護することにした。

夕食時にその話をすると妻は「そのスズメはきっとあなたの守護神よ」と笑った。娘はスズメに「木の葉ちゃん」と名づけた。ひまわりの種やごはんつぶを与えると日に日に元気になった。仕事から帰ると子どもたちがその日の様子をうれしそうに話してくれた「朝からチュンチュン鳴いてたよ」「ほし草で寝床を作ってあげてもいい？」

次第に左足のハンディも感じなくなり、右足だけでしっかり止まり木をつかめるようになった。一週間後、お別れの時がきた。スズメは野生動物で、許可なく飼うことはできないし、それ以前に人間に飼われることは自然の摂理に背いている。子供たちの小さな手に乗ってお別れをした後、羽ばたいて風景の中に消えていった。

しばらくは寂しくて、スズメの鳴き声に木の葉ではないかと、家の外に飛び出して捜した。何度も心が騒いだが、結局、二度と戻って来なかった。猫に襲われなければよいがと心配した。それは小さな命にだって深く情がうつることを教えてくれた不思議な一羽のスズメだった。

2003年10月

43

晩秋の花壇を楽しもう

農村では収穫の秋が終盤を迎えている。花壇も夏秋の花がもうすぐ終わる。夏の花と思われている花の多くは、初秋から晩秋にかけてが最も美しい。サルビア類、マリーゴールド、アゲラタム、トレニア、ケイトウ等はまさに今が旬だ。野菜、果物や米は一日の寒暖の差が大きい土地や季節ほど味が良いことが知られている。特に、最低気温が低いと、植物は実や茎葉に大量の糖やデンプンを蓄《たくわ》えようとする。気温の差の激しい晩秋の花にも同様のシステムが働くのだろう。

今年、私のガーデンでは背の高くならないフレンチ・マリーゴルド（サカタのタネ社のボナンザ・シリーズ）とブルーサルビア（同社のナタディ・ブルー）を組み合わせたことで成功した。ともに高温乾燥に強く、株張り、多花性に優れるマリーゴールドの黄・オレンジとブルーサルビアの青の組み合わせは視覚的に補色の関係にあり、お互いの色を引き立て合う。これらの背後には、宿根草でクリーム色をした、ベアグラスやブルーのルリマツリが奥深さを演出している。

さて、ここ数年人気が高まっているのがケイトウ（ヒユ科）だ。特に、晩秋に大株いっぱいに炎のように咲く品種の登場は、ケイトウへの認識を一変させた。8月頃までは葉ばかりが茂るが、9月になると枝の先に小さな花房が現れ、みるみる肥大し見事になっていく。その他にもピンク系、ハゲイトウなど魅力的な色彩をもつ種類がふえた。ケイトウはチッソ分が多いと葉ばかりが茂る。リン、カリを中心とした鶏ふん堆肥との相性がよさそうだ。発芽は容易だが、ヒユ科植物の特徴で過湿と移植を嫌うので、子苗のうち、水はけよい花壇に定植したい。ただプランター植えは水を欲しがり水やりが大変で、薦められない。

5月から苗が出回るこれらの花はじつに11月までの半年間楽しめる。さらにマリーゴールドは土の線虫を減らす働きがあるので、処分する際はぜひ丸ごと地中に鋤《す》き込んで、土を綺麗《きれい》にしたい。一方で9月からタネを蒔いてポットで育ててきた春の花苗は11月末には移植できる。パンジーはすぐ開花が始まり5月まで咲き、夏秋の花と交代する。このように年間を通じて花が楽しめる園芸の進化は、とってもうれしい。

火星を見た

火星最接近の8月27日、私は家族とスターランド姶良に出かけた。そこは世界的に有名な百武さんが館長を務めた天文台で、口径40センチの高性能反射天体望遠鏡を装備している。百武さんの彗星《すいせい》発見の功績は言うまでもない。世界を驚かせた百武すい星は大きく伸びた尾が天空の3分の2を覆い、あまりの美しさに息を飲んだ。さて、その天文台は、姶良町の北山という奥深い山の中にある。隣接して県民の森が広がる大自然のまっただ中だ。そこに辿《たど》り着くまでの道のりは、つづら折りで険《けわ》しく、かつて猿の群れと出会ったことがある。

無数の虫の音が五月蝿《うるさ》いほどだ。クツワムシ、鈴虫、そしてマツムシ。唱歌「虫のこえ」で「♪・・・マツムシが鳴いているー、チンチロチンチロチンチロリン・・・」とあるが、そんな悠長な鳴き方はしない。新幹線の速さで「チンチリリン！」と鳴く。

案内板に従って行くと、突如未来的な天文台が現われた。真夜中にもかかわらず人でゴッた返してた。５万年に一度の天体ショーを見たいと、同じことを考える人は世の中には多いのだ。整理券をもらい並ぶこと2時間。ようやく望遠鏡の鎮座する3階ドームに入ったころ、雲が出てきて、たびたび観測が中断する。なんだか不安になりながらも、やっと我が家に順番がきた。長男が見終わったところで、無情にも厚い雲がかかり天を覆った。

職員が「これはもう、決断しなくてはなりませんね。」と言った。三男「決断するって、どういう意味なの？」私「今夜の観測はおしまいということだよ。」三男「えー!?」疲労で汗がドッと吹き出す。時計は11時半をまわり、私たちの後にも50人が並んでいたが、いずれの顔も見るに忍びない。「無料にしますからまた来て下さい」、との案内どおり後日に（めげずに）再度訪れた。オレンジに輝く火星は月ほどの大きさに見えた。ドライアイスの南極が白く輝き、運河の模様も見えた。５万年前、祖先も空を見上げたことだろう。５万年後の子孫たちは火星で暮しているかもしれない。人間がもっと賢くなれば、明るい無限の未来が待っているのにな、と、赤い星を見上げて思った。

2003年11月

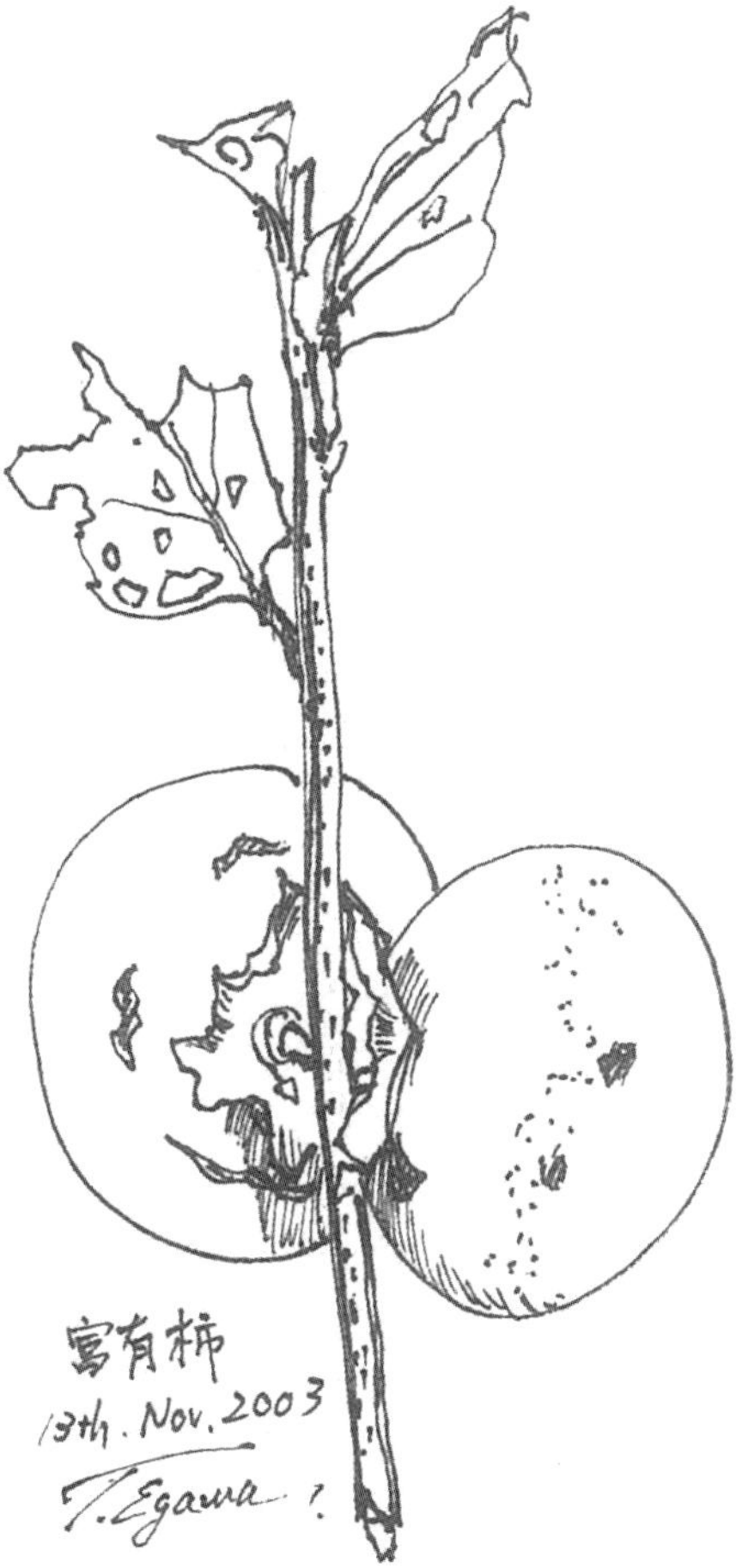
富有柿
13th. Nov. 2003
T. Egawa

44

花の楽園

今年の秋は晴天が続いた。そんな中、私は一泊二日で沖永良部島を旅する機会に恵まれた。ＹＳ11型機のレトロなエンジン音に身を任せていると、機は、やや激しく揺れながら徳之島上空から海面近くまで高度を下げ、サンゴ礁のリーフの真上を越えると同時に滑走路に着地した。タラップを降りると「風」が全身を包みこんだ。奄美、沖縄の風土を印象づけているひとつが、風である。

南洋を渡《わた》ってくる風は、かつてハワイのオアフ島で体験した貿易風と同質で、ウットリするほど心地よい。この風は、後日、指宿の渚にたたずむ温泉ホテル「吟松（ぎんしょう）」のデッキテラスでもモーニングコーヒーを啜りながら、味わうことができた。このオゾンたっぷりの風が、長寿であり、子宝に恵まれる島の風土につながっているのだと思う。島の民は、どの顔も、幸福そうな笑顔を湛《たた》えている。タラソテラピー（海洋性気候風土を生かした心身療法）を、生まれながらに享受しているのだろう。さて、道をゆくと、そこは熱帯植物のパラダイスが広がる。

生垣には極彩色の葉が特徴のクロトン、赤とピンクの葉が美しいアカリファが旺盛に茂っている。これらは本土では霜が降りると一発で溶けてしまうが、沖永良部島の冬の最低気温は摂氏10度である。多くの熱帯性植物が越冬できるのだ。クロトンの樹高は2メートルにも達し、その雄大さは鉢植えからは想像もできない。ライムグリーンが美しいデュランタライムは、本土では落葉するが、ここでは常緑だ。自在に刈り込まれたグリーンは造形が美しい。デュランタライムは挿木で簡単にふやせる。最初の一株から、いっきに島中に広がったのだろう。

トックリヤシが美しいグリーンの樹肌を見せる街道を行くと、赤土の畑が広がっている。南西諸島の土壌は赤土が多く、海や青空との鮮烈なコントラストは、ここが南海の楽園であることを印象付けている。

サトウキビ畑が続く道を抜けると私設の熱帯植物園に着いた。オープン・ガーデンで入場は無料だ。入るなり見たこともないピンク色の花がビッシリと咲き来訪者を迎えてくれる。大きなヤシは風に揺れ、赤いハイビスカス、ピンクのブーゲンビリア、黄色いアマランダが咲き乱れる。熱帯性樹木の間には空中に矢倉《やぐら》が組まれ、イスとテーブルが置いてある。住居の一室は小さな図書館になっており、童話や郷土史が並ぶ。この植物園と図書館を作ったのは役場を退職した90歳の翁である。軽やかな身のこなしは、とてもその歳には見えない。日に焼けた笑顔は少年のように輝いている。

気候を楽しみながら好きな植物を育て、おそらく世俗の悩みとは無縁の晴耕雨読の生活。この世の楽園づくりに精進している翁に私は嫉妬した。「こんな人生が送れたらいいのに」と、翁の半分しか生きてない私は心底思った。「まだまだがんばれる。いや、もうだめなのか。夢を無くしたのか、いやまだこれからだ・・・」などと日々、自分自身との葛藤を繰り返すわが身を振り返ってみる。一つの答がでた。やっぱり好きなことは捨てないこと。結果に捉《とら》われず一歩でも前へと思いを抱き歩き続ける。そんな人生なら十分幸せではないか。そう、背筋の伸びた翁の背中が、教えてくれた。

畑地かんがい

暖かいな気候は年間を通じて農作物を育《はぐく》む。だが、川は殆ど無く、農民はこれまで日照りに苦しんできた。そして今「畑地かんがい」が島の農業を変えようとしている。雨が頼りの農業を数千年続けてきた農民は、やっと自由にできる水を手にする時代を迎えている。ため池は数多くある。太陽光発電による電力でポンプを動かし、ため池の水を高台の貯水池に送り水路の勾配を利用して畑に導く。勾配による水圧でスプリンクラーを回し、散水する。太陽光発電基地では無数のソーラーパネルが整然と並び、未来都市風だ。

夜は島唄の生バンドを聴き、居酒屋のテラスで黒糖焼酎を味わった。銀河が輝く星空の下、島に働く女友達と語らう。肴はエミュー（ダチョウに似た大型鳥）のタタキに近海もののシビの刺身だ。エミューは合鴨に似た赤身で歯応えがある。友との話は尽きない。楽しい時間はなぜこんなに過ぎるのが早いのか。気付けば日付が変わっていた。土産に頂いたドラゴン・フルーツはピンクとイエローの2品種で、今まで経験したことのない甘さだ。それは島の豊かさを象徴するような味わいだった。

翌日、断崖絶壁70ｍのクリフの上でエメラルドの海のウミガメと「こんにちは！」をし、アダンの

2003年12月

森を駆け抜けた。常に風が吹いていた。「風の谷のナウシカ」を思い出し、南の島を後にした。

とうもろこし

45

クワイ

おせち料理の食材として知られるクワイを昨年、水鉢に植えた。夏の間は観葉植物として楽しんだ。師走に入り掘り上げてみると、出てくるわ出てくるわ小ぶりのクワイが泥の中からコロコロと。その表皮の美しいこと。それぞれのイモが個性豊かに紫、青、緑のエナメル質の光沢を輝かせている。すべてのクワイに芽が伸びている。クワイは芽が曲がっているが、そのわけが分った。横に伸びた地下茎の先端にイモができるが、イモはみんな横を向いている。イモのてっぺんから伸びる芽は重力に反して上方向に伸びるので曲がるのだ。

おせち料理では「芽が出る」ことから、縁起物として用いられる。料理では芽をくずさないように気をつかう。ながめてよし、食してうまく、縁起がいいと三拍子そろったクワイ。今年がよい年になりますようにと小さなクワイに願をかけた。

ケシの仲間

アグネス・チャンのデビュー曲「♪丘の上ヒナゲシの花で〜、占うのあの人の心〜・・・」のヒナ

2004年1月

ゲシの種を蒔いた。細かい種だがよく発芽して、多くの苗を得た。ケシの仲間は花弁《はなびら》がパラフィン紙のような質感で、見るだけで、心が軽くなる。

ヒナゲシは主に、赤色の花が咲く。ヨーロッパでは、キリストの流した血から生えたと云われ、中国では項羽の愛姫虞美人《ぐびじん》が流した血から咲いたと言い伝えられることから、虞美人草ともいわれる。

小さなビートパン容器にギッシリ発芽した苗は、根を痛めないように7センチポットに植え替えて、一ヶ月ほどして根鉢が回ったところで花壇に定植した。あとは日々の成長を楽しみ、春風に揺れる開花を待つのみだ。

宮崎県の生駒高原では秋にコスモス、春にはアイスランド・ポピー（Iceland poppies）が咲く。後者はオレンジ、黄、白と変化があり、鹿児島市が路側帯や公園に好んで植える。

切れ込み深い葉は春らしい柔らかな黄緑色で、葉は地ぎわから放射状に広がるロゼットを形成する。「ロゼット」とはバラ花形の「rosette」からきた植物学用語だ。つぼみは、毛むくじゃらのカラをかぶり下に向いたままムクムクと立ちあがる。ある日、頭をもたげると同時にカラが割れて、クシャクシャに縮んだ花びらが現われ、しだいに展開して咲く。これはまるで蝶がサナギから羽化する時のようだ。

冬、花屋にはアイスランド・ポピーの切花が売られることがある。10本ほど輪ゴムで束ねてある。細長い花器に生けると、春が一足先にやってくる。

きれいな花にトゲあり

白い花ケシ（Poppy）は、ケガだけではすまされないので要注意。アヘン戦争はじめ、国や人々の運命を狂わせてきたアヘンが採れる。開花後10日ほどたって肥大した青い実に傷をつけ、十数分後にじみ出てくる白い汁が固まったものをヘラでこさぎ取り、弱く加熱乾燥させたものがアヘンだ。ときどき栽培がばれてニュースになるが、刑法による罰則は、大変厳しい。19世紀はじめドイツの薬剤師により、偶然アヘンからモルヒネの結晶を得た。これは天然物から純粋に有効成分だけ抽出することに成功した最初とされる。

ヒマラヤの青いケシ（メコノプシス）が大阪花の万博「咲くやこの花館」に植栽されていた。これはヒマラヤから続く中国高山地帯に分布している。花は深い空色をしており「ヒマラヤの女王」と呼ばれるに相応《ふさわ》しい風格を湛《たた》えていた。10余年たった今では、サカタのタネの通販で簡単に苗を手に入れることが出来る。

春花壇ではハナビシソウが咲き誇る。カリフォルニアポピーとよばれ、原産地では雑草化している。大きな鷹の爪のような蕾《つぼみ》から鮮《あざ》やかなオレンジと黄色の花が展開する。花は昼に開き、夜に閉じる。ハナビシソウを植えるとき大切なことは、チッソ肥料を控え目にすること。さもないと葉だけが盛大にほこり、蒸れて株元から腐ってしまう。

ケシの仲間は種類によっては、こぼれだねでよく殖え、第一級警戒帰化植物、杏色《あんず》の「ナガミヒナゲシ」など雑草化するものがあるので、気を付けたい。空中にフワフワ浮いてるような花に心を重ねて、軽やかに春を謳歌《おうか》するのも、いいと思う。

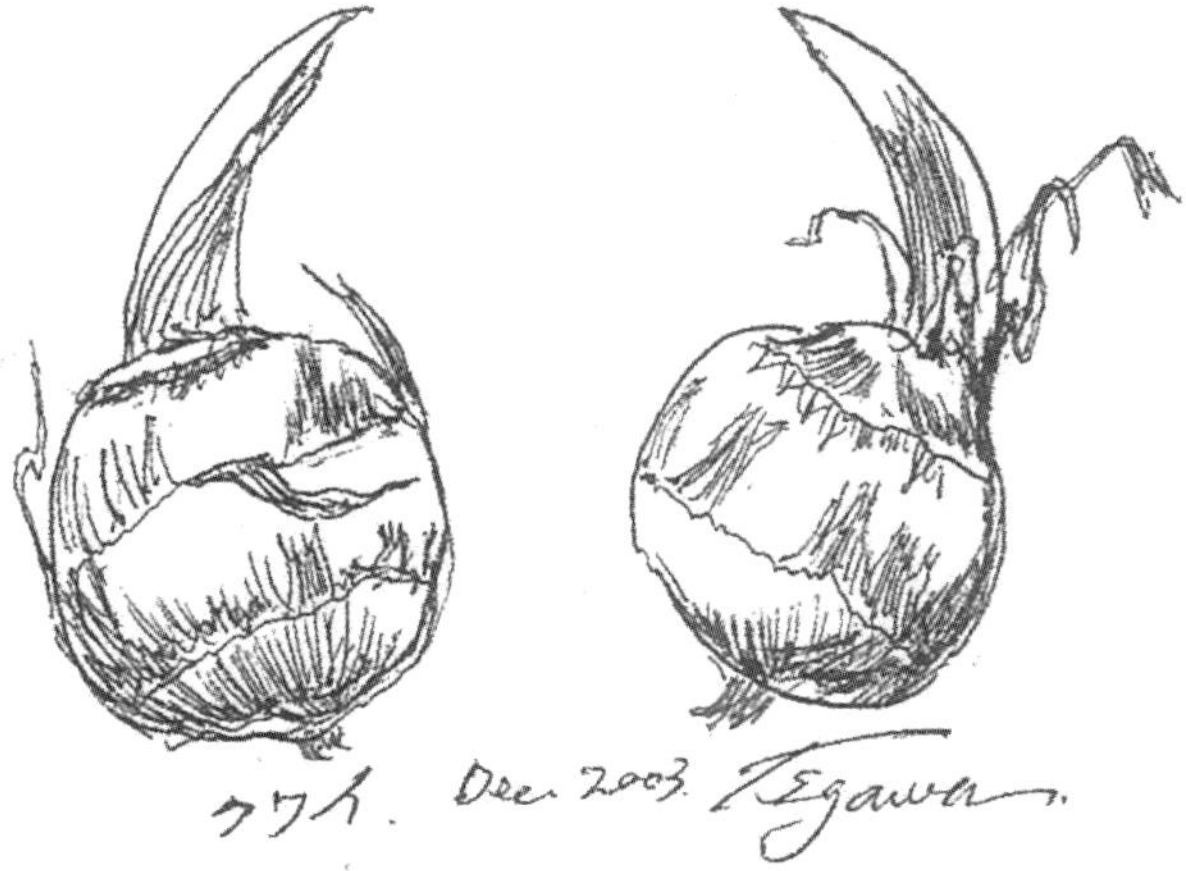

46

霜

冬の朝、霜が降りる。空気は、気温が高いほど多く水分を含むことができる。これ以上空気中に含めなくなる水分量を飽和水蒸気量と呼ぶが、それは気温30℃では30ｇ。一方、0℃では、たったの5ｇ。だから夏は蒸し暑く、冬は空気が乾燥する。

昼間の水蒸気は最高気温の午後2時を境に逃げ場を捜《さが》して水になる。これを結露《けつろ》と呼ぶ。布団を干すのに適した時間帯は、天気のよい朝から午後2時まで。それを越えると、布団が水蒸気の逃げ場となり、湿る。夕暮れに取りこむと、ヒンヤリと冷たい布団と、添い寝をする羽目になる。

夜露は建物の屋根や植物の葉に付き、それが0℃以下になると霜になる。

晴れた夜は地表から多くの放射熱が逃げていき、最低気温を記録する日の出前まで気温は下がり続ける。その時、地表温度は空気の気温より低いので、天気予報では、冬晴れた日の最低気温4℃でも、霜注意報が出る。

走り新茶

走り新茶（一番茶）のころ茶畑では防霜ファンが活躍する。茶葉は霜にやられると台無しになる。

茶畑では巨大な扇風機が林立しているのを見ることができる。これは放射冷却により冷えて霜が付こうとする茶葉に温かい地上6ｍあたりの空気を吹き付け、霜を防ぐしくみだ。地上6ｍの気温は地表温より約2℃高い。ちなみに一番茶は秋からの約半年間、木に蓄えた栄養分で一気に葉を展開するため格別味がよいとされる。茶農家は収益の多くを一番茶に託すため、霜にやられるわけにはいかないのだ。

「娘十八、番茶も出花」は、番茶も点（た）てたばかりは香味がよいのと同様に娘も年頃になると美しくなるたとえである。番茶とは、年に4回ほど茶の葉を摘んだ毎に枝先をそろえるために刈る、枝を含んだ葉で作った茶を呼ぶ。昔は、茶柱が立ったものだが、最近は茶の製造機械がよくなり、茎が分からなくなるほど揉むため、茶柱が立たなくなった。この状況を逆手に取り「茶柱の立つ幸運の茶」を売り出す業者も出てきた。

2004年2月

ウィンターガーデン

冬の楽しみのひとつに、凍てついた朝、真っ白に霜でおおわれた景色がある。日が差すと、モワモワと水蒸気を立ちのぼらせながら姿を消していく霜。特に田園の朝は、静かで、神々しく光輝くもやに包まれ、その場に遭遇した幸運に酔う。

花が少ない真冬のガーデンは、枯れ葉やレンガに真っ白の霜がビッシリ付く。純白に輝く花のようであり、ヨーロッパの人々がこよなく愛すウィンターガーデンの醍醐味が味わえる。雪が一度《ひとたび》降れば一段と趣《おもむき》が深い。

この時期に花壇を天地返し（スコップなどで下の土を地表に出す）して霜に当て、病害虫をやっつけるとよいのだが、秋に球根や苗を植え込んでいるので、それがなかなか出来ない。

土地により、霜が強い所は「霜だまり」とか「寒だまり」と呼ばれる。空気の流れがあり、木々に覆《おお》われる山の傾斜地より、周囲が開けた所や空気が澱《よど》む盆地は霜が強い。霜は空気が止まった瞬間に出来るのだ。

ちょっと、ややこしい物理の話になるが、絶対零度（マイナス２７３℃）以上の温度を持つ物質は常に放射熱という電磁波を発散している。晴れた夜間は地表から宇宙に向けて際限なく熱の電磁波が放出されるので、地表はギンギンに冷える。これを気象用語で放射冷却と呼ぶ。雲があると放出された電磁波は反射して地表に返って来るので冷えない。同じ原理で寒さに弱い植物の上を新聞紙で覆ったり、葉のついた笹の枝を差して傘にするだけで、立派な防寒対策になる。かつて畑では古タイヤを燃やして霜を防いだものだが、環境問題が厳しくなった昨今は見かけなくなった。

このように地球は、太陽からの放射熱との収支の絶妙なバランスの上に、生命に適した気温が維持されてきた。ところが産業革命以降、化石燃料による二酸化炭素でそのバランスは崩れ始め、まっしぐらに温暖化は進み、歯止めがかからない。それなのに、嗚呼それなのに、世界をリードする米国は、

2004年2月

二酸化炭素削減を目的とした地球温暖化防止京都議定書に背を向けている。ブッシュ大統領は月や火星に居住地を造るということだが、地球に見切りを付け、ノアの方舟でも作るつもりなのだろうか。

地球上の自然林が早く保護され、水素を燃料に走る燃料電池車が早く実用化されればいいのにと願っている。

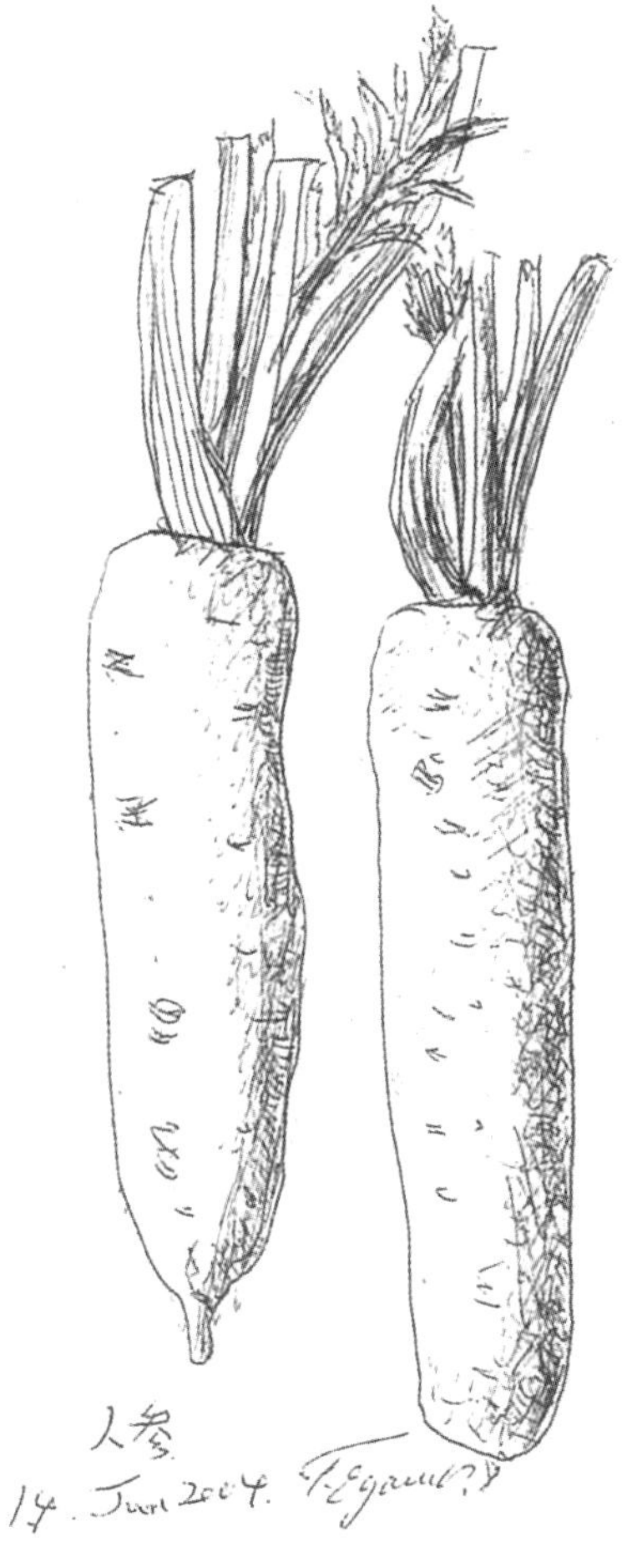

47

晩柑類

このシーズン、柑橘《かんきつ》類は、晩生《おくて》の晩柑類が旬《しゅん》を迎えている。3月はミカンがほぼ終わり、替わって甘夏、サワーポメロ、タンカンが美味しくなる。甘夏とサワーポメロは育て易いことから、家庭果樹として最適だと専門家たちは奨《すす》める。

かつて晩柑類は夏みかんとボンタンくらいのものだった。昔、母は、夏ミカンを丁寧に剥いてガラス皿に盛り、砂糖をかけて子供たちに食べさせた。今は昔より各段に甘い柑橘類ばかりになり、砂糖をかけることはなくなった。国道3号線を北上すると、阿久根近辺にはボンタン専門店が立ち並び、よく目立つ黄色い果実が店先から溢《あふ》れる。私の職場では、臨時の奥さんが、ぶ厚い皮を砂糖で煮詰めてボンタン漬けを作った。それはゼリー状にすきとおった香り高い手づくり菓子だった。セイカのボンタン飴は鹿児島が誇る銘菓の一つであり、パッケージはレトロ調で懐かしさがある。

米国フロリダ州にあるディズニーワールドの売店ではボンタン飴が売られていた。身近な郷土菓子だが、意外に国際的なのだ。

タンカンは今が旬の鹿児島が誇る高級かんきつだ。亜熱帯気候に適し南薩、種子島、屋久島、奄美諸島で栽培されている。果汁が多く、鮮烈な香りと強い甘味をもつ。屋久島では、猿に狙われるため、果樹園の周囲に電流を流した柵で囲ったりと対策に追われる。猿も鳥もよく旬《しゅん》を知っていて、一番美味しくなる時期にやってくる。

グレープフルーツ

私は「サカタのタネ」の会員で毎月会報が届く。今月号にグレープフルーツが鈴なりの写真が掲載された。神奈川県の会員宅で蒔いた種が芽を出し、鉢植えでは管理しきれないほど大きくなったため、庭に植えた。ずっと実が成らず、15年目に突如鈴なりの実を付けたという。これは栄養成長を長年続けた後、生殖成長に変わったためとみられる。木に勢いがあり、ぐんぐん成長するときは、まだ子孫を残す必要はないため花も実も少ない。この状態を栄養成長と呼ぶ。一方、栄養成長が一段落したり、肥料切れや乾燥など過酷な状況下では子孫を残そうとするため沢山花を付け、実がなる。これを生殖成長とよぶ。これは植物の多くに当てはまり、特にチッソ分の多い肥料をやり過ぎて、葉ばかり茂り花が付かない原因の多くは栄養成長が強いためと思われる。

それにしても、神奈川県でグレープフルーツが育つのだから、さらに温暖な鹿児島は栽培が十分可能と思われる。

グレープフルーツは輸入果実の成功例の一つだ。輸入自由化に合わせてパンフレットを作りカットして蜂蜜をかける食べ方を普及したり、日本市場への参入を組織的に展開した。その結果、見事に日

2004年3月

本の食生活に受け入れられた。

サッカーの神様と呼ばれたペレは、ブラジルの貧しい子供時代、サッカーボールが買えずに、グレープフルーツのリフティング（ポールを地面に落とさずポンポン蹴り上げること）で技を磨いた。それほど北米、南米では身近な果実なのだ。

ブドウのように鈴成りに実ることが、グレープフルーツの語源である。

さて、我が家では、ダイダイ、レモン、キンカンが植えてある。レモンはいじけて実が成る様子がない。ダイダイ、キンカンは何とか実る。日本に古くからある柑橘が、やはり強いのだろうか。

大矢野物産館

先日、天草を旅した。晴天に恵まれ、島々の美しさが際立った。その道すがら、大矢野島の大矢野物産館サンパールに立寄ったところ、凄いにぎわいに出くわした。デコポン、ネーブル、ポンカン、完熟ミカン、オレンジ、伊予柑などなど、美味くて安い柑橘類が所狭しと並ぶ。温暖な気候に、排水のよい島の傾斜地は柑橘類の栽培に適しているのだろう。また、生きたタコ、ナマコはじめ魚介類にワカメ、野菜、花など海の幸、山の幸がドッサリ入荷している。

熊本本土からの客も多いのだろう。持ちきれないほどの買い物袋を抱えている。いきのいい刺身たっぷりの海鮮ドンブリやコノシロの姿寿司はとても旨く、病み付きになった。これまで多くの道の駅や物産館を訪ねたが、立地、コンセプト、マーケティング、商品の魅力の全てにおいて、ここはダントツのナンバー1だ。凄いものを見た余韻がしばらく残りそうである。

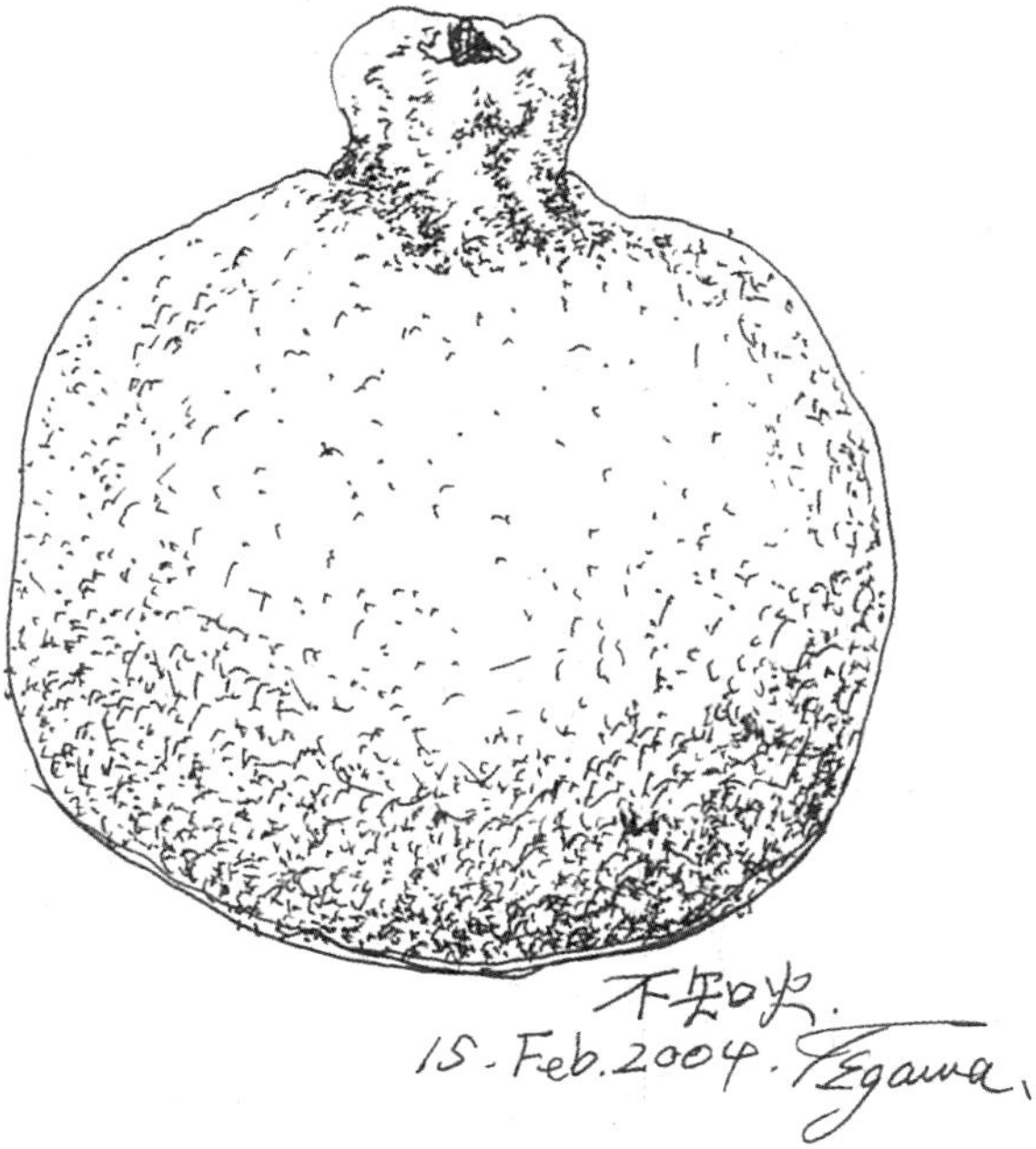

48

オレンジ色のバラ

4月は何かと新しい。新年度、新学期、新入社員。3月で一度リセットされた一年が、また始まる。自然の季節感に全くひけをとらない人工の季節感が街に溢れる。この時期は眠い。布団にもぐり込み、いつまでも微睡《まどろ》んでいたい。

午後の気怠《けだる》い陽射しはオールディーズの音楽がよく似合う。ガーデンではチューリップの花弁《はなびら》がだらしなく開ききっている。休日の午後は妻が淹《い》れた珈琲が旨い。つい先日出会ったと思っていたら、ずいぶん時が流れた。結婚して子どもを育ててきた彼女との日々をとても短く思う。15年前の披露宴で先輩諸氏から頂いた「人生は山あり谷あり・・・」との言葉の意味が分かる歳になった。幸福とは、どんな境遇にあっても前向きで明るい心の有様《ありよう》だと思う。人生に困難はつきものだが、ネバーギブアップなのだ。

先日のホワイトデー、妻に香りのよいオレンジ色のバラを贈った。「ありがとう!」と言いながらニコッとうれしそうな笑顔を見せた。

イングリッシュデージー（English daisy）

この春のガーデンに新顔が咲いた。イングリッシュデージー。昨秋、サカタのタネ社から発売されているのを見つけた。説明書きには「春の英国庭園の芝生を一面に覆う」とあった。はるか異国の庭園に思いを馳《は》せ種を蒔く。私は種まき用土としてサカタのタネのビートパンか、同社製の播種用培土を使っている。細かいタネはビートパンがよく、そうでないタネは播種用培土がよい。ともにドイツ湿地の草が堆積してできたビートモスを主原料としており、発芽がとても上手くいく。

イングリッシュデージーは一週間ほどで揃《そろ》って発芽し、多くの苗を得た。生育は順調で寒さに強く、3月には20〜30センチの株に成長した。2月下旬には株元から10センチほどの花茎が伸びて、可憐な花を付けた。花は中心が丸く、黄色で、白く細長い花弁が周囲に放射状に付く。クリサンセマム・ノースポールとよく似ている。

マーガレットやシャスターデージーを二回りほど小さくしたような花は、春の花壇に清楚な雰囲気を醸《かも》し出す。ノースポールは3月までは可憐だが4月になると株が大きくなりすぎて、パンジーなど周囲の花を覆ってしまう。その点、イングリッシュデージーはヒナギクと草姿がよく似ており、上品にまとまりそうだ。キク科に共通する特徴としてアブラムシが好むため市販の薬剤で防除したほうがよいだろう。

この花は「こぼれだね」で殖えるという。ふえて困る草花が多いが、この花に限っては大歓迎。ガー

2004年4月

デニング素材として優れたお奨めの花である。

魅力の店

私には行きつけの園芸店がある。その名は「花安」。そこの店長と従業員は草花にめっぽう詳しい。店の雰囲気、品揃え、商品管理、接客、商品開発力、企画・情報力のどれをとっても、おそらく九州でもトップクラスの店であることは間違いない。

店長は空港近い立地を生かし、高速道路網を駆使して最高の草花を求め福岡、久留米をはじめとする市場や産地を飛び回っている。

私はガーデニング講習会を開くことが多いが、例えば30人の講習会の場合、コンテナの寄せ植えで苗7種、計二百十株の花苗を購入する。健康な同じ品種の苗を30株ずつ7種類そろえる難しさは並大抵ではない。その要求を満足させてくれる店なのだ。前もって注文すれば欲しい苗を必ずどこからか見つけてきてくれる。不思議な店だ。

店を訪ねるたびに、知らない花が入荷していてワクワクする。欲しい花を目の前にして理性は吹っ飛び、財布のひもはゆるみっぱなしとなる。時間がたつのを忘れてしまう至福の時と空間がこの店には、ある。

先日、宿根マツムシソウ（スカビオザ）のブラックとワインレッドの苗を買った時、若い女性の店員が「この花、夏越しが難しいです。この苗は当店で昨夏を越しました。水はけよい土に植え替えてやっと生き残った苗です」と静かに語る。いつくしむように旅立つ苗を見つめるトビ色のひとみのまなざしに、プロ根性をみた。「でも、頴川さんなら育てられるかも・・・！」と、同時に難しくも、うれしい宿題をもらった。

園芸店は体力勝負だ。客のいない時は黙々と商品の手入れである。枯れた下葉、花がら摘み、水かけを念入りに行ない草花をベストの状態に保つ。挑戦しつづける店は、花好き達に愛されながら、これからも一歩ずつ階段を上っていくに違いない。

49

水やりはメリハリが肝心

初夏を迎え、新緑がまぶしい。人は山へ海へと繰り出しては汗をかく。そして当然、のどが乾く。植物にとっても成長が盛んな季節で水を欲しがる。

さて、鉢もの園芸で一番むつかしいのが水やりだ。鉢やプランター、コンテナは人が水をやらないと雨以外どこからも水がこない。一方、花壇は地中の水分が、土壌中の毛細管現象によりたえず地表近くに供給されるので、苗の植えつけ時と晴天が続くとき以外はやらなくてよい。

鉢の水やりはメリハリが肝心だ。土の表面が乾いたら一度にタップリやることで水圧が生じ、土中の有害なガスや余分な肥料分を一気に洗い流す。だから鉢やプランターには上端から数センチのウォータースペースが設けてあり、水をタップリ注げるようになっている。ダラダラした水やりは、常に土が湿った状態で根腐れをおこす。

一方、畑では畝（うね）をつくるが、これは水はけ対策なのだ。野菜はしっかり土中に根をはることで豊かな収穫が約束される。水はけ悪く水分が多い土壌では、根は伸びなくても水を得られるため、なまけて根を張らないし、徒長して体質が軟弱になり、病害虫に弱くなる。うねをたて、その頂点に苗を植えつけることで、根が張る領域の水はけをよくし、より深く健康な根を張るようになる。植物を上手に育てるとは、いかに健康な根を張らせるかに尽きる。地上の茎葉花実は、根の出来の結果であるから、土づくりが大切なのだ。

特に水はけの悪い田の裏作などは畝を高くするほうがよい。この考えはガーデンでも応用でき、水はけの悪い花壇や過湿に弱い花を植えつける場合、レンガやブロックで囲って水はけよい用土を入れるとよい。そうして植えつけ位置を一段高くすることで水はけは改善できる。用土が粘土質の赤土や荒木田土（田の土）の場合はそのままでは水はけが悪いので、腐葉土や完熟牛ふん堆肥を4〜5割混ぜると改善できる。

「この鉢植えは何日おきに水をかけるのですか？」と、よく尋ねられる。「夏は毎日で、冬は週に一回」が一応の答えだ。さらにその花が水を好むか乾燥を好むか、置き場が日陰か日なたか、雨が降りこむかどうかなどの個々の状況に応じて加減する。なお、10号鉢までは気をつかうが、それを超えればズボラでよい。

鉢は3センチが1号

鉢のサイズは水もちにおいて重要だ。素焼き鉢は、1号鉢が直径3㎝で、さらに1号増すごとに3㎝ずつ大きくなる。たとえば5号鉢なら直径15センチ、10号鉢なら直径30センチとなる。

乾きやすさの目安となる鉢の表面積と土の容量について考えてみる。素焼き鉢は水分を通すミクロの孔（あな）が無数にあるため鉢の表面から水分がどんどん逃げていく。一方土の量は多いほど乾きにくい。10号鉢は5号鉢の直径が2倍だが表面積は4倍、容量は8倍だ。

水もち（乾きにくさ）は表面積と容量の比から求められ、10号鉢は5号鉢の少なくとも2倍水もちがよいことになる。また大きな鉢ほど土壌と鉢壁までの平均距離が大きく、鉢自体に厚みがあるためさらに乾きにくい。つまり大きい鉢の方が水やりがズボラでよいのだ。プラスチックの鉢は、素材が水を通さないので、土の表面と底面からしか水が出ていかないので水もちはさらによい。一方、小さな鉢植えは夏の陽射しで鉢が焼けて草花はしおれてしまう。鉢の内壁には根がはっており、50℃以上の灼熱地獄の根は想像するだけで辛い。対策は西日の当たらないところに置くか、鉢ごと土中に埋め水分蒸散と温度上昇を防ぐ。

草花の痛みを感じとり、何を欲しているかが分かるようになれば、ガーデニングも一人前だ。なお、木製の鉢やプランターは奨められない。木材は湿った土との相性が非常に悪く、いかなる防腐処理を施しても数年で腐るし、地面に置くと、実に巧妙に下部からシロアリが侵入する。だから木製品は土と接触のない鉢カバーとしての利用にとどめるべきだ。これから梅雨の時期、鉢植えはなるべく雨の当たらない場所におき、風通しをよくしたい。

人も草花も祖先は海のバクテリアだった。そのなごりもあって、人体の7〜8割は水である。人の羊水や血液の成分は海水と非常に近いことは体内に太古の海を継承してきたことを物語る。今世紀は

2004年5月

水争奪の世紀と言われている。山河豊かで、水に恵まれた日本に生まれ、この地にあって、思う存分ガーデニングを楽しめる幸福を改めて思う。

50

自己免疫力

5月になるとアマリリスが一斉に咲き出す。近年、オランダから数多くの美しい品種が輸入されているが、これらは休眠打破のため冷蔵処理されており、温度のある室内ではすぐに花が咲く。買い求めた球根や室内で咲いた鉢植えは、ぜひガーデンや一回り大きな鉢に植えてほしい。意外に寒さに強く露地で越冬する例が多い。

植えつけのポイントは球根の1／3を地上に出すことだ。アマリリスは葉や茎に赤褐色のサビのような斑点が出る赤斑病がでやすい。病原菌は20～25℃で活発に活動する。しっかり消毒すれば防げるだろうが、発生してもあきらめずに肥培管理で改善することがある。我が家のレッドライオン（品種名）は植え付け3年目で赤斑病におかされ葉も花茎も醜く引きつり、無惨な状態だった。処方書でも「病株は廃棄せよ」だが、放っておいたら翌年以降は全く健全な株となって、大輪の花を多く咲かせ続けている。特別、薬を用いたわけでないから花が自己免疫力を発揮したと考えらえる。

草花の病気は施薬しないと治らないと思い込んでいた私には新たな発見であった。また、オランダからの輸入球根は殖（ふ）えないとされていたが、殖えるのが遅いだけでちゃんと殖えることも分かった。

アマリリスは、巨大な球根が群落を形成することで、雑草をおさえることができるお奨めの素材だ。鹿児島のアマリリス在来種は大きく分けて三品種ある。赤一色のもの、赤で花の中心が白に抜けるもの、そして白地に赤のスジが入るものである。どれもユリ咲きの端正な花姿をもち、耐病性と旺盛な繁殖力を兼ねそなえており農家の庭先などで守られてきた。

ヒガンバナ科に属し葉姿はクンシランに似て端正である。花後はお礼肥を与え長く伸びる葉は日光を当てることで球根が充実する。

挿し木

6月はさし木に最適のシーズンだ。さし木は茎、葉など母株の一部を切り取り、根を出させる繁殖法である。遺伝子が母株と全く同じ個体（クローン）が誕生する。栄養繁殖ともよばれ、種をまいてふやす種子繁殖と並び、植物をふやす一般的な手段である。種子繁殖は母株と遺伝子が異なる場合があり、母株と同じものが手に入らないことがあるが、さし木は母株をそのまま再現できる。最近店頭で「栄養系コリウス」などと表示されている例を見かけるが栄養系とは主に挿し木すなわち栄養繁殖で殖やした株をいう。

さし木で発根するメカニズムはこうだ。①植物は切られると、再生するため切られた部分が細胞分裂をしてふくらむ。そのふくらみをカルスと呼ぶ。②カルスが充実するとそこから数多く発根する。

2004年6月

さし木を成功させる秘訣は、第一に時期だ。発根適温は温帯性植物で15〜20℃。熱帯性植物で20〜25℃であり、10℃以下では発根せず30℃以上では腐敗しやすい。湿度は高いほどよい。だから6月は見逃せない。第二に切断面。さし穂をとるときは清潔なカミソリで切る。私は両刃のカミソリを用いている。第三に清潔で肥料分を含まず水もちと通気性の良い用土。発根には多量の酸素が必要なので、適度な通気性のある用土を用いる。市販のさし木用土やバーミュキュライト、鹿沼土、赤玉土がよい。葉は多すぎると水の蒸散が大きくしおれるので半分切るとかして整えるが、発根にはさし穂についている葉や芽の光合成によるエネルギーが必要なので、全部切り取らないように気をつける。発根したら液肥を薄めて与えると発根を促進する。置き場所は半日陰がよい。メネデールやルートンなどの発根促進剤を用いるのも良い。

今の時期、さし木にお奨めはアジサイ、ポーチュラカ、マツバボタン、菊、カランコエ、各種庭木など、球根植物以外はなんでも成功しやすい。サツマイモは水に入れておくと素敵なインテリアになる。これは、古くから主婦が台所のグリーンとして親しんできた。パイナップルは葉の根元を切り取って用土にさしておくと発根し、数年で実がなる。

我が家では2年前にさした株が今年小さいながらパイナップルの花が咲いており、もうすぐ実がなる。家の南側、屋外に置いた鉢植えだ。これは霜の当たらない場所であれば、氷点下の最低気温でも冬を越し栽培できる熱帯植物があることを示している。

2004年6月

51

水の楽園

初夏になると、私の家族は小林市の「出の山《いでやま》公園」へホタルを観に行く。出の山公園は、えびの高原を下り、小林インターを過ぎてしばらく走った右手の山奥にある。

霧島連山に磨かれた湧水がわき出る、4ヘクタールのため池がある。島津藩によって、かんがい用に作られたという池のほとりには、チョウザメの人口ふ化に成功したことで有名な宮崎県水産試験場、淡水魚水族館、食事のできる施設などが連なる。

ここに至るまでのドライブはすばらしい。丸尾から、えびの高原、小林と通ずる道は新緑が美しく、先日は雨上がりとあって鮮明な虹が出た。えびの高原では鹿が群れをなして草を食べ、人を恐れる気配がない。不動の池は濃紺色の静かな湖面をたたえ、雲を飲み込んでは吐き出すことをくりかえす。冷涼な空気の美味しさは神秘である。

公園に着いたのは夕方6時でホタルにはまだ早い。お目当てのひとつ淡水魚水族館に入った。オオ！なんとすばらしい。世界最大の淡水魚ピラルクーはじめ、巨大なオオサンショウウオ、数百万円はするという深紅のアロワナ、極彩色の豪州産のザリガニ、淡水エイなど見応えある魚類のオンパレードだ。もちろんおなじみ金魚やドジョウもいる。巨大な円形水槽の周囲には親切にも椅子が並べられているから、ゆったり巨大魚たちの乱舞を眺めることができる。湧水は年間を通じて17℃と冷たく、甘くて旨い。水が良いから気むずかしい世界の魚が飼えるのだろう。

湖畔のレストランで食事をとった。ここは日本のうまい店二百選になった店で、とりわけ鯉料理には定評がある。清冽な水で磨かれた鯉の洗い、風味豊かな鯉こくは天下一品だ。

さらに鰻重、鰻丼も驚くほど旨く、しかも信じがたいほど安かった。湖面を見ながらの食事にしばし浮き世の雑事を忘れた。

さて、童謡にあるように甘い水にはホタルが住む。水源地とため池から流れ込む水路におびただしい光の乱舞が鑑賞できる。

平成5年の水害で一時全滅したかと思われていたホタルは、見事に復活した!。それは写真週刊誌フォーカスにも載った。でも、この公園、昔は水草が生い茂り自然そのままが魅力だった。今日親水公園の名のもとに茂みはどんどんコンクリートで埋められ、豊かな植生もわずかとなってしまった。日本の役所は、なにか目玉となるものがあると、手を入れずにおれない習性があるらしい。そのセンスの良し悪しが成否を分ける。全く、後々のことを考えない公共投資は、維持費に苦しむ中、廃屋の如き風情漂う施設となり、住民さえ目を背ける。将来ビジョン無き一党独裁の日本のお役所仕事のなれのはてだ。これら負の資産は、これからの才能のための反面教師として意義を見い出すしかない。

ホタルの乱舞とともにすばらしいのはカエルの鳴き声とせせらぎの音、森のざわめきだ。でも、この繊細な光と音のファンタジーは、無惨にも大音量のスピーカーから流れる演歌でかき消された。どうして日本の観光地は一方的に騒音を押しつけて平然としているのだろう。客へのサービスと考えているのなら、余計なお世話だ。TPOという教えがある。時と場所と状況をわきまえよ、ということだ。人は聴きたいときに好みの音楽を良質の音で聴くものだ。皆、それぞれの目的をもって、そこを訪れている。家族の絆だったり、恋人との語らいだったり、自然に身を委ねたいだけかもしれない。世界一流の観光地を学び、日本の観光地は静かであってほしいと強く訴えたい。

さて、ゲンジボタルの光の点滅はクリスマスツリーと称され、同時に点滅する。今年はこのリズムが水路の上流から下流にかけてウエーブすることを発見した。光の帯が流れる。それはまさに森の中の銀河宇宙。大都市があるかのようだ。すばらしいとしか言いようがない。ホタルが舞う環境は農薬の汚染が限りなく少ないことを意味する。各地でのホタルを呼び戻す運動が成功するといいと思う。

ホタルノブクロ

山道を歩いていると、道ばたにあずき色のホタルノブクロを見かけることがある。下にうつむいた花はホタルイカに似ている。ホタルノブクロはホタルの宿が名の由来だ。植物と魚と虫の三者が珍しく結びついた。

この花はていねいに掘り取っても、根づかないが、それは次の理由による。ホタルノブクロは開花した株は花後枯れる運命にある。だから地下茎で殖えた周囲の子株を大切に育成して来年の開花株にする。

なお、昨春、青紫の品種を植えたところ、苗を植えて二年目で目の覚めるようなブルーの花が5月から6月にかけ長期にわたり咲いた。病害虫はヨトウムシに気をつければそれ以外ほとんど無く、丈夫でお奨めのガーデニング素材といえるだろう。

2004年7月

52

あさがお

今年は梅雨が早く明けた。大きな集中豪雨の災害もなく、穏やかな夏を迎えられた安堵感は、8・6水害を目の当たりにした鹿児島県民が共通して抱く感情であろう。

梅雨が明けたらアサガオが咲き出す。小学校に入学すると最初に体験するのがアサガオづくりだ。これは昔も今も変わらない。発芽には高温を要し、八重桜の散るこどもの日あたりがよいとされる。ただ、種皮が堅いのでまく前に水につけるかヤスリで削ると発芽率があがる。園芸店では写真見本のついた苗が出回るので気にいった苗を買い求めるとよい。

アサガオはあんどん仕立てがおもしろい。10号鉢ほどのゆったりした鉢に3本の苗を植え付ける。用土は腐葉土3、赤玉土6、牛糞堆肥1の割合で、草木灰、骨粉を混ぜ込むとよい。三つの輪を3本の鋼管で支えた市販の支柱を立て、巻き付かせる。

本葉が10枚ほど展開したら先端から3節ほどを切る。すると各節から蔓がのびるので、それに花を咲かせる。アサガオは夜明け前の4時頃開き始めるのを高校時代、学期末試験の一夜漬けをしたとき知った。

私は高校2年生のころ、鹿児島市内の、とあるボウリング、ゴルフとプールが一体となったレジャー施設の従業員寮の一室に暮らしていた。窓辺にはアサガオやマツバボタンの鉢植えを並べ、勉強に飽きるといつも眺めていた。窓の外はフェンスを越えるとすぐプールになっていた。誰もいない夜中によく一人で泳いだ。これが寝苦しい夜にはとても気持ちよく、仰向けに浮くと手に取るように月や天の川が見えた。

そこでは個室といえども、若い男と女がひとつ屋根の下に暮らしていたので、色恋のもめ事が絶えなかった。なぜか私は、失恋したお姉さんたちの部屋で失恋話を聞く役回りが多かった。きつい化粧のにおいが受験勉強の日常とは別の世界であることを印象づけていた。このころ、逃げていく男への未練を歌った小坂明子の「あなた」がはやっていた。

ボクシング狂いの怖いお兄ちゃんがいて、執ように「おまえの体は金になる。おれとジムに行かないか」と誘われたり、私をラーメン屋に連れだしては焼酎飲みながら生きる辛さをしみじみ語るおじちゃんもいた。背伸びしたい年頃の私には夢のような生活が一年間続いたのだった。

アサガオが開き始めると、東の空が明るくなってくる。日が昇る頃には花びらがすっかり展開して羽化したばかりのアゲハチョウのようにしっとりと湿り気を帯びている。ラッパ状の花はビロードの輝きを見せるのだ。

アサガオを長く楽しむためには、追肥をまめにすること。うすい液肥を水代わりにやるとよい。種をつけないように花がらを取ることがこつだ。一年草アサガオは大きな種をつけやすく、これが株を早く消耗させる原因となる。一方、青紫のオーシャンブルーのような宿根アサガオは実をつけないのでいつまでも元気だ。

花は美しい色素に富み、揉むとにじみ出る汁を水彩画の絵の具代わりに使ったことがある。だが色素が酸化するのか、美しい花の色は出せなかった。

アサガオの双葉は、抜けた2本の永久歯が向き合ったような非常に特徴ある形をしている。小学生の頃、たくさんのアサガオの種を集めてはまいた。この双葉が展開するのがおもしろくて大量に発芽させては、育てないでニワトリの餌にするという私の奇行を親たちは不思議がった。

さて、このように新鮮な種はよく芽を出す。一般にほとんどの種は収穫時が一番発芽率が高く、時間の経過とともに発芽率は落ちる。だから、種を購入するときは、採種年月を確認して、なるべく新しい種を選ぶ。自家採取の種はしっかり陰干しして、冷暗所に保存する。

2千年も生きてて発芽した大賀ハスの、種はバケモノだ。ほこりのように細かい一粒の種にも膨大な遺伝情報が詰まっており水と温度を得ると発芽してしっかり仕事を果たす。つくづく命ってすごいなと思う。

2004年8月

53

プルメリアが咲いた！

昨年8月号で紹介したプルメリアが今年8月14日に開花した。昨年一月にインターネットでハワイから購入した苗木は、挿し木で順調に発根、鉢植えにした。

冬は室内に取り込み落葉したまま冬越した。2週間に一度の水やりで乾燥気味に管理し、4月に葉が展開してから置き肥をやり、水は乾き次第タップリ与えた。

7月に花芽に気づき、期待どおりの開花となった。5枚の花びらは白く、中心が黄色で、キョウチクトウ科の特徴を備えている。ジャスミンに似た芳香をもち、エキゾチックなこと、この上ない。熱帯の国々の寺院で植えられている神聖な花が縁あって我が家で咲く。「はじめまして！」と話かけてくるような可憐な花だ。

そのほかの熱帯植物ではピンクバナナが開花し、実が大きくなってきた。パパイヤは順調に大きくなってきた。パイナップルはしっかり実った。豪州クインズランド州花であるテロペアは順調に生育しているので、開花待ちだ。

花壇コンクール

先日、末吉町で花壇コンクールの審査員をした。斬新《ざんしん》な夏花壇に数多く触《ふ》れた。

さらに今年夏の酷暑を経験して、夏花壇にどの花が適しているかが分かった。ケイトウやハゲイトウなどヒユ科の植物は強い。ヒャクニチソウ、トレニアも高温乾燥に耐えた。流行しているトレニアの新品種サマーウエーブやマリーゴールドやサルビア、ブルーサルビアなど夏花壇の定番もさすがに強かった。ペチュニアは善戦したが枯れる株が多かった。その中でサントリーが作ったサフィニア・ブーケが厳しい環境下で元気に咲き続けた。きっと耐暑性を飛躍的に向上させた品種なのだろう。

鹿児島市内でサフィニア・ブーケの白と熱帯観葉植物クロトンの寄せ植えが見事に電車通りの中央分離帯を飾っていた。これは抜群なセンスだった。

「こぼれだね」から発芽した苗は強い。上位入賞の花壇では、ケイトウ、ポーチュラカ、ヒャクニチソウ、トレニアのこぼれだね由来の苗をポイントに移植して、花壇作りに生かしている。こぼれだねはナチュラルな花壇づくりにすばらしい効果を与える素材であることが分かった。

夏休みの学校花壇の維持管理は本当に大変。子供たちに水かけ当番を割り当て、先生たちも草取りかれこれ、その努力には頭が下がる。育苗花壇には枯れた株の補充用にたくさんの苗をストックしている。かん水チューブを花壇に張り巡らせて蛇口をひねれば給水できる水かけの省力化の工夫もみられる。

2004年9月

メランポジウムという近年普及したキク科の黄色い花がある。元気がいいので夏花壇の適材と、つい頼ってしまうが、問題は爆発的な繁殖力だ。無数の種が発芽して、気づいたらこの花だけの花壇になる。はびこって、どうしていいか分からないと困る場合、駆除する方法は、見つけ次第抜くこと。種を結ばせなければ、来年は生えてこない。

花壇コンクールに優勝した子供会は、茶産地の真ん中にあった。施肥、病害虫防除の管理を、茶農家である親がボランティアでかってでる。台風時は花壇の周りをトラックで囲むほどの熱の入れようである。

審査の日はあいにくの雨だったのに、親子たちは記録写真を大事そうに抱えて、審査員たちを待っていてくれた。近年どの公民館でも花壇づくりは衰退してきた。それは時間が拘束される水かけを嫌がり、世話する人が少なくなったことが理由だ。花作りは好きで自発的にやる限りは喜びだが、強制されると苦痛に変わる。そこの兼ね合いがむつかしい。ただ、県道ぞいの荒れ地を耕し、新たな花壇を作っている老人会の取り組みにふれると、ボランティアで地域をきれいにしようという志に、元気をたくさんもらう。花壇コンクールの採点項目の一つには「地域の美化にいかに貢献しているか」というのがあり、配点も大きいのだ。

ヒートアイランド現象を和らげてくれるめぐみの植物。都市住民がガーデンを渇望する世紀となったことを実感する、酷暑の夏だった。

2004年9月

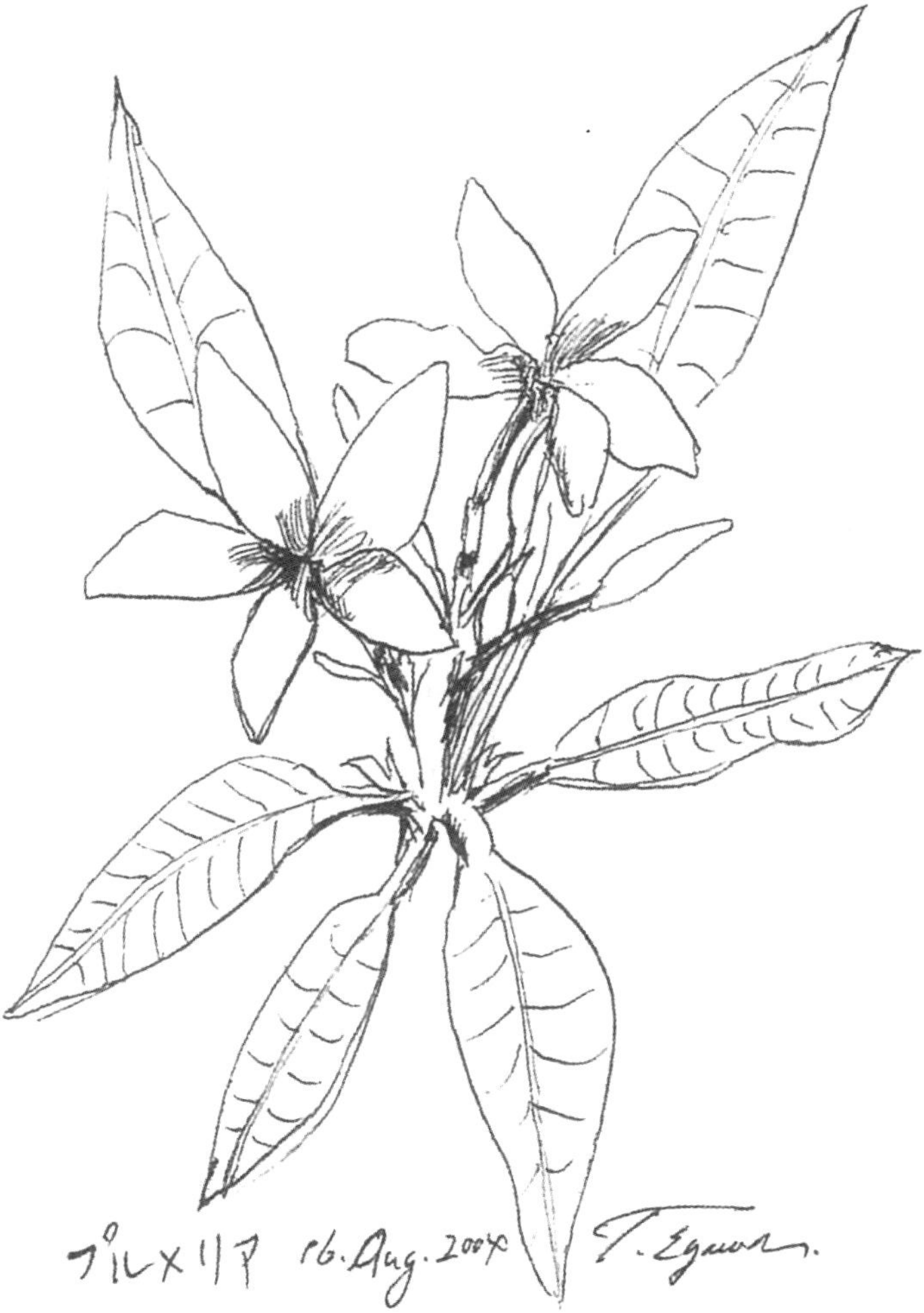

54

台風一過

「今度《こんど》ん台風は、ワッゼひでかったどなー。」は口々にでる言葉である。周辺海水温は依然高く、今後も同等の台風が来るおそれがあり、まだ安心できない。風と言うより猛烈な空気のかたまりが弾丸のように間断なく、容赦なく家屋やガーデンにぶち当たり駆け抜けた。我が家の2階はまともに風を受けて揺れにゆれ、倒壊の恐怖が現実味を帯びた。先日、家屋の自然災害保険を増額しておいて正解だった。

さて、我が家ではシンボルツリーだったユーカリは倒れ、せっかく成長した西洋ハナミズキは根元からへし折れた。植えて間もない樹木はひとたまりもなく倒れたが、植栽6年目のコノテガシワはびくともせず、台風に強いコニファーであることが分《わ》かった。一年草では背の高いケイトウが乱れたがヒャクニチソウやマリーゴールドは大丈夫だった。これらは秋遅くまで咲くのでありがたい。強い台風は毎年やって来そうなので、ガーデニングは風に強い植物の選定がテーマとなるだろう。

それにしてもカリブ海を襲った瞬間風速73メートル級ってどんな風か。今回メチャメチャになったガーデンを前に、人は何を思っただろう。物理的なダメージよりむしろ荒れ果てたガーデンに何もかもイヤになってしまうのがつらい。農家は作物を作らなくては生きて行けぬが、ガーデニングはやらなくたって生きてゆける。生業《なりわい》と趣味は根本的に異なる。街全体からガーデニング熱が冷めることは無いと信じたい。台風は何もかも奪い去っていく自然の営みだが、気を取り直してまた草花の種をまくのも大自然の一部たる人間の営みだ。

最近うれしかったこと

私の職場は昨年、末吉町にあって、8月から9月の夕刻、無数のスズムシが音色を競演していた。一方、私の住宅の向かいは雑草の茂った宅地で当分家が建ちそうにない。一計を案じ、末吉で数ツガイを捕獲して加治木に持ち帰り、その宅地に放した。新しい環境でもスズムシたちは元気に鳴き続け、肌寒くなるころには音絶えた。そして今年夏、あの虫の音が戻ってきた。末吉から移住したスズムシ2世が誕生したのだ。それは大変めでたい出来事だった。昼はキリギリスが「チョン、ギース」と鳴き、夜になればエンマコオロギや名も知らぬ虫たちとの大合唱がはじまる。おもむき深いことこの上ない。秋の夜長のにぎやかなこと。これから毎年子孫が誕生して「リーン、リーン」の音色が楽しめそうだ。

加治木町の我が家周辺住宅街には水路が縦横無尽に流れる。かつての水田地帯だったなごりで、今も小さな田んぼが点在していて、そのための水路になっている。その水路は清流でホタルや黒メダカが生息している。次男は先日メダカを網ですくい、バケツに入れていた。すると一週間ほどでおびただしい稚魚が誕生した。いま睡蓮の池に移し、より自然に近い形で飼育している。

かつて黒メダカは絶滅危惧種になるほど激減し、ピンク色をした緋メダカの数倍の価格で取り引きされていた。自然が戻ってきた。それは安心・安全な国産農産物を求める消費者の声のおかげだ。農薬の安全性が厳しく問われた教訓から生まれた昨年3月の改正農薬取締法により、農家、趣味の家庭園芸を問わず、違法に農薬を用いれば厳罰が科せられることになった。

次男はこの夏休み、毎日のように近所の網掛川で釣り三昧を楽しんだ。

自然が戻ってきた川でマブナ、鯉、オイカワ、ブルーギル、ティラピア、スッポンを釣っては水槽に放し、しばらく眺めては川に返した。ただ鯉だけは鯉こくとなって胃袋に収まった。

次男は釣りが大好きで、手先が器用なこともあって細かい仕掛けを実に巧みに作る。

今年は町キス釣り大会小学生の部で優勝して新聞にも載った。さらに釣った魚にスケールを添えてデジカメで記録している。将来の夢は釣り具屋の主人か電車の運転手だ。ただ皮肉にも彼には魚類アレルギーがあり、一切魚を食べることができない。「僕の釣ったこの魚、どう？おいしい？」と真剣に聞かれるたびに、切ない思いをしている父親である。

2004年10月

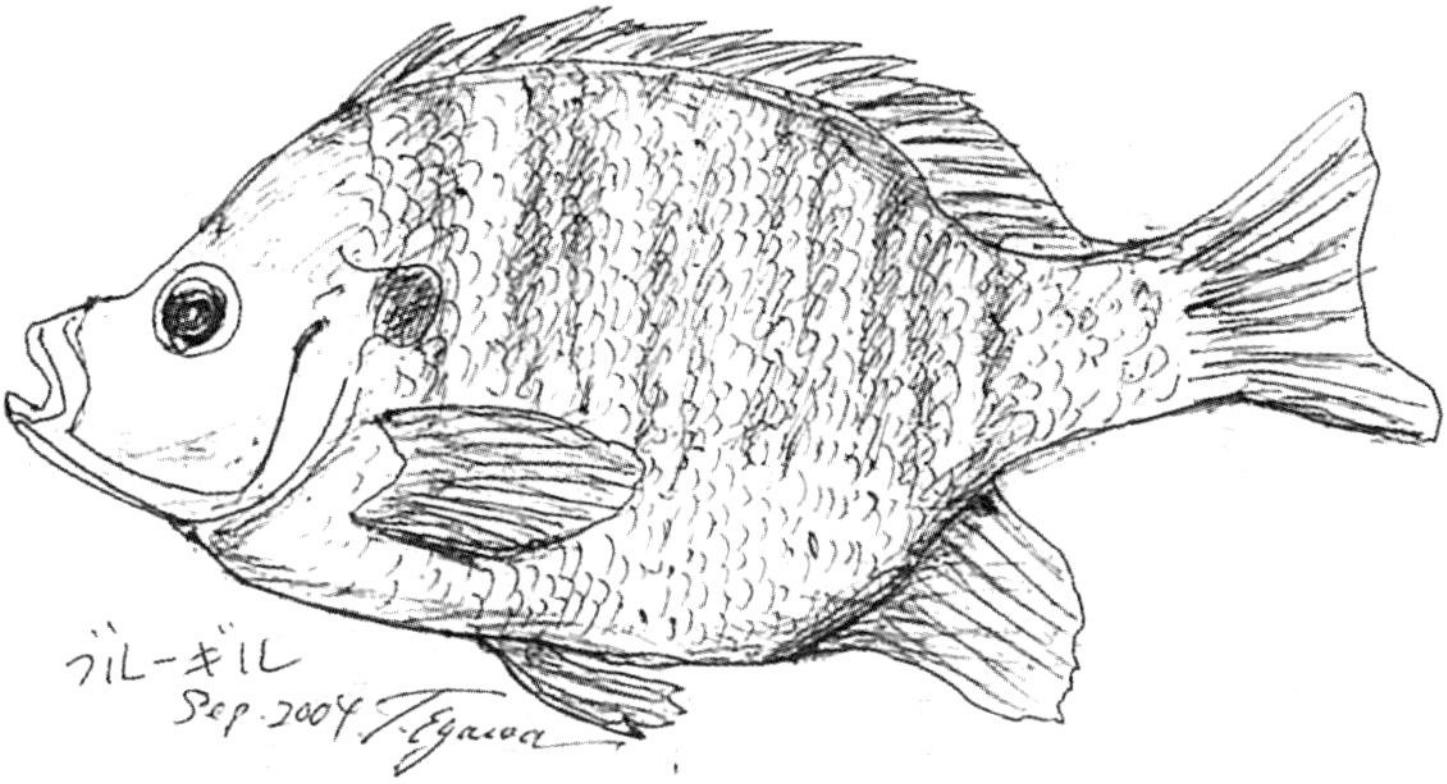

55 種をまく

ミレーの名画「種蒔く人」は麦を蒔いている農夫の一瞬の動きを捉え、描かれている。踏み込んだ足で体を開き、全身をバネに出来るだけ広範囲かつ均一にまき、収穫量を上げようとする意志が伝わってくる。ほの暗い夕暮れの風景は、夜間結露により地面が湿り気を帯びることから、種蒔きに最適の時間帯であったことを物語っている。

園芸植物には暑さ寒さで枯れてしまう一年草、寒暖に耐えて年々株が大きくなる宿根草、そして球根植物に大きく分かれる。種をまくのはおもに一年草だ。

アサガオはじめ春まき一年草は冬の寒さで枯れるから、乾燥休眠した種子で冬越しする。冬を越した種子は、春に温度と湿気を得て発芽する。これは昆虫類の多くが防寒服を着込んだ卵やサナギの姿で冬を越し、春になったら殻を脱ぎ捨てふ化や羽化するのと似ている。

逆に秋に種をまくパンジーなどの一年草は夏の暑さで枯れるから、種子の姿で夏を越す。種子にはそれぞれ発芽適温があるため種まきには旬がある。地方によって異なるが、春まきはソメイヨシノが散り始める頃、秋まきは彼岸前後が目安となる。

発芽はとても神秘的だ。そのメカニズムが分かってきたのは最近のことである。専門的な話になるが、種子にはアブシジン酸（abscisic acid, ABA）と呼ばれる植物ホルモンがある。これは植物の休眠や生長抑制、気孔の閉鎖などを誘導する。また乾燥などのストレスに対応して合成されることから「ストレスホルモン」とも呼ばれる。そして種子を様々なストレスから守りながら休眠させている。発芽適温を得て種子が水を吸い膨らむと同時に、酵素がはたらきだしＡＢＡを分解する。これが休眠解除の鍵となって、芽の元である胚《はい》が生長を始め、発芽する。休眠解除は様々なケースがある。数十年に一度の山火事で堅い種皮が割れることが解除のきっかけになる松の仲間や、鋭いカギをもち動物の毛や皮膚に食い込んだ種子が、動物の死後、死体が腐敗した際の有機物の刺激で発芽する植物もある。

ほとんどの種子は親植物体上にまだあるときは発芽しないのだが、稲や小麦の特徴として「穂発芽」がある。

今年のように台風で水びたしの田に稲が倒れると穂発芽を招く。ぬかって収穫機械が入らない田で農家は手作業での稲刈りと掛け干しに一刻を争った。稲の穂発芽は著しく米の味を落とすため大変恐れられているのだ。

一方、日本の小麦粉の品質が外国産に劣るのは雨の多い気候による穂発芽が主因だ。穂発芽により中のデンプンとタンパク質が分解した小麦が混入することで、小麦粉の品質が著しく落ちる。このように穀物は結実後の乾燥の出来不出来が品質を大きく左右する。現在、研究者らは穂発芽を引き起こすＡＢＡ分解酵素の少ない小麦の作出に取り組んでいるところだ。

種子にはデージーのように発芽時に光を要する好光性の種子と、ニゲラ（クロタネソウ）のように光を嫌がる嫌光性の種子がある。種子の袋に種子まき後のかぶせる土（覆土）の厚さが記されているので、それを参考にしたらよい。

好光性の種子は２㎜ほどに薄く覆土するか、覆土しない場合もある。この場合平らな板等で培土の表面を軽く押しつけ（鎮圧）すると培土との接触がよくなり発芽率が上がる。牧草の種蒔きの時も地表を慣らした後種子を蒔き、最後は土を被せずにローラーで鎮圧するのが基本だ。

嫌光性の種は４～５㎜しっかりと覆土する。ただ、スイトピーやアサガオのように大きな種子でも１㎝以上覆土すると種子は腐ってしまうことが経験上よくあるので種子の深植えは禁物だ。種まきが終わったら、タップリと水をかけ、発芽まで絶対に乾かしてはいけない。

特に発芽に日数がかかる場合は忘れてしまうので注意が必要だ。播種箱を風通しよいところに置くとよい。

発芽したら、水やりは表面が乾いた朝に行う。徐々にしっかり日光に当て、ひょろひょろと徒長しないガッチリとした苗にする。次回は播種箱を使った「頴川流アイデアいっぱい種まき」の方法を紹介しよう。

2004年11月

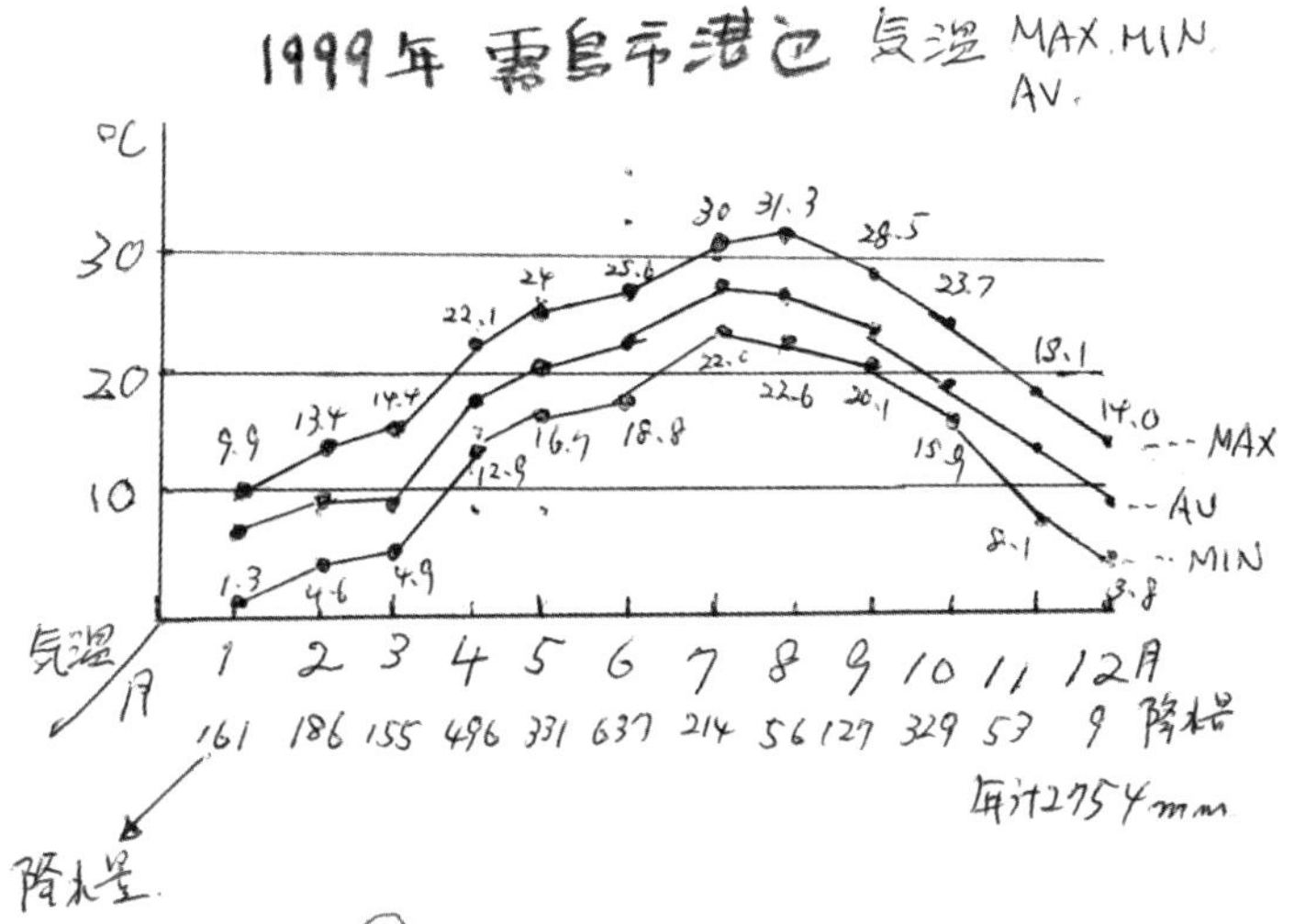
1999年 霧島市港区 気温 MAX.MIN AV.
°C
30
20
10
9.9 13.4 14.4 22.1 24 25.6 30 31.3 28.5 23.7 18.1 14.0
12.9 16.7 18.8 22.0 22.6 20.1 15.9 8.1
1.3 4.6 4.9 3.8
MAX
AV
MIN
気温
月
1 2 3 4 5 6 7 8 9 10 11 12月
161 186 155 496 331 637 214 56 127 329 53 9 降水量
年計2754mm
降水量

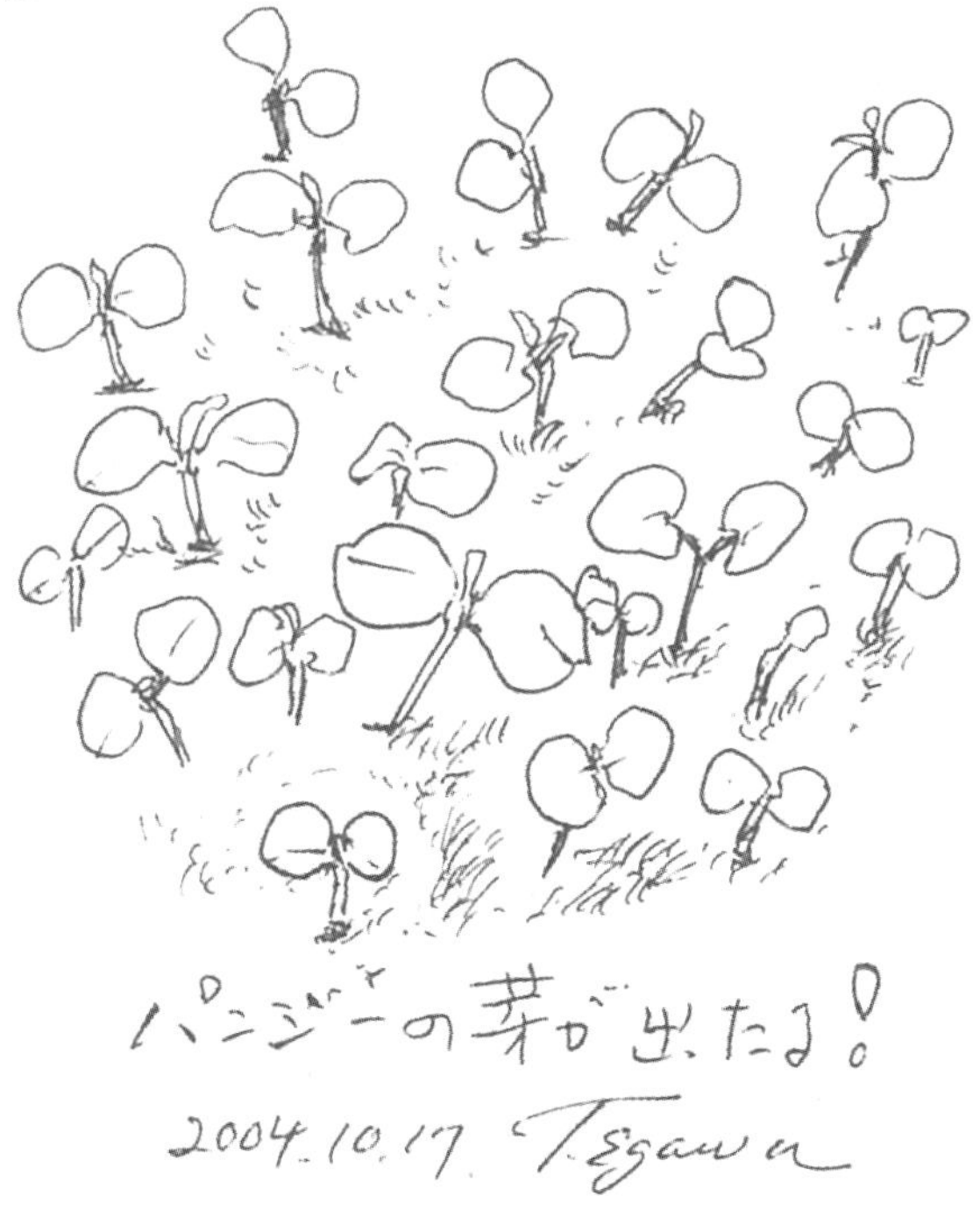
パンジーの芽が出たよ!
2004.10.17. T.Segawa

56

あなたもタネまき名人

いろいろ試してみたけどこれが一番！という方法は、やはり人に伝えたいもの。そんなタネまき方法を紹介する。

このタネまきの特徴は①細かいタネでもＯＫで発芽率が高くなる、②むら無く均一に蒔ける、③発芽後の生育もよい、である。

先月、ガーデニング講座で受講生たちにやってもらったところ、「その発芽率の高さにびっくりした。これからはいろんな花の種まきにチャレンジしたい」と皆、意気盛んである。

1、用意するもの

①播種（たねまき）箱

播種箱はタテ35㎝、ヨコ27㎝、深さ８㎝のサイズが一番使いやすい。１５０円程度

②播種用土

播種用土はいろいろ出回っているが、サカタのタネの「サカタスーパーミックスＡ」（50リットル入り約千九百円）が最初から湿り気をおびていて使いやすい。タキイやその他の播種用土は乾燥している場合、水をかけて湿らせてから使う。

③培養土
播種用土の下に敷く用土で赤玉土6、腐葉土3、完熟牛ふん堆肥1の割合で混合する。
④タネ増量剤
草木灰または鹿沼土の粉末（粒状の鹿沼土を砕くかミキサーにかける。ちなみに釣りでゴカイを扱う時これを指に付けるとゴカイがすべらない。）
⑤小さなビニール袋
タネとタネ増量剤を入れて混ぜるのに用いる。
⑥目のやや細かいフルイ
⑦鎮圧用の板（播種箱に収まる長さ23㎝）
⑧使用済みの葉書
⑨草花の種子
⑩ジョロ
2、方法
（1）①播種箱に③培養土を約半分の深さになるまで入れ、平らにならす。
（2）（1）の上に②播種用土を3㎝程度の厚さに入れ、⑦鎮圧板を用いて軽く押さえ、平らにする。
（3）⑤ビニール袋に④タネ増量剤と⑨タネを入れてよく振ってまんべんなく混ぜる。

（4）⑧葉書をタテ方向に折り、（3）の混ぜものを（2）の播種箱に均一になるように蒔く。この際、（3）のタネ混ぜものの色がマーカーとなってムラが分かり、均一に蒔ける。蒔くコツは、最初薄めに少しずつまきながら次第に全体をカバーする。

（5）そのタネに適した深さになるよう②の播種用土を⑥ふるいを用いて、こさぎながら、まんべんなくかける。これも（3）のタネ混ぜものの色で蒔かれていないところがわかる。

（6）⑦鎮圧板でしっかりと押す。（ここがミソ！）

（7）ジョロでタップリ水をかける。この時優しく水をかけて、表面が流れないように気をつける。これでおわり。

タネまき後は播種箱を風通しよいところに置き、発芽まで水を切らさないことが大切。発芽が始まったら、日光によく当てモヤシにしないこと。なお、発芽後は表面が乾いてから水をやり、過湿にならないようにする。水が多い過湿状態だと、根がなまけて張らず、水ぶくれの苗になるので気をつける。なお、鉢上げは、7.5㎝ビニール鉢、割り箸、移植ゴテを使い③の培養土を用いて行うとよいだろう。さあ、皆さんも春にはこれでチャレンジしてほしい。

2004年12月

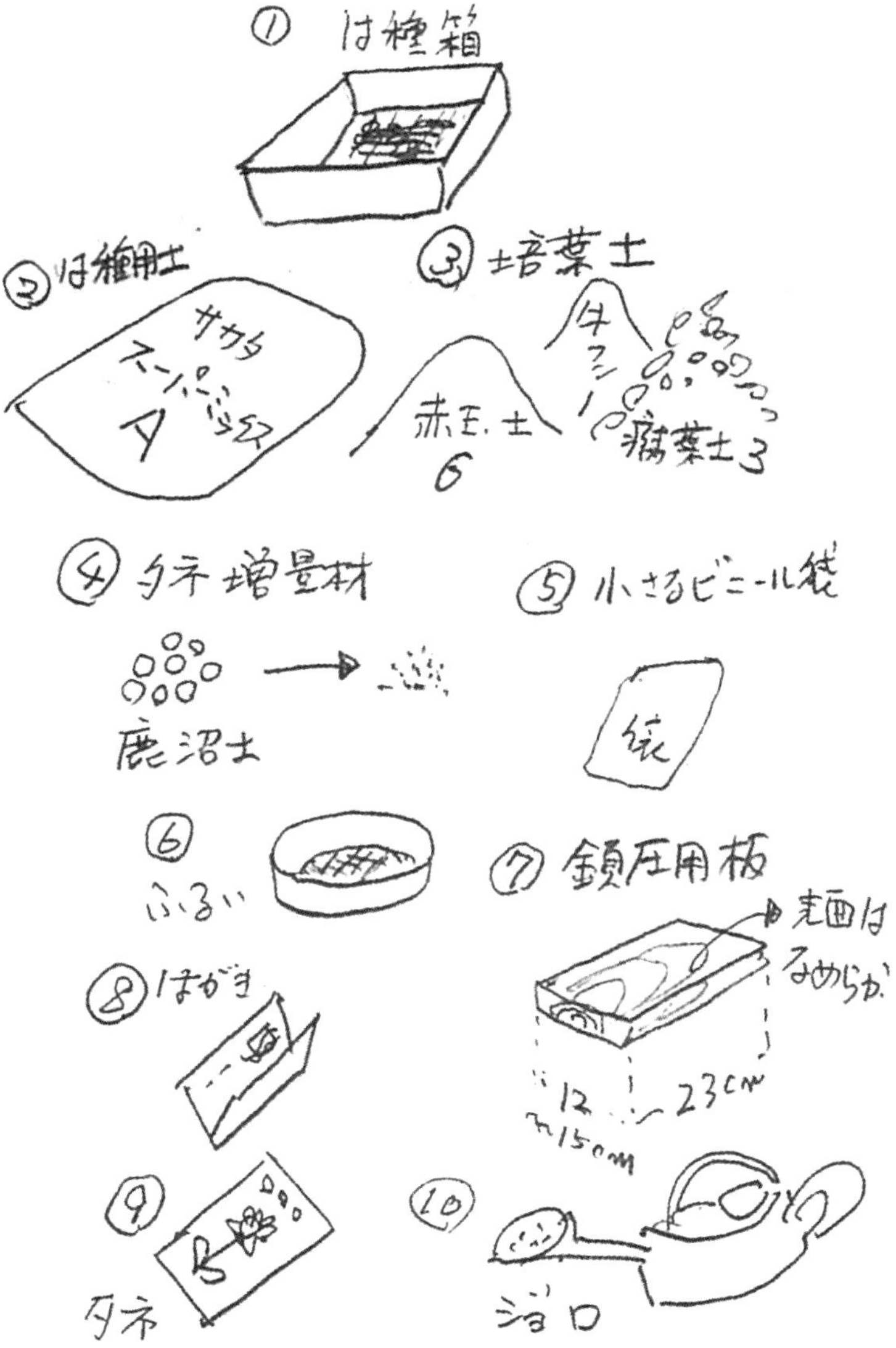

① は種箱
② は種用土
サカタ スーパーミックスA
③ 培養土
赤玉土 6
牛フン 1
腐葉土 3
④ タネ増量材
鹿沼土
⑤ 小さなビニール袋
袋
⑥ ふるい
⑦ 鎮圧用板
表面はなめらか
12~15cm
23cm
⑧ はがき
⑨ タネ
⑩ ジョロ

57

謹賀新年

また、新たな年が始まった。丸餅の雑煮や黒豆、鰯の田づくり、栗キントンが飾られたおせち料理にお屠蘇、そして初詣で。生まれ変わった気分で、今年もよろしく!と心がはずむお正月。

時代は大きく変化するけど、オンリーワン自分らしく生きようとする気持があれば何も動じることはない。今、成功者とそうでない者、勝ち組と負け組のように歪んだ優越感と劣等感が世の中に溢れ、社会がきしみ始めている。成功、失敗に係わらず人は誰だって自己の尊厳をもって頑張っているのに。豊かさは本来心にあるもので、人と比較するものではない。すでに衣食住と情報に満たされている。これからは「金持ち」より「人持ち」の時代。人との温かいつながりに感動しながら、自分らしく生きる時代だ。「人は温かい人間関係の中でのみ成長しうる生き物である。」なのだ。へこんだ時でも、元気を出して、好きなことをコツコツやる一年にしたい。

沖縄

晩秋に沖縄を旅した。鹿児島は木枯らしだというのに、半袖が心地よい。

2005年1月

空港周辺の街路樹には熱帯植物の白のプルメリアが咲いている。国際通り沿いの公設市場に入ると、蒸せ返るような食材と、人の熱気に満ちている。豚の半丸（と殺された豚を背で半分に割った枝肉）や極彩色の魚が所狭しと並ぶ。ナポレオン・フィッシュに似た巨大青ブダイや夜光貝、ニシキエビ（伊勢エビをカラフルにした感じ。鹿児島市立水族館に7キロのバケモノがいる！）グルクンが珊瑚礁の海の豊かさを物語る。老女の果物店は熱帯フルーツが陳列されている。マンゴー、パパイヤ、アイスクリームの味のチェリモア、ゴレイシ（スターフルーツ）、ドラゴンフルーツ、そしてドリアンを買った。マンゴーとチェリモアは文句なしに美味しかった。スターフルーツは金太郎飴みたいにどこで切っても星形になるが青臭く口に合わない。パパイヤは旬でなかったのか気の抜けた味だった。

ドリアンは購入時にはすでに強烈な異臭を放っていた。機内持ち込みは迷惑なので、カウンターに預けた。鹿児島空港で受け取ると、すでに、異臭がそこいらに広がっている。帰宅すると、家族が大騒ぎをはじめた。「くさいくさい!?」とだれも近よろうとはしない。私は一口食べた瞬間、この買いものが間違っていたことを悟った。味はとても甘いのだが、においは、どんなに我慢しても生理的に受けつけない。値の張る買いものだったので数日後、再挑戦したが、結果は同じだった。トゲトゲしい皮を外に干していたら、グリーンメタリックの、やたら丸々と太々しく太った銀バエが群がったことから、やはりすごいにおいなだ、と妙に感心した。

ドラゴンフルーツは沖縄で生産が伸びている。月下美人に似たクジャクサボテンの仲間で、花も実も極めて美しい。実の色はショッキング・ピンクで、ホルベイン透明水彩絵の具では「オペラ」を使うとそのまま色が出せる。味は好みが別れるものの淡泊で上品な甘さだ。

最近できた快適なモノレールが空港と首里城の間をつなぐ。夜は仲間と泡盛のロック、海ブドウ、豚足、夜光貝のお作《つく》りで盛り上がった。日付が変わっても裏通りはにぎやかだ。地下への階段を下りると感じの良いレゲエバーがあった。カウンターで店オリジナルのカクテルとコールスローサラダをオーダーして金沢出身の若いマスターと世間話に興じる。聞くと昼間は沖縄ラジオ局でデスクジョッキーをやってるとのこと。南の島で暮らしたいが日本語が通じない外国は困る、と言う人には、沖縄は最強の選択肢となろう。事実、本土からの移住者は増えている。

ところで、私はカウンターが好きだ。会話が楽しめるし、小物をスケッチしたりできる。心地よいレゲーのリズムに心がフンワリ軽くなったところでホテルに戻った。

土産で美味しかったのは、チョコレートちんすこうとスクガラス（アイゴの稚魚を塩漬けにしてきれいに並べて瓶詰めしたもの。ご飯のお供に旨い）。ただ豚の顔皮の薫製だけは、なんだか怖くて、まだ封を開けられないところである。

2005年1月

58

ログハウス

牧場を経営している友人夫妻が、４年がかりで手作りのログハウスを建てたというので、冬休みのある日、訪ねてみた。

川内市街地を一望できる丘を登りつめると、禁猟区の看板が立つ広大な牧場があった。草原の一本道を進むと、血統の良さそうな黒牛が、私など気にとめず黙々と草を食べている。それを横目で見ながら進む一本道の終わりにログハウスは建っていた。

展示場で見慣れた丸太を積んだログハウスと異なり、木材の継ぎ目にはモルタルの漆喰が塗られ、交互に層をなした壁と、傾斜のある屋根が印象的だ。ベージュ・茶系にまとめられた外観は優しくモダンで、童話「ヘンデルとグレーテル」の「お菓子の家」を連想した。

訪ねた時、夫妻は屋外でレンガを積み暖炉の煙突を作る真最中だった。

日焼けした笑顔の夫妻と毛足の長い大型犬に迎えられ、ウッドデッキから家に入るとビックリ。全てがカントリー風である。まるでオーストラリアの開拓時代にタイムスリップしたようだ。そうか、ログハウスとはこういうことなのか。人が生活しているログハウスに入ったのは、今回が初めてだと気づいた。

訪ねたのは午後3時。私がこの時刻を選んだのには理由がある。晴れた日の風景が最も美しい時間帯に入るからだ。日光は日没に向かうほど地表への入射角が小さくなり厚い大気の層を通過するようになる。すると日光が大量の空気中の物質にさえぎられるが、その影響を受けにくい波長の長い赤やオレンジの光だけが多く地表に達し、風景をオレンジ色に染める。夕日が赤いのもその理由だ。

優しい光を帯びた夕暮れの風景には子供の頃から幾度となく体験した郷愁と哀愁が重層的に蘇り、心の襞《ひだ》を優しく包む。

天使が降りた日

庭の石オーブンで焼いたパンをごちそうになった。中でもベーコン・ブレッドはバターとミルク、ベーコンの野性的な燻煙の香りが効いた力強い味わいだった。香りたつコーヒーを飲んでいると、子供達が二階で走り回り、細かい塵《ちり》が舞い降り窓から差す太陽光の中でキラキラと輝いた。「すごいね！ダイヤモンド・ダストだね！」と顔を見合わせて笑った。いい家は、塵まで宝石に変えてしまうのだった。

久しぶりに会う友人との話は尽きることがない。仕事、家つくり、ガーデニング、家族、そして人はいかに生きるべきか等々。

建築に当たっては関係する洋書を集め、翻訳しながら設計したという。水は一キロ離れた水場まで汲みに行く。市に水道を頼んだが、近辺に家が3軒以上ないと駄目とのこと。自前で引くとなると莫大な出費になるため我慢しているという。「豪州の田舎でもため水を使うし、いよいよ本格的カントリーライフだね！」と、また、笑った。

窓枠で切り取る風景の向こうには防風林として切り残した照葉樹が風にゆれている。淡いコバルトブルーの空を背景に自由奔放に枝を広げた雑木たちは生命を謳歌するがごとく輝いている。光と陰と風にこだわった印象派の画家シスレーは、きっとこんな状況で筆を握ったのであろう。

草花は、庭に植えると野ウサギが食べてしまうので、ウッドデッキ上のコンテナに植えている。とても喜んでくれた手土産のテラコッタにはワスレナ草、アメリカンポピー、フェリシア、クリスマスローズ、そしてヒアシンスが寄せ植えしてあり、その日からコンテナガーデンの仲間に加わった。

さて、至福の時を過ごし帰路につく私を待っていたのは、オオ、なんということでしょう！市街地を蛇行する悠久の大河、川内川が銀色に輝き、はるか東シナ海に注ぎこむ。かなたには甑島を臨む大パノラマの全てに雲の切れ目からこぼれる幾筋もの光が放射状に注ぐ。無数の天使が舞い降りたような荘厳な宗教画絵巻だった。車の運転は前方しか見ないので、来た時は気付かなかったが、ログハウスは客人が帰り道で気づく特別な贈り物を用意していたのだった。

数日後、友人からのメールに「雪で一面の銀世界・・・」とあった。動物や草花に囲まれた手作りの家で家族との歴史を創《つく》る喜びをうれしそうに語る友人が、限りなく輝いて見えた冬の一日だった。

2005年2月

59

都心

一月中旬に東京を旅した。二泊三日ホテルパックを利用し、多くのホテルリストの中から目的地の霞ヶ関から地下鉄で二駅目、赤坂のホテルを選んだ。都心で新築、原則禁煙の表示が快適な宿泊を期待させた。

飛行機の行きは快晴。冠雪した富士山が視界の左前方から後方へと流れていった。房総半島沖の洋上ではタンカーが白い航跡を描く。

飛行機が高度を下げた東京湾上では、アクアラインの洋上施設「ウミホタル」が現れた。目玉のある角が面白《おもしろ》い海ホタルが視界から消えると、ほどなく羽田空港に着陸した。

昨年秋にオープンした空港第2ターミナルでは、エスカレーターを配した吹き抜けに、巨大な利尻昆布のようなオブジェが吊《つる》されていた。自然光あふれる空間には、水琴窟《すいきんくつ》（地中に埋め込んだ瓶《かめ》に水滴を垂らして響く音を楽しむ仕掛け）を思わせる、クリスタルな環境音楽が心地よく響き、旅人を癒している。今日、アーティスト達は、ストレスに満ちた現代人をいやす都市空間づくりに心を砕いている。特に環境音楽は、都市が忘れてしまった自然界の音色を巧みに用いている。「サワサワ」という森の葉がこすれ合う音、「シャー」という滝のしぶき、「シュワー」という砂浜に打ち寄せる波の音。

これらの音は耳には聞こえないが、脳に快感として伝わる高周波音を含んでいる。最新の環境音楽はそれらを取り入れているのだ。外界から遮断されたビルの都市空間ではスピーカーを駆使して右から左、前方から後方へと音が流れ、人はあたかも風を感じ、原野や峡谷に佇んでいる錯覚をおこす。これらの技術は、いずれ日常の身近な音楽にも応用されるだろう。豊かな時代に生まれたものだと、つくづく思う。

六本木ヒルズ

仕事を終えた後、森ビルが造った六本木ヒルズに行った。

日比谷線六本木駅からヒルズまで直接通路がのびており、迷わず中に入る。洗練された都市空間の中にはブランド品の店、高級レストラン群がテナントに入っている。

「ライブドア」「楽天」のエンブレムが誇らしげなビジネスゾーン、森美術館、シネマコンプレックス、居住区などがひとつの街を形成している。

最上階に近い53階にある森美術館を観た後、「中村カレー屋」で、遅い昼食をとった。日本で最初にカレーライスを作ったとされる店では、お奨めメニュー「手長エビと焼ネギのカレー」とグラスビールを注文した。薫り高いカレーの旨いこと。手長エビは錦江湾産の赤えびによく似た味で、新鮮かつタップリ身が詰っている。白ネギはよく太り、焼きの香ばしさがネギの甘みを引き立てている。それら全てがカレーと見事に混じりあい、官能的な味を醸し出している。せわしく動き回った疲れもあって、一気にビールの酔いが回った。

意外なことだが、東京都心には緑が多い。街路樹、神社、公園には樹木がふんだんに植栽され、ビルの屋上ではガーデニングが盛んに行われている。暑熱、ビル風、乾燥などの悪条件を克服しながら植物を育てる人々の営みは、緑に囲まれた地方に住む身にも親しみを感じる。森ビルはビルのガーデニング専門会社を作り、ビル緑化のノウハウを蓄えてきた。ビルの限られたスペースでは今日、山野の風情が感じられるナチュラルガーデニングが主流だ。軽量化のため発泡スチロールを積んだ上にネットを張り、土をかぶせ自然の築山を模したりする。また、クリスマスローズ、ガーデン・シクラメンなどの宿根草とブッドレア（ふじうつぎ）、ザクロなど組み合わせたり、一坪ほどの田に水稲を栽培したり、トンボが来るビオトープを作ったりしている。いずれも重量増に耐えうる補強、防水工事など抜かりがない。将来は高層ビル屋上の池と自然河川をつなぎ、川魚が行き来できるようにする計画があるという。

自然の多くを失った街は莫大な代償を払いながら、わずかな自然を得ようと真剣なのだ。

午後7時発の鹿児島行最終便まで、まだ時間がある。全席指定のシネマでブラッドピット主演の「オーシャンズ12」を観た。2時間座っても全く疲れないシートに、六本木ヒルズの実力の一端をみる思いがした。

2005年3月

60

グランドカバー

やっと春が来た。桜やチューリップが満開だ。今回は、お花見の時ちょっと気になる地べたについて考えてみたい。

ガーデンにおける草花や樹木を植えないスペース、すなわち裸地をいかに快適なものにするかはガーデニング上の大きなテーマだ。

土がむき出しだと、雨が降れば泥がはねてぬかり、乾けば土ボコリが舞って、たまらない。これらの対策としてレンガや小石を敷きつめたり、コンクリートで覆うと管理が楽だ。でも、夏は膨大な熱を蓄え、暑くてたまらない。そこでグランドカバー・プラント、すなわち地面をおおう植物をお奨めしたい。

一番ポピュラーなのは芝生だ。中でも鹿児島の気候風土に合うひとつにヒメコウライシバがあり、ホームセンターで売られているのは、殆どこれだ。葉は繊細で密生し、日当たりを好む。日陰だと弱って消えていく。植付け適期は3月~5月と9月~10月の年2回。今が適期だ。

芝の性質で知っておきたいのは、放置すると葉が上に伸びることだ。よく、テラスの縁の刈り残しが長くのび、その根元に赤アリやダンゴムシが巣を作っているのを見かける。一方、こまめに刈り込むとランナーが地を這《は》う。ランナーで地を這うのはイチゴやオリヅルランと同様だ。ランナーとは親株から出た茎の先端に子株がついて伸び、それが地面に接したところで根を張る、さらにそこを拠点に遠くへと勢力を広げる。ちなみに水田の雑草キシュウスズメノヒエは、田を「走る」と農家が表現するほどのスピードでランナーを伸ばすことが知られている。

さて、植えつけ前は、よく耕し、有機質肥料や苦土石灰を施し、地表をレーキなど使い平らにする。張り方は、チェッカーフラッグのように市松模様に植えても一年で美しく全面が埋まる。植えつけた後はスコップの裏でたたき、鎮圧する。予算に余裕があれば、びっしり隙間なく張ると、即グリーンの絨毯《じゅうたん》が楽しめる。少々の凸凹は気にしなくても、後から目土《めつち》を用いて修正がきく。

踏み固められる所はスパイクと呼ばれる道具で穴を開けると地中に空気が供給され、芝生に生気が戻る。肥料は私の場合2月ごろ鶏糞堆肥と牛糞堆肥を全面にまく。これは芝が永年草なので、土壌の健康を維持するためだ。

夏、乾燥したらタップリ水をかける。

芝刈り機について、動力のない手押し式は経験的にトラブルが多く、電動式か動力式を奨める。私はビーバー、いわゆる刈り払い機を使う。隅々まで好きな高さに面白いように刈れるが、怪我《けが》しないようにゴーグル（防塵メガネ）や長袖シャツを着用する。刈り取った葉は熊手ホウキで集めて花壇の乾燥防止にマルチ（被覆材）として使うと、そのうち腐熟して土に還る。

4月は芝植え付けのベストシーズンだ。

私は家前の公園緑化に芝を張った。夏の朝、朝露に煌《きらめ》くグリーンは清々《すが》しい。雑草は密生する芝のおかげで大部分抑えられる。だが、チガヤ、ハマズゲ、スギナには要注意。見つけ次第地下茎まで含めてとる。夏は雑草まで含めてこまめに刈れば、雑草は勢力を弱める。一方、コスモスやヒャクニチソウがこぼれだねから芽生えるので切らずに残しておくと花が咲く。

畜産業への貢献

今、芝は畜産環境保全から見直されようとしている。たとえば、ブロイラー養鶏の鶏舎周りの緑化だ。これまでは除草剤で枯らしていたが、人やニワトリの健康が心配で、除草後は土ぼこりに悩まされてきた。

芝を張ることで、人や家畜にやさしく、鶏舎内気温はいくらか下がるとみている。それによりニワトリの発育が一日一グラム改善するだけで、そこは出荷羽数が数十万羽の世界だ。莫大な増益につながるため、今、実証試験を進めているところだ。ゴルフのパター練習ができる養鶏場を目指している。

用いる芝は日本古来の野芝で、非常に強く、公園、緑地帯などに用いられる。日本の芝は冬に地上部が枯れるので冬も枯れない西洋芝と混蒔《こんぱ》すると冬も緑が鮮やかだ。今年はひとつ、「隣の芝生・・・」

と思われるくらいの芝生づくりに挑戦してみたい。

2005年4月

61

グランドカバーその2

私は今、宮崎市の知人から分けてもらったグランドカバー植物「ペニーロイヤル・ミント（Penny royal）」をふやしている。

数ミリの小さな葉が密生し、ランナーで広がる。知人宅はそれがビッシリと地表をおおっていた。足で踏むとハッカの香りが漂い、なんともゴージャスだ。日陰でも育ち、寒さにも強い。加治木町のガーデンでは冬の間も旺盛に勢力を広げた。シソ科の多年草で原産地はヨーロッパや西アジア。やや湿り気のある土を好む、アリやノミを寄せ付けない、いわゆる「忌避《きひ》効果」があり、田の畦《あぜ》に植えて害虫防除する例もある。夏になると、わが家では赤アリが家中はい回るので、ペニーロイヤル・ミントを家の周囲に植える予定だ。この結果は改めて報告したい。

一方、花の美しさではアジュガが優れている。強健でガーデニングに広く紹介されるようになった。銅色の葉が美しく、4月に紫の花が立ち上がる。近年、紫に加えピンクが登場した。葉色もグリーンも現れた。クリームの斑入りもあるが、性質はやや気むずかしく、なかなか広がらないし、銅色葉に先祖返りすることもある。

日陰でもよく広がるのがオリヅルランでこれもランナーで広がる。リュウノヒゲも伝統的な美をもち、和風の庭に合う。ヤブランも花が美しく、日陰のグランドカバーによいだろう。

大腸内視鏡検査

この話はガーデニングと全く関係がない。私は大腸ポリープを過去2回切り、定期的に検査を受ける身だが、この検査が辛《つら》い。検査数日前から椎茸など繊維質は控えるように指示が出る。

検査当日、2リットルの下剤を250ccずつ15分間隔で飲むよう指示される。こいつが手ごわい。ビールなら大ジョッキ3杯一気に飲めるが、そこは薬である。以前はこれがすごい味で、飲めなくて涙が出た。うれしいことに今回は少しだけスポーツドリンク味に進化していた。とにかく便が透き通った液体になるまで検査のゴーサインが出ない。ひたすら下剤を飲んでは、そうなるまで何度もトイレに駆け込む。

前回は看護師さんに何度も自分の排泄物を見せるのに勇気がいった。今回は便の写真見本が渡され、自分でチェックするシステムだ。だから最終チェックだけを看護師に頼めばよい。

朝から下剤を飲み続けること5時間で待望のOKがでた。このうれしさは経験した者でないと分からない。いよいよ検査だ。おしりに穴の空いたペーパーパンツと検査着に着替え検査室へ導かれる。検査台では横向きに寝て、おしりを突き出す。腸の運動を抑える注射をおしりに打つ。今回の担当は、きれいな女医さんだ。検査を受ける本人もモニター画面を見ながら医師と会話ができる。肛門に潤滑剤が塗られ、内視鏡が腸内へと入っていく。腸の収縮運動が激しく、カメラが前に進まない。「元気のいい腸ね」カメラを必死で押し込みながら小腸まで約80㎝を少しずつ進む。特に腰骨のあたりに大腸が直角に曲がるところが2カ所あり、通すとき痛い。「おなかを手で強く押さえて」やっと終点まで到達。大腸内視鏡検査はカメラを引き抜きながら腸壁を観察する。余分な水分を吸い取りながら空気でふくらましてヒダをのばしながら視《み》る。ていねいに盲腸の中も視る。「ここはおへそのあたり」「ここは腰骨のところ」と女医はモニター画面を解説しながらカメラをどんどん肛門に近づけていく。ピンク色の腸壁は鮮紅色の毛細血管が網の目のように張り巡らされた、繊細な美の世界だ。と、モニターに出血跡が現れ、カメラがピタと止まる。

「ええ、これはキスマークよ」「?・?あ、はい」どうやら吸引した際に粘膜にできた傷のようである。痔の兆候まで視て検査は終了した。「全く異常なし、健康な腸よ」「この間の食生活がよかったということでしょうか?」「その可能性は非常に高いわね」。女医さんの満面の笑顔に、空気で膨らんだ腹の痛みもいくらか和らぎ、検査は幕となった。

　日本人は食生活の欧米化で大腸ガンが増えており、検査による早期発見・早期治療は「転ばぬ先の杖」である。人は、だれでも「生・老・病・死の四苦」の定めを負っており、検査は定めに対して人が出来るささやかな抵抗だと思っている。

2005年5月

62

枯らした熱帯花木

私のガーデンには最近まで自慢のジャカランダの木があった。ノウゼンカズラ科の高木で、目の醒《さ》めるような紫の花を枝先に無数に咲かせる。成長が早く、植えつけ3年で4ｍに成長し驚くほど沢山の花をつけた。しかし、4年目の冬に枝が黒く枯れる病気にかかり、主幹も腐り、最後には株元から出る「ひこばえ」だけとなり枯れた。植えつけ6年目にして訪れた破局だった。同じ加治木町でも建物の南側で霜が当たらない花壇のジャカランダは元気に育っている。

オーストラリア原産のグレビレア・ロビンゴードンは夢見るようなピンク・オレンジの花を周年咲かせる中低木だ。加治木町の露地に植えたが、霜で傷んで病気になり、数年で枯れた。宮崎市では露地で元気に育っていることから、わずかな気象条件の違いが成否を分けているようだ。教訓として、これらは霜の当たらない建物南側の花壇に植えるか、鉢植えにして冬は屋内に入れるとよいと思う。また、失敗した2例はいずれも多肥栽培で成長が早かった。チッソ分を少なめに、骨粉（リン）、草木灰（カリ）中心に、乾燥気味に締めた木質に育成すれば、成功するかもしれない。ぜひ、リベンジしたい。

順調な熱帯花木

ブラシの木（bottle washer tree）と呼ばれるカリステモンはフトモモ科ブラシノキ属の常緑小高木で、大変寒さに強く、露地植えできる常緑樹だ。5月に鮮やかな花を咲かせる。細長いおしべが枝から放射状に伸び、ビンを洗うブラシそっくりの形をしている。オーストラリア原産で従来の赤に加え、ピンク、白、黄色、紫と豊富な色彩の品種が店頭に並びはじめた。中でもピンクは夢見るような色彩で、トロピカル・ムードに溢《あふ》れている。成長が早く、枝は弾力に富み、台風にもけっこう耐え、庭木に向いている。最近できたマンションの外構にも品良く植えられていた。

ペトレアは別名「女王の首飾り」とも呼ばれ、ライラック・ブルーの星形の花を房状に咲かせる。キューバ、ブラジルのジャングル原産で12mにも伸びる丈夫なツル植物だ。鉢植えで管理し、春から秋にかけ旺盛にツルを伸ばすので、好みの樹形になるよう支柱に誘引する。伸びたツルは葉の付け根に翌年の花芽がつくのでなるべく剪定を避ける。寒には比較的強く、私は特に冷え込む夜だけ玄関に取り込んだ。購入後一年でかなり大きくなり、4月から5月にかけ無数の花を付けた。酔いしれるほど美しく、鉢植え熱帯花木としての魅力は計り知れないだろう。

イペーはブラジルの国花だ。冬は落葉し、比較的耐寒性がある。先日訪ねた串良町の民家の庭には植付け7年目の木が6メートルほどに成長していた。「カナリア・イエロー」とよばれる、鮮やかな黄色の大輪花がシャクナゲのように5～6輪枝先に咲く。多数に枝分かれして無数に咲くのだから圧巻

2005年6月

としか言いようがない。ブラジルサッカーチームユニフォームの色は、カナリアイエローと呼ばれ、この木が由来だ。花がつき始めたのは最近だったとのこと。ノウゼンカズラ科の花木で性質は強健だ。加治木のガーデンでは、露地植え3年目のイペーが寒の傷みもなく越冬しており、庭園花木として将来性は抜群とみた。先日ピンクのイペーを園芸店の店頭で見つけ手に入れた。開花まで何年かかるかわからないタイムカプセルみたいなものだけど、気長に育ててみたい。

プルメリアは白やピンクの花を枝先につけ、熱帯地方の寺院や民家の庭園樹として人気がある。ハワイから取り寄せた30㎝の枝をさし木にして2年目から花が咲いている。ジャスミン香を出す花を多数咲かせ、冬は落葉するので、室内で乾燥気味に冬越しする。草丈が高くなったら、枝先30㎝を切り取り、さし木で新たな株を作る。元の株の方は切り口の下から新芽が出てくる。

アラマンダ（Allamanda）は黄色の花が鮮やかな中低木で、奄美群島や沖縄で庭木として人気がある。本土では鉢植えで管理し、冬、軒下では地上部が枯れるが、また芽を吹き出す。屋内で冬越しすれば、枝が枯れずに大株となって5月からの花を楽しめるので、こちらを奨めたい。他にもブーゲンビレアやハイビスカスは多くの品種が紹介されている。

熱帯花木には独特のトロピカル・ムードがあり、一輪咲くだけで流れる空気まで華やぐ。地球温暖化で熱帯植物の生育北限は上がってきており、ちょっとした防寒対策と植物の選択でパラダイスの世界はますます広がるだろう。

2005年6月

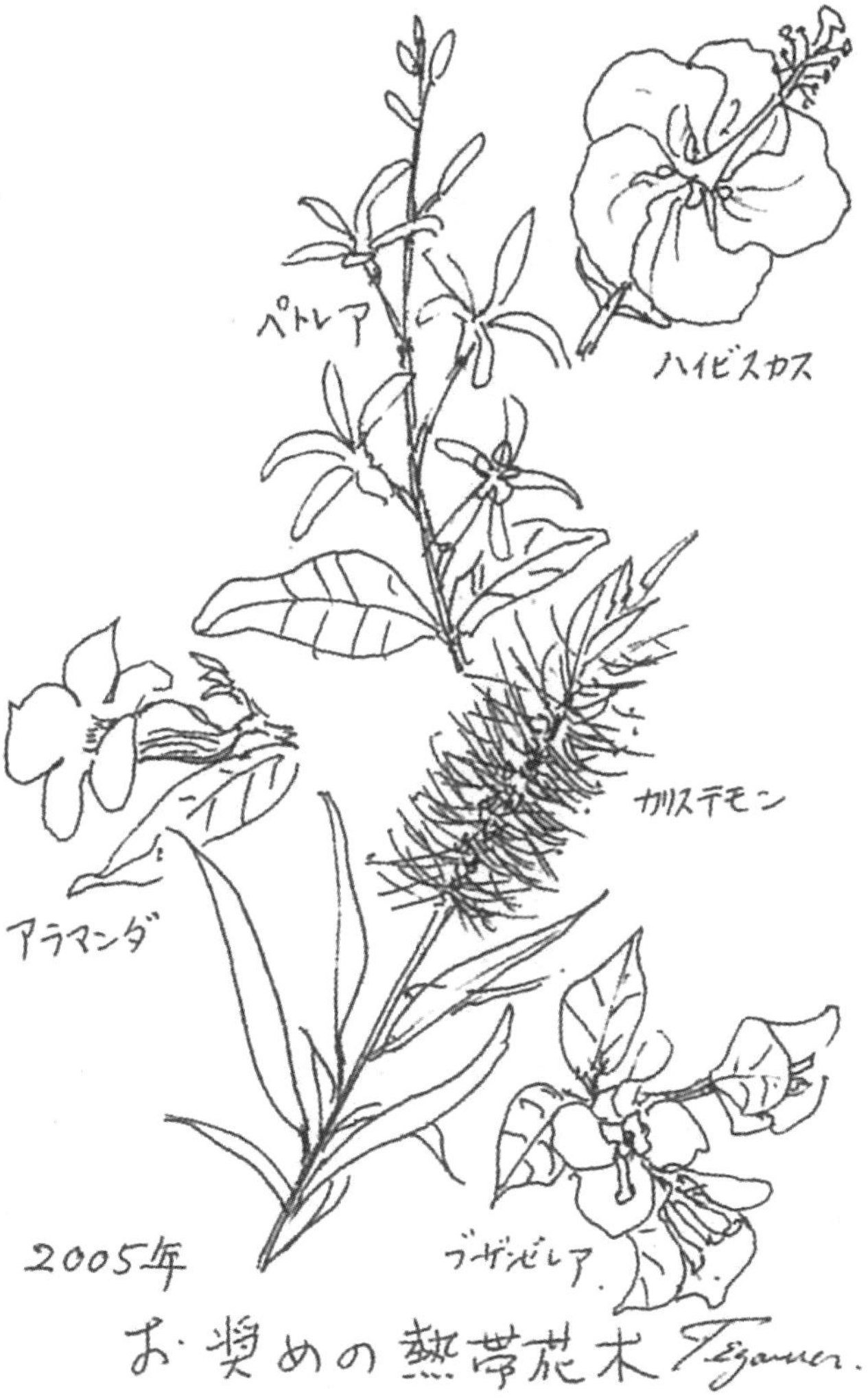

63

山中の祭り

ゆるやかに点滅しながら、闇に浮遊する蛍。小林市にある出の山公園のホタルは今年も健在だった。いたるところで光が舞う。その一角、淡水魚水族館前の広場では、ホタル祭り目玉イベントの、世にも不思議な市が開かれていた。その商品が尋常ではない。ズラリと並んだ水槽の中には、ウナギの稚魚であるシラスウナギやタナゴ、ナマズの稚魚、ネオンテトラ、グッピーなど熱帯魚が舞い、裸電球のもとで金魚でも扱うように無造作に陳列されている。

さらに、いったいどこで手に入れたのだろうか、希少生物のデンキウナギやシルバー・アロワナの稚魚が、それこそウナギの蒲焼きと変わらぬ値段で売っている。かつて訪ねた香港市場街の観賞魚露天商の、生臭い匂いがした。

かごの中を目まぐるしく動き回るシマリスを売る兄ちゃんは「子供さんの情操教育に最高だよ、リスは人になつく動物さ」と歯の浮くような口上に忙しい。衝動買い後、子供たちはすぐ飽きて、世話は母親の仕事となり子供の無責任を助長し、やおらリスに手を出すと指を噛まれて大けがする。

巨大な外国産クワガタやカブトムシ、極彩色の虹色クワガタが虫かごで異彩を放つ。ふと目をやると、アラ、アラ、ヤダ！。オオクワガタが盛大に交尾しているではないか。この立派なオスはそう長くはないだろう。カブトムシやクワガタムシのオスは交尾すると程なく死ぬ。だから養殖業者はオスとメスは別々に分けて飼育するのだ。

アメリカザリガニ釣りのコーナーでは、スルメのついた糸で釣るが、キャッチアンドリリースがきまりで持ち帰れない。その隣では巨大な陸亀が頭をもたげて箱から逃げるのに必死である。この深い山中で逃走できたら二度と捕まることはなかろうに。夜も更けて、客足が途絶えると店じまいが始まる。魚たちは酸素入りビニール袋に詰められ、にぎわった金魚すくいコーナーは水が抜かれた。なんだかもの寂しい。祭りの後は、それがどんなに小さな祭りであっても、哀愁は漂うものである。

さて、一番多くホタルが生息する水路の周りには多くの人影があった。即席のビヤガーデンまで完備されていた。結婚相手探しに忙しいホタルのそばで、何か勘違いしている人間が囃《はや》したてる山奥の情景。ここは静かに見守りたいものだ。

無数のホタルがなぜ同時に光を点滅させるのかは、よくわかっていない。太古の昔からＤＮＡに組み込まれた神秘である。

セキセイインコ

我が家には一才になるセキセイインコがいる。名前は「レモン」。ルチノーと呼ばれる種類で全身美しいレモンイエローの羽毛をしている。飼い始めてわかったことだが、この鳥はとても頭がよい。

独立心旺盛で、決して人に媚《こ》びない。媚びないどころか、挑戦してくる。スペースの関係もあって、ちゃんとした鳥かごではなく、かつてハムスターを飼った天井の低いかごに入れている。くちばしで上手にドアのフックをこじ開け、スルリと外に出る。出ると、決まって鏡の前に来て自分の姿に興奮して、大量のフンをする。しばらくひとりで遊んだ後は、家族の頭や肩に乗り、じゃれてくる。一応手乗りインコのはしくれだ。頸椎《けいつい》が柔らかいのだろうか、首が360度近く回る。これはエクソシストを思い出すほどビックリだ。成鳥になったので噛《か》まれるとけっこう痛く血が出る。テーブル上の生け花にあるユーカリの葉が好きで器用にかじって食べる。さすが原産地がオーストラリアだけのことはある。どおりで最近フンが緑色をしていた。バナナの皮も大好物だが、中身には見向きもしない。さんざん食べたり遊んだりして飽きると自分でかごの中に戻って休む。実に感心な鳥だ。ひと月前に手乗り文鳥のヒナが仲間入りした。家族がヒナに餌をやるのをインコはジッと見ている。それ以来ギャーギャーうるさく凶暴になり、人に慣つかなくなった。インコは嫉妬したのだ。鳥も人間同様、感情の動物であった。

早起きの小鳥たちが朝、さえずりで迎えてくれるのは結構うれしい。窓の外にはガーデンの花が咲き乱れ、モーニング・ティーが格別にうまい朝の情景がある。

夜光虫

私の自宅は加治木インターチェンジの近くにあり、半時間ほど夜のウォーキングをすると加治木港に着く。湾奥の物流拠点の港は、荷揚場がオレンジ色のライトに照らされ、海砂がボタ山のように積まれている。墨を流したような漆黒の海のはるか向こうでは夜の桜島のシルエットが鹿児島市街地の明かりの夜空を切り取っている。

岸壁から真下の海をのぞき込むと、砕け散る波に無数の夜光虫がまたたく。青白く鋭い閃光がキラキラと夜空の花火みたいにまたたく。時折、光を消し忘れた夜光虫がいつまでも波間に漂う。それはあたかも大気圏で燃えつきながらゆっくりと墜ちていく火球、巨大流星のようだ。夜光虫は体に刺激を受けると発光するプランクトンだ。なぜ光るのかはわかっていない。いつまで見ていても飽きない。

64

夏の申し子、スイカ（Water melon）

夏の味覚、スイカ。私はスイカに目がない。汗を流した後、ザックリ切った冷えたスイカにかぶりつく瞬間、「ああ、なんて幸せ！」としばし悦に浸る。子供たちもスイカの土産に「やったー！スイカだスイカだ」と小躍りして喜ぶ。だから、夏、美味しそうなスイカを見つけると、財布のヒモはゆるみっぱなしだ。

スイカを選ぶ時は、きれいに丸くずっしりと重く、叩いて低いポンポンと歯切れよい美味しそうな音がするのを選ぶとよい。スイカを地球儀にみたて、緯度に沿って手指をすべらせ、凸凹を感じるようなスイカは、例外なく甘い。それは果肉に栄養を送る道管が、成り口から先端まで充実していることを示す。また、収穫の際は成り口に直近の株元方向第一マキヒゲが、茶色く変色することが完熟食べ頃のサインとなる。ビギナーでも、これなら収穫期を逃がさない。これは、プロの凌技《スゴワザ》だ。雨期、多くのスイカが、腐るのを恐れる生産者により、未熟のまま出荷されるが、これは水っぽくて、話にならない。切り口がみずみずしいのは新鮮さの証しだ。スイカは、大きくて、いびつな形のものは中心部に空洞があるとみてよい。なぜなら、美味しいスイカは全体がじっくりと時間をかけてきれいな円形となるのに対し、いびつなスイカは収穫前に水分や窒素分が多く、収穫直前まで異常に成長したからだ。それは皮と周辺組織だけが大きく成長してしまい、中の組織の成長がそれに追いつかず中心部分に空洞ができるのだ。

スイカは収穫前10日間ほど水分を切ることで糖度が増す。揖宿郡開聞町特産の徳光スイカがシャリ気があって美味いのは、開聞岳の噴火による軽石のれき土壌が水はけよく、水分が切れやすいからだ。晴天の続く年のスイカが美味しいのも、土中水分が抜け光合成により糖度がのるからである。

スイカの頭と尻とでは頭の方が糖度1～2度甘いことはあまり知られていない。音は「ポンポン」と、乾いた低めの音がよく熟れているのに対し、「ピンピン、カンカン」と高い音は未熟果のことが多い。未熟果は水っぽくてヌメッとして美味しくない。「ビンビン、バンバン」と鈍い音は空胴がある可能性が高い。

切ると黒く丸々した種がぎっしり入っているのは十分熟れている。反対に、白い未熟な種が見られるのはまだよく熟れていない。また、美味しいスイカほど皮の白い部分が薄く、赤い果肉が外皮近くまで迫っている。一方、皮の白い部分が厚いスイカは曇天の年に多く、水っぽい。これらはカットスイカを買う時の参考になるだろう。カットスイカは間違いがない。一番確実な商品だ。糖度表示は有難い。消費者は間違ってもカットスイカに触れてはならない。商品を台無しにすると同時に営業妨害に当り、刑事事件に該当するおそれがある。特に幼児。たまに無知な大人がするので要注意。

スイカにはアミノ酸の一種「シトルリン」という利尿作用の強い物質が含まれる。また、カリウムが多く、体内の余分な塩類を体外に排出する。こうしたことから、腎臓病、高血圧、動脈硬化に有効な食物と言われている。ウォーター・メロンの英名のとおり、9割以上が水分であり、体温を下げたり、体のほてりを鎮める、まさに夏の申し子のような果物だ。

スイカの原産地はアフリカ中部。原種は小さく苦いピンポン球のような果実だ。それでも乾いた大地の貴重なめぐみとして、改良されてきた。日本には16世紀中頃中国から伝わったので「西瓜」という。ちなみにカボチャは南から伝わったので「南瓜」。

かつて名古屋市場にかごしまブランド「加世田のカボチャ」の売り込みに行った時、市場関係者が「カボチャ」とは呼ばず「なんきん」と呼んでいたのを思い出した。

ビル屋上スイカ

5月のある日、野菜づくりが大好きなお隣さんから、こだまスイカ（ラビットスイカ）のポット苗を一つ頂いた。どこに植えようかと思案の末に、思い付いたのが職場の屋上だ。網の目の収穫用コンテナの内側に肥料袋で土止めし、よく肥えた土を入れて苗を植えつけた。一mほどの高さにネットを張り、それに這わせる理由は、直接コンクリートの上だと実が熱で焼けてしまうからだ。

病害虫はハンドスプレー式の市販の薬剤で防除した。

開いた雌花に雄花の花粉を授粉すると、みるみるうちに実が大きく成長し、ネットにぶら下がった。

2005年8月

7月7日に収穫の日を迎え、包丁を入れる。おお、真っ赤なスイカだ！。香りもいい。冷やして食べると格別な味がした。ビルの屋上でもスイカが収穫できたのだ。固形骨粉入り油粕の置き肥が効いてきたようで、孫ヅルが元気に伸び、まだまだ収穫が期待できそうだ。

ビル屋上緑化にも少しだけど貢献できた。ビル屋上は風が強く、台風が心配だが、今年はまだ来ない。幸運が重なっている。

私の職場がある大隅の「やごろうスイカ」も7月、出荷のピークを迎える。あちこちにスイカがゴロゴロと実る畑は見ていて気持ちがいい。

重いスイカは収穫作業が大変だ。頂く時はお百姓さんに感謝し、自然豊かな大地の恵みを心ゆくまで味わいたいと思う。

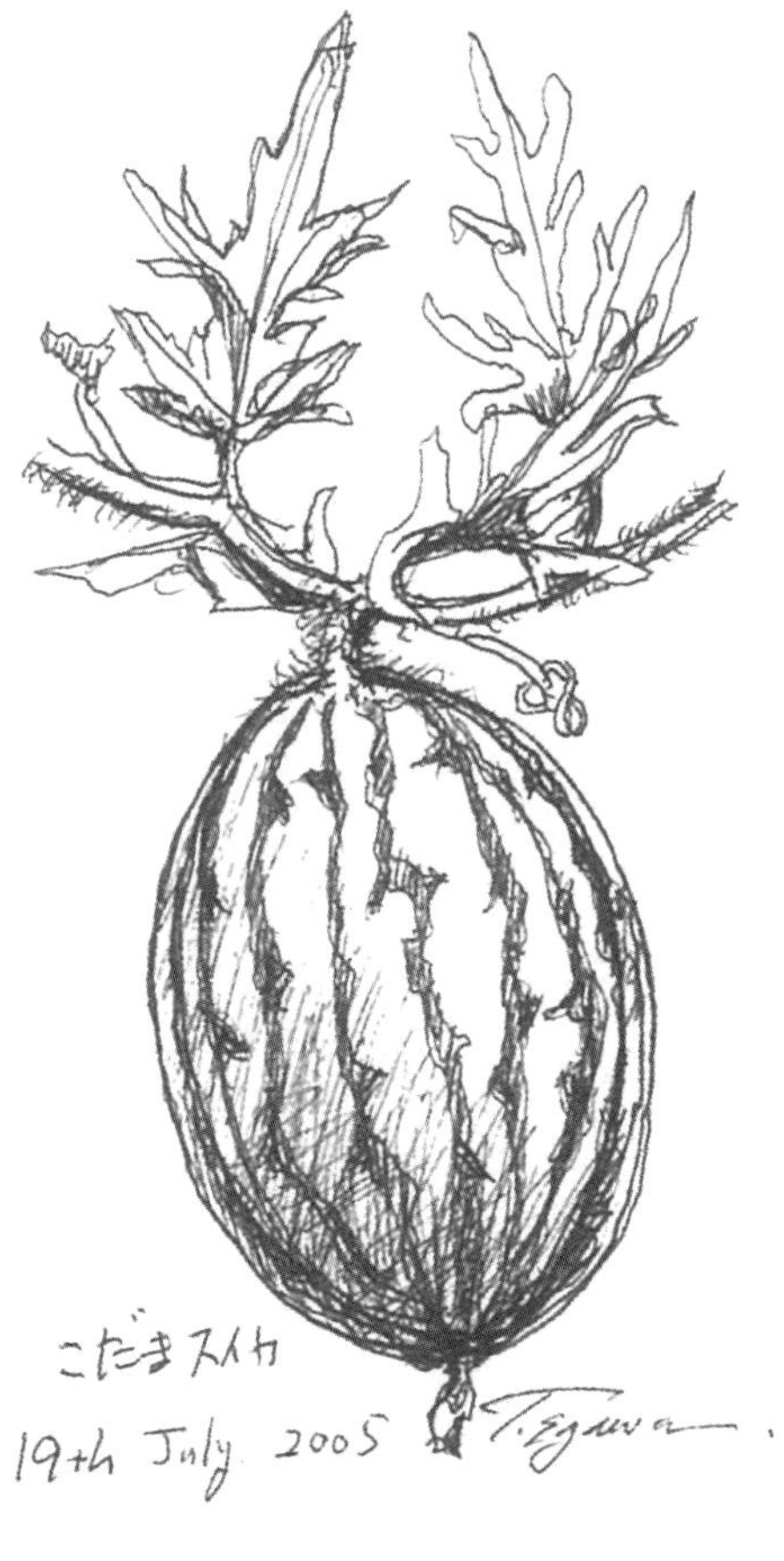

65

バタフライ・ガーデン

夏のガーデンの楽しみの一つに蝶の舞がある。特に大型のアゲハが舞う美しさはこの上ない。アゲハチョウ、キアゲハ、クロアゲハ、モンキアゲハ、ナガサキアゲハ、そして最近めっきり少なくなったアオスジアゲハ。これらの蝶が特異的に集まる花木がブッドレア（Buddleja）だ。

一度に10匹ほどのアゲハ、無数のクマバチやミツバチを集めるこの木は和名でフジウツギと呼ばれ、夏に長期間咲き続ける中低木として人気を集めている。

紫、ピンク、オレンジなど多くの品種があり、花は一cmほどの筒状の花が数百の塊《かたまり》となって咲く。季節ごとに出る新枝の先に次々と花をつけ、英名はバタフライ・ブッシュ（Butterfly bush）という。蝶を寄せる蜜と香りに富み、風に揺れる花姿は上品で風情がある。

ブッドレアはさし木で容易に殖やせることから、地域ぐるみでアゲハチョウを呼ぼうとする場合はうってつけの素材だろう。地域起こしに金は要らない。

ノウゼンカズラ（Chinese trumpet creeper）は夏、赤やオレンジに咲くツル性の木だ。この花は蜜を多く含み、切り花にすると蜜がテーブルに垂れて、ベタつくほどだ。クロアゲハ、ナガサキアゲハが好み、蜜を吸いにくる。また、オニユリもこれらアゲハ類は好み、夏の情景として写真家が好む被写体となっている。

アゲハチョウとクロアゲハの幼虫は柑橘類やサンショウの葉を食べて大きくなる。私のガーデンのブッドレアの近くにはレモン（Lemon）やユズ（Yuzu）、サンショウ（Japanese pepper）が植栽してあり、メスはそれらに産卵する。キアゲハはセリ科植物の葉を食べて大きくなり、我が家ではパセリ（Parsley）、アシタバ（Ashitaba）に好んで産卵する。

卵がふ化し幼虫となり、サナギになって羽化するまで短期間に変態するさまは、めまぐるしい。ガーデンを生態系の小宇宙としてみると、そこに生きる小動物は一つ一つがつながりをもつファミリーみたいなものだ。

蝶はなぜこれほどまで美しい羽を持つに至ったのか、その生物進化論的意味を考えながら飛翔を眺めるもよし、ただ、何も考えずに、たおやかな羽ばたきのリズムに心を踊らせるもよし、バタフライ・ガーデンの楽しみ方はいろいろである。

2005年9月

釣リキチ三平

中学一年生の私の次男は釣りが大好きで、暇さえあれば加治木港、網掛川へと釣りに出かける。釣る魚はキス、アラカブ、メゴチ、アメウオ、クロ、鯉、フナ、オイカワ、スッポン、など多種類だ。手先が器用なうえ、研究熱心なので、上達が早い。最近は大人顔負けの釣果をあげるようになった。

鯉釣りは爆弾づりという仕掛けで、いとも簡単に一キロ前後の良形を次々と釣り上げる。アラカブも良型を数多く釣り上げる。７月、海の日恒例の加治木観光キス釣り大会に親子で参加した。前日まで仕掛けを入念にチェックし、万全の体制で臨む。真っ暗の朝４時半には受付を済まし、餌のゴカイを多めに買う。今年の参加者は百二十人ほどだ。５時を待たず20隻ほどの船は、それぞれ船頭さんの目指す沖へと散っていく。

錦江湾の朝焼けが美しい。風もなく静かな海面を遊漁船は軽快なエンジン音をあげ、すべっていく。予定のポイントに着くと「始めてください！」との船頭さんの合図でスタートだ。２本の釣り針仕掛けにゴカイを付ける。キスは活きのいいゴカイに反応するので、常に生きのいいゴカイのピクピク動きがアピールするように針に付けることが肝心だ。ゴカイはヌルヌルするが、鹿沼土を粉にしたものを指につけると、すべらず、上手に扱える。

キスの当たりは「ククッ、クククッ」と小気味よく、引きは強く楽しめる。キスは集団行動するので、釣れたポイントは続けて攻める。快調にとばす次男に大きな当たりがきた「おー、デカッ！」体長27センチの3年ギスである。七夕《たなばた》の短冊にかけた願いが叶ったと大喜びだ。次男はこのキスで大物賞一位を獲得した。私はといえば、15㎝未満は海に帰すルールのマーカー付けた放流マダイばかり、釣りにならない。それでも後半追い込みをかけて午前９時半の納竿まで粘る。次男は総重量1.6キロで重量賞９位、私は1.5キロで賞外となった。次男の船上での「釣りキチ三平」写真は加治木町報に掲載

2005年9月

され、ご満悦だ。錦江湾は近年きれいになった。海水浴場もきれいだ。このままいけば豊かな錦江湾を未来の子供達に引き継いでいけそうだ。

66

カラーリーフ

9月襲来の台風14号は夏花壇をきれいに吹き飛ばしてくれた。おかげで、秋冬花壇への模様替えがスムーズに進む。

この夏をふり返ってみると、カラーリーフ（色のついた観葉植物）の躍進が印象的だった。中でも栄養系コリウス（Coleus）は善戦した。

コリウスはシソ科で、茎や葉にはシソの香り成分ペリルアルデヒドを含み、品種によって濃淡はあるもののシソの香りがする。緑色の青ジソや梅干しに使う赤シソなどの豊かな色彩にみるようにシソ科の植物は黄、赤、青の色素を含む。コリウスは品種改良でその特性をよく発揮し、ピンク、ライムグリーン、赤、朱色、赤紫など豊富な色彩と造形のバリエーションが生まれた。

市販されているコリウスには種でふやす実生系コリウスと、さし枝でふやす栄養系コリウスがある。実生系は発芽に高温が必要のため5月に蒔く。発芽はよく揃い生育は旺盛だ。

実生系は密にまく多粒まきが面白い。これは5号鉢（径15㎝鉢）に20～30粒まき、発芽した芽全てをそのまま生かす栽培法で数年前に紹介された。よくケイトウの多粒まきが店頭に並んでいる。これは株間が小さいほどコンパクトに仕上がり、かわいい盆栽的な美を持つ。

一方、栄養系コリウスは多くの魅力的な品種が売り出され、育てやすさもあって、多くのファンを得た。

家庭園芸はどちらかといえば花重視だが、観葉植物にもファンの目を向けさせたことは画期的。

さて、栄養系コリウスだが、まず4月になるとポット苗が出回るので、気に入った品種選びを楽しみたい。次に楽しいのはさし枝だ。枝を鋭利な刃で切り、清潔な用土に殖しておけば、容易に発根する。親株にとっても脇芽が増えるので都合よい。

ただ、茎はもろく風で折れやすいので、花壇よりはプランターに植え、台風時には避難させる方がよい。

コリウスの仲間は、同じシソ科のサルビア（Salvia）と同様熱帯植物なので、霜に当たると枯れる。家に取り込めば越冬しないこともないが、冬の姿はみすぼらしい。場所もとるし、春に新品種が出回ることを考えると毎年更新した方がよいと思う。

コリウスは広葉が数多く展開するため、葉に無数にある気孔から水分がどんどん逃げていく。だから夏、すぐ水切れを起こして、しおれる。対策としては大きめのプランターを用いることと、水もちのよい用土に植えつけることが大事だ。夏は夕方一回十分に水かけする。同時に葉にも水をかけると日焼けした葉がイキイキする。花はこまめに摘むと株が消耗しにくい。

人を救うDNA

イポメア（Ipomea）はアサガオ（Morning glory）やサツマイモ（Sweet potato）と同様ヒルガオ科で、サツマイモそっくりの姿をもつ観葉植物だ。当初、株全体がライムグリーンの品種が紹介され、続いて赤紫やピンク・白・グリーンの三色など魅力の品種が紹介された。サツマイモの親戚だから、さし枝で簡単に殖える。暑さや風に強いので、夏のハンギングバスケットに好適だ。

イポメアは都城市にある九州沖縄農業研究センター（独立行政法人）が種苗会社と共同で作出している植物だ。研究センターがもともと得意とするサツマイモの育種技術がガーデニングに生かされたかたちだ。すぐ身近で開発されているだけに、当地でのガーデニングに最適な素材の一つだろう。先日、鹿児島市の鶴丸高校に行った際、正門周りがプランター植えのペイルグリーン（うす緑色）のイポメアで見事に埋め尽くされていたのが印象的だった。

年々温暖化していく居住環境を考える時、夏の蓄熱体であるコンクリートやアスファルトはじめとする人工物をグリーンで覆うことは大きな意義がある。都市ではヒートアイランド現象をくい止めるため、埋めた水路を復活し、緑地帯を増やしたり、ビル緑化を進めたり、多くの投資を試みている。地方であっても、小さなヒートアイランド現象は身近に起こっている。市民ひとりひとりが一鉢ずつでも草花をふやして住宅の日差しを和らげ、水まきついでに打ち水すれば、夏はもっと涼しくなると思う。

2005年10月

サツマイモは飢饉《ききん》から人々を救い、シソは梅干しと共に保存食としていまだ重要だ。今、その仲間たちが姿を変え、園芸植物として都市温暖化を救う。人を救うＤＮＡはしっかり継承されていると思った。

67

縁

先日、農業を志す学生たちと飲んだ。
21世紀は食料危機の時代。自然を相手に家畜を飼い、作物を育てる生命産業を担う彼らには、心からエールを送りたい。

結婚の話題になった。「ぼくは結婚なんかしたくないです。でも子供は欲しいから、養子もらおうかな」と学生の一人が言う。私、「結婚は縁のもの。結婚したくなくても縁あれば結婚するし、反対にどんなに望んでも縁がなければ結婚できないよ」と諭す。

私はといえば、20代の頃は目に見えない赤い糸を探して失恋の山を築いていた。親は「早く嫁もらって孫の顔見せろ」と、なかば脅迫のように見合いさせた。だから出会いの数だけは人後に落ちない。三十路になり、縁遠い我が身と悟りかけて間もなく、赤い糸の女性が現れ、トントン拍子でゴールインした。これが私の縁だった。

時折「私の庭でもこの花育ちますか？」と園芸講習会の生徒さんから聞かれるが、私は「縁があれば育ちます」と答える。花との縁は人の縁と似ている。大好きな花でも、いくら頑張ったって枯れるものは枯れる。一方、どうでもよい花に限ってふてぶてしくいつまでも元気である。かといって黙っ

2005年11月

て何もしないでいると、数ヶ月を待たずススキ（Japanese pampas grass）やヤブガラシ（Cayratia japonica）などが生い茂り、あわれ廃屋の風情が漂ってくる。

今年も高価な草花をたくさん枯らした。そうか、プロの生産者でさえ手を焼く、気難しい花は珍しいから高価なのだ。

今日、３匹百円の熱帯魚ネオンテトラは昔、アマゾンから輸入しており、価格は勤労者の日給ほどした。人工ふ化が成功したお陰で安くなったのだ。ところで、手頃な値段でウナギ丼をたらふく食べたくなった。これだけ庶民の味となったウナギの人工ふ化がまだ成功していない。水産試験場さん、頑張って！

人間とはぜいたくな生き物。たくさんあると安くても手を出さないし、希少なものほど値が張っても欲しくなる。本当にやっかいである。

今日もまた、珍しい草花を園芸店で見つけては、寝ても覚めてもと思いつめ、「今手に入れないと、誰かに買われてしまい、二度と目にすることは無いのでは!?」と焦燥感にかられ、結局買ってしまう私。本当は二度と縁が無かったことなど殆どなく、手に入れる口実を見つけているだけだ。

でも、手に入らなかった草花に限って、いつまでも惜しい。先日、ある店先でハウス農家の出品とおぼしき立派なパイナップルの鉢植えがあった。後で気になって、やっぱり買おうと出直したが、すでに売れていた。店頭に立ちつくした心に秋風が吹き抜ける。「♪ヒュールリー・・・」逃がした魚は大きい。

植物を枯らさないようにいろいろ処方箋《しょほうせん》がある。でもそれは、縁があり続ける可能性を高めるだけで、縁そのものを保証するものではない。

大きな資産

先日、交通安全教室でお巡りさんが「秋の交通安全運動まで、うちの管内は死亡事故ゼロでしたのに・・・。」しんみり話す。静かな山村の見通し悪い交差点で、農作業を終えたバイクと軽自動車の出会い頭の事故だったとのこと。そこは一時間に3台しか車が通らないらしい。計算してみたらその交差点で24時間に衝突の起こる確率は240万分の一だった。万一よりさらにまれな確率。無くなった方には気の毒だが、事故とたまたま縁があったとしか言いようがない。

一年ほど前、私は追突事故にあった。

怪我《けが》は大したこと無かったが、しばらくは体のあちこちが痛く、頭のクラクラがとれなかった。当然のことではあるが、事故の被害者と加害者ではその立場に天と地ほどの差がある。被害者は医療機関はじめ、どこでも対応はＶＩＰ扱いだ。一方、加害者は針のむしろ。業務上過失致傷の疑いで取調べだ。

いったん事故を起こせば、ガーデニングもへったくれもない。人生に莫大な負債を負うことになる。

2005年11月

「事故を起こしてないこと」は大きな資産を持っていることと同じだ。

30年になるドライバー人生で幾度となくあったヒヤッとした経験。その場面を何度も思いだし、同じような場面で事故に遭わないためにはどうすればよいか？を常に考えながら運転すること。事故の確率はゼロでないが、限りなくゼロに近づける努力はドライバー共通の義務だと思う秋の交通安全運動であった。

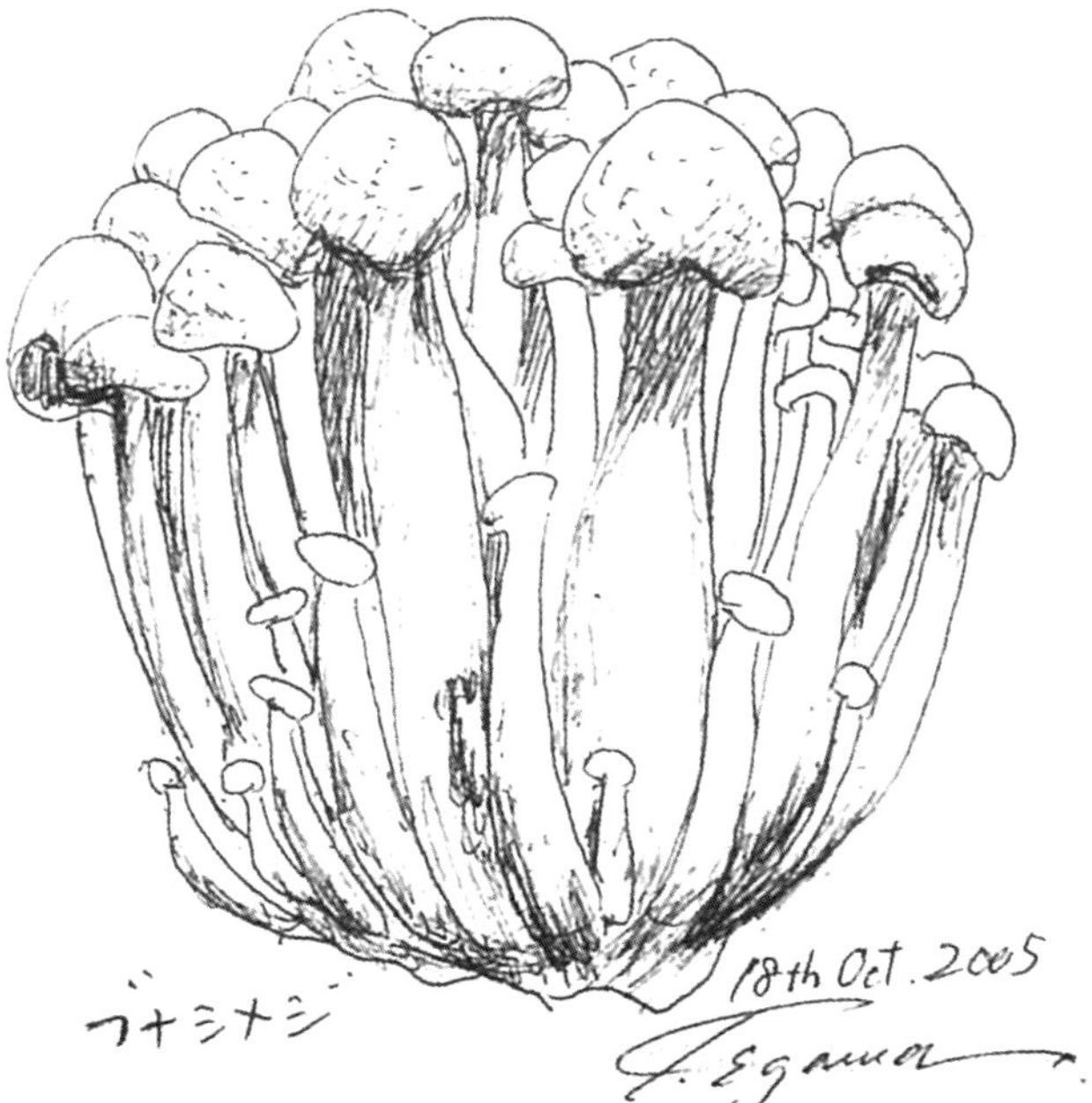

68

「どこでもドア」の電話

昭和40年代前半、私は小学生だった。初めて糸電話で遊んだとき、「アッ！」ピーンと張った糸を伝わってくる友の声に思わず驚きの声をあげた。耳に当てた紙コップと糸でできた簡単な仕掛けの中にはなんと、人がいた。

そのころ鹿児島県川内市の私の家には電話が無かった。私が小３の時、母と離縁した父からの電話は、雑貨屋を営む家主さんに取り継がれた。長距離電話がとても高価だった時代である。大急ぎで受話器にたどり着いた時には息が切れて、まともな会話にはならなかった。「隆君、元気かい？」「うん」短い会話だったが、大好きな父のぬくもりが黒い電話線を通じて伝わってきた。

父は子供を溺愛《できあい》する人だった。そのため私が中１の時、父は母と復縁した。父の愛は、その後セピア色に染まった記憶の中でも色褪《あ》せることは無かった。大学に進学しても就職しても、いつも電話をかけてくるのは父だった。そう、父は無類の電話好きだったのだ。だが、思春期を過ぎる頃から息子は父親にそっけないもの。「もう、元気だってばっ！」と、うるさそうに応えてしまった後は、いつもすまないと後悔した。

私は28才の時、鹿児島県の米国ジョージア州との姉妹盟約20周年記念、研究者交流事業派遣第一号としてジョージア州立大アニマルサイエンスに公費留学した。留学中、ホームシックになった私にかかってくる父からの国際電話は「元気か？」と今度は逆に父がそっけない。ただ、時差を気遣いながらこまめに電話をかけてくる父の、愛の深さを感じるのには十分だった。

月日は流れ、私に恋人ができた。そしてその日の出来事を電話で伝え合うのが日課となった。遠く離れて暮らす恋人に想いが伝わるように言葉を選び、子供からあまり成長のない心を、少しでも広く見せようと背伸びした。電話線を伝わってくる恋人の声は小鳥のさえずりにも似て、仕事に疲れ切った心を温め、孤独が癒されていくのを静かに感じた。

恋人との電話が一日のエピローグとなって久しく、私たちは結婚した。父は披露宴のあいさつで、仏教にある「共生」について話した。「暖かい人間関係の中でのみ、人は成長しうるのです」。家庭、そして地域社会にたくさんの暖かい人間関係をつくり、助け合って生きて欲しいとの願いが込められていた。

三男一女の4人の子供を授かった我が家では、ガーデンに開ける食卓の部屋に電話がある。ベルが鳴ると、子供たちはわれ先に受話器を取り、「もしもし頴川です」と名乗る。相手は「今のは○○ちゃん？しっかりなったわねー」と、声質の変化に日々の成長を感じとってくれる。

年々子供たちの電話の回数は増える。友に思いを伝える魔法の道具である電話は世界とつながる「どこでもドア」なのだ。食卓では誰が電話しようと、皆、素知らぬふりしながら耳はダンボで聞き耳を立てている。相手は誰だろう？難しい話しなのかな？いつも喧嘩ばかりだけど、だれもが闇に迷い込まないようにと、無意識にスクラムを組む家族の食卓がある。

人は、家庭・友人・学校や社会に自分が確かに存在していることを感じていたいという欲求、すなわち「帰属欲求」をもつ。

生まれ落ちた時から孤独な存在である人間が、依《よ》って立つのが人とのつながりだ。電話は今日も無数の人の想いを結びつけながら暖かい人間関係を紡《つむ》いでいる。

大正時代に天皇家有栖川宮家の洋ラン・カトレア専門技官だった祖父の長男として生まれた父は、横浜国立大で航空工学を学んだ。終戦間際、日本軍は金属が無かったことから木材で飛行機を造ることを命ぜられ、プロジェクトを担ったが、終戦と共に日の目を見ることはなかった。飛行機製造禁止令により、飛行機に見切りをつけ、印刷業を起業した。東京麻布の下町で印刷工場を経営していた。私が5歳の頃、父が私の枕元にプレゼントしてくれた「花と園芸の図鑑」が私をガーデニング人生に導いてくれた。その後、父の会社は倒産して、荒れた父は離婚、一家は流転した。ゴム手袋のセールスマンとなった父は、行き先々で油絵の風景画を描きながら全国を放浪した。数年後父は子供かわいさに復縁し、幸福な余生を送った。

そんな父は4年前の晩秋に78歳で逝き、たくさんの愛を心の遺産として残してくれた。歳を重ねる毎《ごと》に私は父に似てきて、同じような人生を歩んでいることに気づく。父はおそらく今でも、天国で日々

2005年12月

電話に忙しいのではないかと思っている。
（後ろのページに写真があります）

EGAWA FAMILY　1999 年（杭州六和塔にて）

69

謹賀新年

新しい年が始まった。混沌とした時代に生きていることを思い知った昨年が終わり、私達はどこに向かおうとしているのか、鋭く問われる今年が始まった。

生きていくことがそれほど易しいことではないことを、子供達も含め誰しもが感じた。ただ、人の進化の過程で環境の激変が新たな能力を生んだのも事実だ。幸いにも私達は、数億年もかけて人類が獲得してきた「生き残る力」を遺伝子に持っている。

地球温暖化防止を目的に京都議定書締結国が中心となって話し合ったモントリオール国際会議が終わった。米国、中国などこれまでソッポを向いていた国々が、やっと話し合いのテーブルについたのは評価したい。灼熱地獄の未来を回避する知恵が人類にはあると信じる。

世界一、天文学的な日本の財政赤字は一層膨れあがり、歯止めがかからない。庶民が増税の嵐にあえぎながら一般会計赤字減らしに努めても、その5倍のパイの特別会計は温存するこの国の不思議。国民は本当に馬鹿にされている。

自分のことしか考えない日本人が増えているのは、人の気持ちを想像する力が急速に衰えているからで、それはカルシウムとリン・マグネシウムのバランスを崩すリン過剰なファースト・フードの食

2006年1月

べ過ぎが原因なのでは?とは考え過ぎか。農林水産業が基幹産業であるわが県からスロー・フードのうねりを起こしたい。

一線を越えたがる一党独裁の親の七光りのボンボンのジュニア達による、やりたい放題の勢力に屈し、平和憲法は改正されるのか?。幸い基本的人権はそのままだ。この国の民であれば、健康で文化的な生活はある程度期待できる。強き者のためではなく、ハンディを背負い苦境に喘ぐ人々に本当に暖かい国に変わるのなら負担は耐えられる。生活水準は落ちるかもしれないが、かえって心は磨かれ、支え合う人の絆は強くなるだろう。

良書を読み、いい映画を観、心に染みる音楽を聴く。安らぎの環境のもとで、栄養に富む美味しいものを食す。地域社会に暖かい人間関係をたくさん作り、草花を育てながら家族と平和に暮らす。そんな日々を通じて少年のようなキラキラした感性と感動する心を持ち続けたいと思う新年である。

ポインセチア(Poinsettia)

おととし秋、農業高校の先生に真っ赤なポインセチアの小さな鉢植えを頂いた。冬の間は窓辺におき、日光をたくさん当てた。霜の心配が無くなると、2回りほどの鉢に植え替えた。用土は、生ゴミで作った栄養満点な自慢の土である。夏の間、いくつもの茎が立ち、すくすくと成長した。ポインセチアは短日植物であり、夜の長さが13時間になるとてっぺんの葉に似た「ほう」と呼ばれる部分が赤く色づいてくる。早く発色させるためには、9月に段ボールの箱を夕方5時から翌朝7時までかぶせて、暗くすることが有効である、が、そんな暇はない。放っておいたら、11月中旬にはしっかりと色づきはじめ12月には素晴らしい鉢植えとなった。成功要因はとにかく日光に当てること。

メキシコ南部原産で、赤はキリストの血、緑はその復活を意味する聖なる木としてキリスト教徒の間で重用されていた。19世紀中頃、米国大使の植物学者ポインセット氏が、自分のガーデンに持ち帰ったのが世界に広まるきっかけとなった。ポインセチアは氏の名前に由来する。乾燥気味に管理し、葉が、うなだれてきたらタップリ水をやる。夏はチッソ、秋以降はリン、カリ中心に施肥し、冬は肥料をきる。

環境の変化によって葉は落ちやすいが、茎に緑色が残っていたら大丈夫だ。

購入した鉢植えはきれいと感じるだけだが、自分で大きく育てた鉢植えには感動が伴う。多くの品種が紹介されてきたし、これからが楽しみだ。

冬暖かい指宿周辺では、戸外で2~3メートルの木に成長しており、たいそう迫力がある。ポインセチアはユーフォルビア科であるが、この仲間は美しいものが多く、切り花、ガーデニング素材としても多くが成功している。

ポインセチア
19th. December 2005
T. Egawa

70

小さな園芸家

我が家の末っ子は小学校三年生である。いつもニコニコして平和な性格だから、おそらく彼はテロや災害のニュースには、いつも小さな心を痛めている。うれしいことに、そんな彼がガーデニングに目覚めた。野菜が大好きで、自分のプランターが手に入ると次々に種をまいた。パセリ（Parsley）、水菜、ルッコラ（arugula）、二十日大根（radish）、シュンギク（Garland chrysanthemum）やベビー・リーフ用レタス（lettuce）などなど。まくと数日で一斉に発芽した。その生命力に驚いた彼は朝起きると、そして学校から帰ると真っ先にプランターを見て回った。

ここ数ヶ月にわたり食卓を飾ったのは、それらの芽（スプラウト）と若い茎葉のサラダだ。ベビー・リーフは成功している野菜の栽培・流通形態で、サニーレタス、エンダイブ（endive）、ルッコラ、チコリ（chicory）など発芽後、本葉が展開し始めた若い茎葉を収穫する。

イタリアン・レストランを中心に創作料理の一品として、シェフ自慢のドレッシングをかけて食すのが今風である。葉の赤褐色やグリーンの彩りが美しく、食欲をそそる。野菜嫌いの兄弟に「野菜食べろー！残すなー！」と言いながら自作のサラダを食膳に配って回る。親にとっては、なんとありがたい味方。セロリ（celery）、ブロッコリー（broccoli）、イチゴの苗を植え付けると、数個ある彼のプ

2006年2月

ランターは野菜でいっぱいになった。

ブロッコリーはスティック・セニョールという側芽を長い枝ごと収穫するタイプだ。これをモンシロチョウの幼虫が好んで食べるが、心優しい彼は青虫を殺さない。みるみる葉は穴だらけとなる。ブロッコリーはカリフラワー（cauliflower）と同様、花蕾（つぼみ）を食べる野菜だ。葉が虫に食われると光合成ができず十分収穫出来ないが、甘さは格別である。子供が自分で野菜を育て、収穫の喜びを味わうことは、食物を自給するという農耕民族の原点に根ざす自信を得て、精神世界を拡げる。

休日の朝はパンにチーズやソーセージをのせ、ケチャップをかけてオーブンで焼き、収穫したパセリやベビー・リーフをトッピングし、辛子を効かして食す。これがまた美味い。コーヒーの湯けむり向こうには明るくなったガーデンが静かな朝を迎えている。

「ぼくは人を幸せにするビルを作るよ！」建築士になるのが夢の彼は、耐震強度偽装問題で、なぜ大人が平気で壊れるビルを作って売るのかが理解できない。人を悲しみのどん底につき落とすひどい行為を子供ながらに怒る。重ねていくガーデニングの経験は、彼の感性を磨き、将来の都市空間創造に影響を与えることだろう。

山盛りのイチゴ

「大きな皿の山盛りになったイチゴに、コンデンスミルクをタップリかけて腹いっぱい食べること」

2006年2月

が子供時代の私の夢だった。それを子供達に一度語ったことがある。印象深かったのか、家族とイチゴを食べ始めると決まって「お父さんは子供の頃・・・だったんだよね！」とその話がでる。イチゴはこれまで主流だった品種「とよのか」に替わって、日持ちのする「さがほのか」が目立つようになった。作秋、栽培農家にその株を頂き、プランターに植えた。今のところスクスクと大株に成長している。私の庭では収穫は3月から5月ごろまでで、今から楽しみにしている。

野菜はガーデンでも存在感があり、美しさは草花に劣らない。おすすめは、ブロッコリー、レッド・キャベツ、スイスチャード（カラフルなフダンソウ）、パセリ。最近黄色や紫色も登場したカリフラワー、色や形が変化に富むウタス類。白と紫のコールラビ、実が美味しいスナップエンドウ、花が美しいシュンギクなど。夏はクワイが水鉢の観葉植物として、手間いらずで、おもしろい。

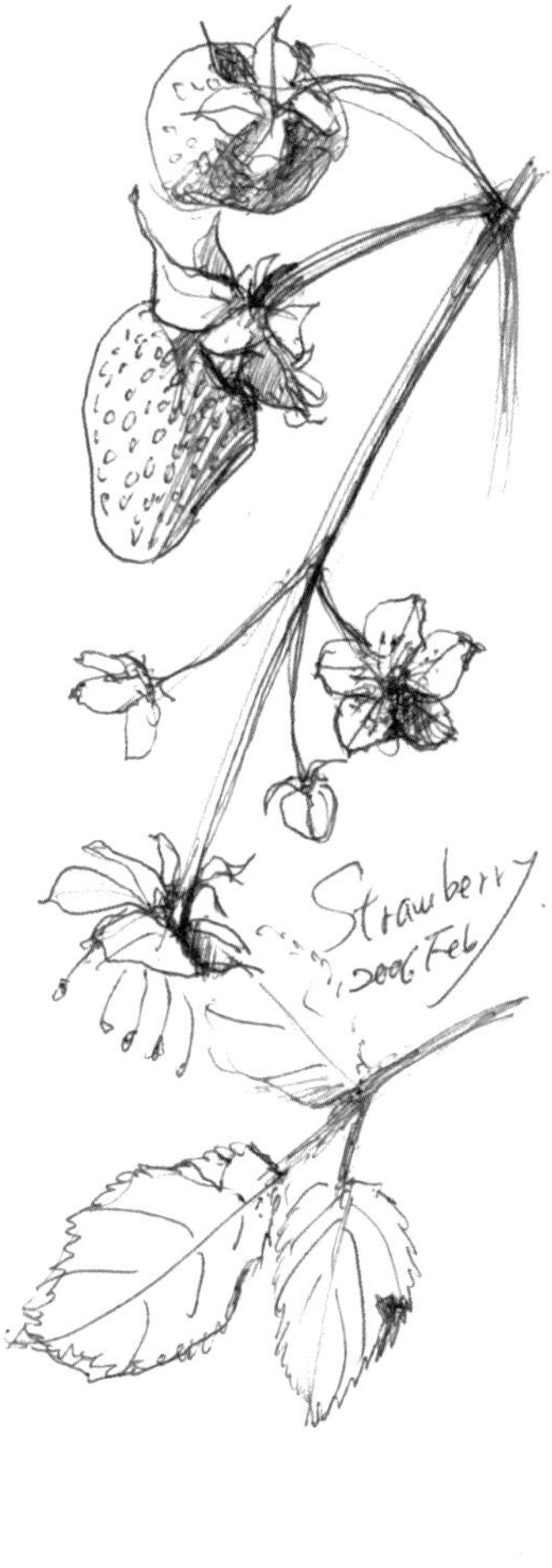

ルッコラ
スティックセニョール
January. 2006

71

ガーデンの役割

人がガーデンに憩う日常の風景は、限りなく平和である。ガーデンにはどんな役割があるのか突き詰めれば、それは心の癒しの場であり、ガーデニングは心を浄化する行為と言える。

愛する人との死別、命を削る失恋、耐え難い病苦、人間の尊厳を踏みにじる暴力やいじめなど、人が生きていく上で災難はしばしば訪れ、人は苦悩する。それを乗り越えるために苦しい胸の内を信頼する者に打ち明け、宗教、文学、音楽、仕事そしてガーデニングに没頭する。

かねてから心を込めて育てた草花や樹木が、お返しに傷ついた心を包みこむ。そんな風景の中で歳を重ねていけたら、それだけで十分幸福な人生だと思う。

私はガーデニング講習会を時折開く。その中で「人はいくら愛情を注いでも裏切ることがありますが、草花は決して裏切ることはありません。伴侶が逝った後もガーデニングは孤独を癒す力を私たちに与え、死ぬまでひとりで楽しめるのです」と説く。

2006年3月

クリスマスローズ（Christmas rose）

人の感性が研ぎ澄まされる早春から心解放される初夏にかけ、人の心に寄り添う花の一つにクリスマスローズがある。

決して派手な花ではない。しかし、豪華で存在感は大きい。クリスマスに咲くバラの一種かと尋ねられるが、バラではなく、キンポウゲ科の多年草だ。原産地は地中海沿岸地方から内陸にかけて。花は大柄でうつむき加減に咲く姿は慎《つつ》ましく、日本人の心情によく合う。通常2月から咲き始め、3月は一番美しい時期にあたる。花期は長く、5月まで楽しめる。花びらに見えるのはガクであり、長期間にわたりその移ろう色の変化が楽しめる。成長は極めてゆっくりだ。5月にタネをまくと、芽が出るのは12月から3月。開花までさらに2年かかる。いくつもの品種があるが、ニゲルは白色の花と葉が美しい。一方、オリエンタリスと呼ばれる仲間はまだ、遺伝子がばらついて変化に富んでおり、世界中の育種家が品種改良にしのぎを削っている。鹿児島の気候にもよく合い、病害虫も特に無く元気に育つ。夏の暑さに弱いと言われるが、それほどでもない。今回タネで殖やすことを試み、成功した。

タネははじけるので子房の膨らんだ花に水切りネットのような通気性ある袋をかぶせ、はじけたタネを速やかに収集する。クリスマスローズのタネは乾燥すると死んでしまうし、夏の暑さと冬の寒さを経験しなければ休眠打破されず発芽しないと言われている。そこで4通り試した。①5月〜6月の採種後速やかにプランターに蒔く。この時、夏の乾燥に備えてある程度深さのあるプランターに、深さ一㎝ほどに点蒔きする。必ず、清潔な用土を用いること。②タネをペーパータオルに包み湿らせて、ラップをまいてみかんのネットに入れ、地中20㎝に埋め、10月に回収してまく。③、②と同様だが、タネをラップにまかないでまく。④タネをペーパータオルに湿らせ、パッキンの付いたビニールの小袋に入れ、密閉して冷蔵庫の野菜庫に保管し、10月にまく。

結果、全て見事に発芽した。クリスマスローズは発芽率が高いと言われるとおりの結果となった。花色はピンク、白、赤、赤紫、黒、黄、アンズ色、緑、八重咲きなど、ここ数年で劇的に改良が進んでいる。年月はかかるが、自分の好みの色の品種を作ってみてはいかがか。好きな色の花を見つけ、その種をまく。その子供の中から、一番好きな花を見つけ、その種をまく。それをさらに数回繰り返すと遺伝子が固定していき立派な新品種ができる。交配して全く新しい花を作るのも面白い。

九州では溝辺空港近くの園芸店「花安」がクリスマスローズの品揃えで群を抜いており、世界の主要品種がこの時期手に入る。苗植え付け後数年もすると大株になり、大鉢や花壇に植え付けると非常にゴージャスな大人の花である。住む街がこの花でいっぱいになれば、町興しにもつながるかもしれないと、勝手に思っている。

2006年3月

クリスマスローズ
2006 Feb.19

72

同窓会

今年、私の卒業した、中学校と小学校二つの同窓会が相次いで開かれた。ともに卒業後初めてのことで、同級生と向き合うに、30余年の空白を埋めるのは至難の業だった。

小学校の同級生、特に男子は成長期を経てすっかり容貌が変わってしまった。記憶の糸をたぐり寄せ、目の前の顔とアルバム写真の顔を必死で結びつける。その作業に疲れながら、恩師と語った。男先生は加齢によって変わったが、女先生の顔はあまり変わらない。

熟年になると同窓生に会いたくなる。ここには負け組も勝ち組もない。会場全体に学童時代へ回帰する膨大なエネルギーが満ちるのを感じながら、時間とともに、仲間への情感がこみあげてくる。

この瞬間人生を振り返り、近況を語り合う。仕事と家族のことがほとんどだ。もう半世紀近くを生きて、時空を超えて、これほど暖かい関係に恵まれたことに感謝する。

人は歳とともに人恋しくて、会いたさが募る。「これから定期的に同窓会を開きましょう!」という声があがり、満場一致で賛成だ。最期に校歌を合唱した。長年歌う機会など無かった歌が、しっかり歌えた。一度覚えた歌は一生消えないのだと知った。

小・中・高それぞれある同窓会。当時、全く話したことのなかった級友と再会を機に旧知の如く親

2006年4月

く。

しくなる。とげとげしかった関係が、笑顔のつながりに変わる。月日は心の角をとり、珠《たま》のように磨

五十近い齢。これから一直線に老いていく身。同窓生は残された生涯を共にできる、かけがえのない心の安全保障だと思った。

もうひとつの同窓会

私は3年前まで農業系専門大学校の教授をしていた。先日、卒業後5年になる教え子たちが同窓会を開き、招いてくれた。同級生同士結婚して、子供をもうけた後に離婚した教え子、「女房が連れて行った息子のことが忘れられず、気が狂いそうでした」。語る顔に哀愁が漂う。「卒業後研修したオーストラリアの牧場で、食べ物が合わずに25kg痩せました」。「私はサツマイモ農場の激しい労働で24kg痩せました」。ポッチャリしていた教え子たちは引きしまった男や女に変わっていた。規則違反で処分を受け、学習意欲を無くした教え子は「先生は、ぼくの卒業が夢だと言ってくれた。その言葉に支えられた。結婚式には呼ぶから来て下さい」。彼は若くして大農場の農場長になった。皆、いい顔になっている。だれもが自らの可能性を信じ、荒波に耐え、強く生き抜いてほしいと願う。また会う日まで、元気でいてほしいと切に思った。

ツワブキ（Tsuwabuki）

三月初旬、種子島の友人から十年ぶりに電話が来た。「懐かしくなって電話した。山にツワが出ててるから送るよ」二日後、段ボールに入った山のようなツワが送られてきた。どれも立派なものばかり。早速皮をむき、煮しめ、佃煮に料理する。

春の香りが口の中いっぱいに広がった。

ツワブキの名前の由来はテカテカ光る「ツヤ」のある葉から「ツヤブキ」と名付けられたものが変化した。

十月から十一月にかけて美しい黄金色の花が咲き、海岸近くの山林の暗がりを照らす。その花は花びらが端正で、キク科の特徴をよく表す。

タネはタンポポ（Dandelion）のように綿毛を持ち、風で飛んでいく。日陰花壇（シェード・ガーデン）でもよく育ち、一株あると季節感が味わえる。先日は美しい斑入りの株を頂いた。日本庭園にすごくよく似合う。

ツワブキの花言葉は「困難に傷つかない」。傷つくことが多い人間にとって、なんと羨ましい花言葉の花だろう。

ハナダイコン
06.3.19
T.Egawa

73

花のカリスマ

その男との出会いは、ある日突然やってきた。話には聞いていた。10余年で、曽於郡をスプレー菊の中堅産地に育てたJAのカリスマ幹部職員である。

それは、昨秋行われたバラ農家の娘と、花専門農業改良普及指導員との結婚パーティーだった。鹿児島市甲突川河畔に、品のいいレストランウエディングの店がある。東京青山が本店で、首都圏以外では唯一の地方フランチャイズ店だ。バラがあふれそうなテーブルで、その男と隣合わせになった。五十代半ば、厳しい男と聞いていたが、そのまなざしは温かく、独特の風格を漂わせていた。男が話し始めた。

若い頃、渡米して園芸農場で修行を積んだという。帰国後は喜界島で野菜の振興を手がけ、強力な指導力を発揮し、一大産地を作った。曽於には10年前にやってきて、スプレー菊産地づくりを成功させている。この男、情熱がすごい。全身からみなぎるエネルギーはいったいどこからくるのか。いつの間にか話しに惹き込まれてしまい、男と意気投合してしまう私がそこにいた。その日、私は新郎新婦にバラの絵を贈った。式の前日、新婦親族の経営するバラ園に出向き、摘んだバラの花束をモチーフに一夜で水彩画に仕上げた。パーティーでは「新婦の育った心豊かな家の象徴がバラだと思い、描

2006年5月

かせて頂きました」と披露し、二人に贈った。一枚の絵には作者の激しい情念が込められている。手放す時は万感の思いだ。フロア中央、グランドピアノに寄り添うように立てられたイーゼル上の、バラの絵もまた、幸福な時を刻みはじめた。

男はその絵をしばらく眺めて私に言った。「頴川さん、スプレー菊の絵を描いて頂けませんか？曽於のＰＲに使いたいのです」「エッ！」私は不意を突かれ、一瞬たじろいだ。スプレー菊は小菊の枝を伸びやかに改良したもので、洋風アレンジメントに用途が広がっている。しかし、花は全て上を向いているため、横見はＵＦＯを横から見る様で絵としては面白くも何ともない。花を正面から見るためには枝を横にする必要がある。要するに最も描くのが難しい花なのだ。それを、この俺に挑戦しろと言うのか。売られたケンカは買う方だが、この要求はかなり厳しい。だが、男の熱意に負けた。しばらく沈黙の後、「はい、やってみましょう」と応えた。

その後、月一回のベースで、私の家には抱えきれないほどのスプレー菊が、男から届くようになった。家中の花瓶をかき集めたが足りず、ご近所に分けた。花は産地直送だけあって、茎も葉も生気に溢れ、水切り、水替えをこまめにやれば、一ヶ月はもつ。驚くべき花持ちのよさ。菊が切り花の王者として、君臨しつづける理由がここにある。私は飽きもせず花を半年間眺め続けた。だが、アレンジが決まらない。縦にしたり横にしたり、はたまたオアシスに刺してみたり。花の写真集を見たり・・・。でも、描くに至らない。

2006年5月

３月末を目標にしていたが、まだ、アレンジすら決まらない。４月に入り焦りがピークに達した時、「頴川さんの好きなように描いて下さい。全てお任せしますから。」出会いの時の、男の言葉をふと思い出し、肩の力が抜けた。何か良い絵を描かなくてはいけないと、自分を追い込んでいたことに気づいた。「そうか、自分の好きな自然体でいいのだ」。それからは早かった。わざと、茎がやや曲がりながらも力強さをもつ数本を加えることで、花の角度に変化をつけることに成功した。スプレー菊の命である伸びやかで、繊細かつ芯の強い枝分かれした枝を見せるために、前列と後列の花に高低差を付けた。などなど。あとは私の感性のおもむくまま、一気に描き上げた。

作品は男の目的どおりＰＲに使えるものになったかどうか、はなはだ疑問だが、現時点における実力見合いの答は出せた。この作品「スプレー菊２００６年」は今年7月、霧島市隼人町南風人館で開く個展「頴川隆モダン・ボタニカルアート展」に出品を予定している。

会場に男が訪れるのを、今から楽しみにしている。

スプレー菊
2006年4月19日
T. Egawa

74

育種

それまであった動植物を品種改良して、人々の暮らしに役立つ新しい品種を創り出すことを、「育種」という。

代表的なものには、かって狩猟の対象であったイノシシを集落で飼い慣らし、改良してできた豚がある。

豚は雑食性で、縄文・弥生時代の高床式住居から落とされた人の排泄物などで容易に飼えた。家という文字は、豚の上に屋根がある、住居のありようを表した象形文字だ。

豚は、子がより多く生まれるように、ロース肉やモモ肉がたくさんとれるように数千年をかけて改良されてきた。その結果、イノシシでは10個しかなかった乳頭が14に、頭でっかちの体型は胴体と尻がでかくなった。

一方、米麦、トマトはじめ作物は実が大きく多収、病気に強く、味のよい株が選抜されてきた。こうした祖先の営みは、我々現代人にも育種家の血が流れていることを示唆している。

品種改良は、地味な作業の連続だ。今でこそ放射線や遺伝子組み換えを使う手法があるが、主流は普通栽培で偶然生まれたよい形質を、何世代もかけて固定していく極めて地道な作業の繰り返しによるものだ。今日、世界中で日々、多くの育種家が品種改良にしのぎを削っている。

サツマイモの世界ではムラサキの色素に富む「種子島ムラサキ」や「山川ムラサキ」、焼き芋専門店で1本千円の値が付くオレンジ色の「安納（あんのう）イモ」など、多くの品種が紹介されている。これらは農業試験場で創られたものばかりでなく、農家が畑でたまたま見つけた珍しい株（枝変わり、変異株とも呼び、色が美しいものが多い）を殖やし、地域で大切に守り育ててきたものが少なくない。

これらは最近、新銘柄イモ焼酎の原料となる遺伝資源として脚光を浴びつつある。

私は先日、花の育種界では伝説的存在である、小林市在住の松永一氏にお会いした。知人を介し私のエッセイを読んだ氏が、是非一度会いたいと、声をかけてくれたのだ。

霧島連山のふもと、標高六百メートルの小林市生駒高原周辺に広がる園芸地帯。その一角に、氏の経営する法人のハウス群はあった。

原始の森を吹き抜ける清涼な風に、身も心も解き放たれる。ここが植物育種に好適地であることはすぐに肌でわかる。

ハウス群の奥に事務所はあった。入ると、女性たちが収穫したシャクヤクを出荷作業している最中だった。まだ堅いつぼみの、うすべに色のシャクヤクは10本ずつ手際よく束ねられていく。花瓶には通常の3倍はあろう30センチほどの純白で大きな肥後カラーの花が活けられている。

初対面の氏は、物腰が柔らかな紳士だった。あいさつを終えると、静かに語りはじめた。韓国で生まれ育ち、二十歳で日本に渡った。熊本で好きな花作りの仕事について50年になるという。「花と水とホタルの街」で売り出しを図る当時の小林市長によって、花振興の切り札として請われ、熊本から小林に農場ごと移転した。

得意分野はサクラソウの仲間サイネリアとプリムラ・ジュリアン、シクラメンだ。その鮮やかな花色、繊細かつ大胆な花姿。強健性。そのどれをとっても他の追随を許さない。

その他手がけているのはナデシコ、ペチュニア、ケーキ用イチゴ、ブルーベリー、ビオラ、トマトなど、多品目に及ぶ。

氏の作り出す品種世界は、ほとんど神の領域といっていい。最近完成したバラ咲きプリムラ・ジュリアン青色品種の権利には、億の値がついている。

オランダはじめ世界中から訪問客が絶えず、その誰しもがその育種世界の計り知れない奥深さと、広がりに驚く。この情熱。花への美意識の高さと愛情の深さ。それは一人の非凡な育種家が創り出す、花の宇宙そのものであった。

2006年6月

ニゲラ
2006.5.20
T.Egawa

75

驚異の花育種

本誌6月号で紹介させて頂いた、松永一氏による花の品種改良には、きわだった特徴がある。それは新たな個体の出現を、自然に委ねていることだ。人の手による交配ではなく、意図する2品種を2列にズラリと並べ、ミツバチや風により万分の一の確率で偶然生まれる新たな個体を待つのだ。

なんと氏は、メリクロンによる育種を好まない。

時には、本人も気づかないうちに驚くべきことが起こる。栽培中のビオラに、近くに咲く野生スミレが偶然に授粉。生まれた雑種はスミレの風情を持つ日本人好みのビオラだった。その中から美しく、多花性のものを選抜、遺伝子を固定し新品種を作る。

手塚治虫の「火の鳥」に、生命の途絶えた地球に億万年を一人死ねずに生き続ける老人がいた。老人は原始の海に命の素となる有機物を投げ込み、新たな生命の出現を待つ。死ねなくなった自らの運命を呪う老人が、創造主として生命の進化を見守る役割に気づいた物語だ。松永氏の営みに、ふと、この物語を思い出した。

現在、「サカタのタネ」や「タキイ」など大手種苗会社はF1（一代雑種）全盛だ。たとえばトウモロコシは何千という原種の掛け合わせを試し、F1と呼ばれる両親の能力をはるかに超えた個体がで

2006年7月

きる。

トウモロコシの種子農場では、雌花（授粉前のトウモロコシ）花房の除かれた父株と、てっぺんの雄花が除かれた母株を隣同志に整然と植えて、授粉させ、大量の販売用Ｆ１種子を生産する。パンジー種子の袋に「Ｆ１」あるのはこの原理で生まれたことを示している。Ｆ１は父からの遺伝子と母からの遺伝子を一対ずつ持つため、バラツキがなく、よく似ている。さらにＦ１同志を交配すると、生まれるＦ２は遺伝子がばらつき、親とは似ても似つかない。家庭でＦ１パンジーを自家採種しても翌年、色の濁った花しか得られないのは、この理由による。

かくしてユーザーは、父親と母親を握る種苗会社にずっと依存することになる。

しかしだ、松永氏はＦ１を使った品種改良を行っている。Ｆ１同志を掛け合わせ、生まれた子供は天文学的なバラツキを示すが、その中に、光る個体を見つけ出し、改良の基礎遺伝子とする。Ｆ１は親の素性が分からないブラックボックスだが、遺伝子の宝庫とみる視点には脱帽だ。この手法を氏は「Ｆ１をばらす。」と呼んでいる。もう、言葉が出ない。

優良遺伝子を得るために、万という鉢を育て咲かせ、数鉢を残して全て処分する。そんな気の遠くなるような仕事の成果は世界が認める。数え切れない栄光と、優れた人材を育てた松永氏の「神の手」を見せて頂いた。節くれた手を想像していたが、意外にも優しく繊細な指をしていた。

氏のハウス周辺の木イチゴは巨大な実をつけていた。ここ神々が住む天孫降臨の霧島の森に抱かれた大地。明らかに何かが違う。

えびの高原「不動の池」から赤松原生林を一気に駆け下りる道。かつては有料道路だった。梅雨の晴れ間には、眼下に小林市街地を望む。晴れているのに雨が降り出して巨大な虹が現れた。すると、どこからともなく雅楽の音が聞こえてくる。森ではいつものように「狐の嫁入り」が始まった。

白無垢色のウツギの花に群がるジャコウアゲハとアオスジアゲハが祝いの舞を始め、屋台では生駒高原でとれたばかりのトウモロコシを焼くけむりが香ばしい。

シカや猿やイノシシも羽織はかまで踊り出す。黒澤明の世界だ！そんな幽玄の世界に浸っていると、カッコーがひと鳴きして我に返る。

森が途切れ、人の住む気配を感じると、生駒高原にたどり着く。ここにある松永氏の農業生産法人「星花園」は星に一番近い花のパラダイスである。あたりには木の葉にろ過された清冽な冷気が満ちている。この地の熱き住人が繰り広げる花の営みは、都市の風景を変え、人の暮しを彩っていくのだろう。そんな楽しい未来に想いをはせる、忘れられない初夏の一日であった。

星花園の帰りに、湧水町のそば処「さかえ屋」に寄った。おかみと女中衆があたたかい店内にはホトトギスの一輪挿しが粋だ。温い手打ちソバと天丼は絶品でクセになる。

湧水町は透明な湧き水の「丸池湧水」と、「霧島アートの森」、「さつまドリームファーム」、「栗野岳温泉」、「野々湯温泉」は、天空に至る森の恵みだ。霧島市牧園町にある「霧島ホテル」は、世界一壮大なスケールの温泉がおすすめだ。

76

展覧会

私はこの7月、隼人町にある南風人館《はやとかん》でモダン・ボタニカルアート展を開いた。ボタニカルアートとは、紀元前四千年、古代エジプト時代に誕生したアートで、写真の無かった大航海時代、遠征先の新大陸や島々において薬草やスパイス、園芸植物を記録するために発展した写実主義の植物画だ。モダン・ボタニカルアートは植物が本来持つ美しさに、ガーデニングやフラワーアレンジメントの感性を取り入れた、新しいアートである。写実でなく、現代人の生活感を反映した「草花の心象風景」。「モダン」が冠してあるからモダンでなければならない。

人がグリーンに安らぐのは、はるか祖先が森に暮らした時代の、遺伝子の記憶が蘇《よみがえ》るからだと考えている。人の記憶の底に眠る草花の情景。ひまわり、アジサイ、野菜や果物。日本には四季があり、日本人には、生活の中で、それらを美しいと感じる感性がある。日本人の遺伝子には、それがしっかりと、蓄積されている。

ITや人間関係の複雑さについていけない神経を、羊水で包み込むようなアート。

それは自然豊かな環境でしか生まれない。都会には都会のセンスがあるが、地方には農村の生活感があり、圧倒的な緑の量が植物絵画の質を生む。七色の陽光と照葉樹林に包まれた九州。この地に生き、死ねる喜びは計り知れない。

今回、展覧会場のゲストハウス・ギャラリーは、株式会社野元が建てた木造建築の傑作だ。３本の巨大な丸太柱に支えられた３階建は、上から見ると六角形をしている。１階が作品展示室、２階は作家の宿泊用に和室とバス・洗面所。３階はシンクのついたパーティールームで、夜景が美しい。建物に入ると、森に迷い込んだ錯覚に陥る。木の香豊かな空間に38点の拙作植物絵画は展示された。

会場を訪れた人々は様々な表情を見せた。浮遊感漂う木の空間に心遊ばせる人。絵の細部まで見入る人。これもまた作家の手による木製椅子に腰掛け、コーヒーを楽しむ人。ゆっくりと時が流れ、どの顔も帰る時は笑みがこぼれる。植物絵画は生活を彩る「生活の絵」。画材は透明水彩やパステル。油絵のような重量感がないので生活の絵にふさわしい。スポットライトに照らされた絵は色彩が華やぎ、輝く。多く視線にさらされ、愛撫され、絵もまた、一皮むけた。

人に絵を観てもらうことには特別な意味がある。自分が何者で、一体何をすればよいのか。答えは人々との触れあいの延長線上にある。一ヶ月間にわたるマラソンみたいな展覧会がもうすぐ終わる。そしたらしばらく何も考えず、ボーっとしようと思う。宮崎一ツ葉海岸で太平洋上をゆく貿易船に視線を委ね、オゾンと磯の香を胸いっぱい吸いこみ、怒濤《どとう》の波音をＢＧＭにシエスタを楽しもうと思う。

コンテナガーデン

展覧会の会場前に拙作のコンテナガーデンを飾った。素材はピンクバナナ、ゴムノキ、カラジューム、アナナス、ドラセナなど熱帯観葉植物が中心だ。夏の観葉水草として人気のクワイ、こぼれるような大粒の実をつけたブルーベリー、強烈な香りを放つブラックミント、女郎花の異名をもつクレオメ。それに主木としてマグノリア（モクレン）を配した寄せ植えなど。野元のスタッフがこまめに水をかけてくれたお陰で元気だ。コンテナガーデンは移動できるため、組み合わせによってはハッとする美しさを見せる。乾燥の激しい夏は、大きめのコンテナ（鉢またはプランター）に水持ちよい土が楽だ。センスのいいコンテナガーデンは、一鉢で見事に完結する。私はといえば、納得いくコンテナがなかなかできず、まだまだ道半ばである。

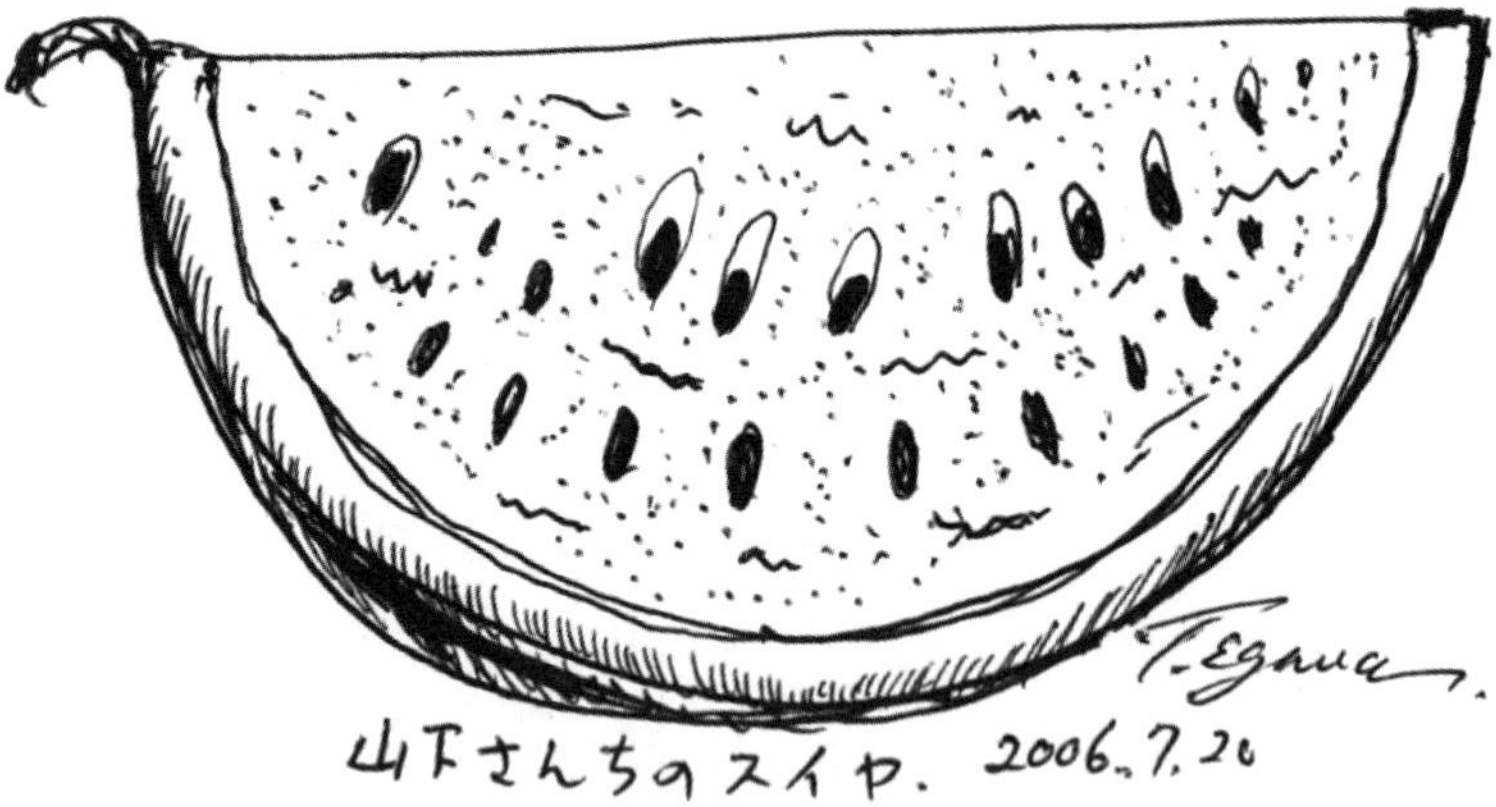
T.Egawa.
山下さんちのスイカ。 2006.7.20

77

ナシ

「暑い暑い」と言ってたら、もう9月。いつ頃からこんなに早く時が過ぎるようになったのか。

子供の頃、一年は長かった。夏休み、クリスマス、まだかまだかと指折り数えた。熟年となった今の自分はどうか。起きあがりこぼし（重心の絶妙な配置により、いくら倒しても無限に起きあがってくるダルマ状の伝統玩具）みたいに煩悩は絶えない。

仕事に追われ、その日暮らしで自転車操業の心模様。かくして３６５日は新幹線なみに加速し、走り去っていく。

けだるさが増した夏の午後、鼓膜の至近距離でアブラゼミが鳴き出すと、一瞬にして40年前の情景がよみがえる。

昭和30年代、東京に暮らした幼い私は、父とよく多摩川近くの観光ナシ園へ行った。そこでは無数のアブラセミが大合唱をしていた。ナシの木にはセミの抜け殻がビッシリだ。

セミの子や　甘い根っこの　汁《しる》吸って　じっと耐えるか　あわれ梨の木

隆

そのころナシの主力品種は長十郎だった。その果肉は堅く「20世紀」ととともに一世風靡《ふうび》したが、いつの頃からか店頭から姿を消した。地方に行くと、同系統の古木が残っており、堅く小さな実がなる。春咲く白花の美しさゆえか、切られず生き延びた。果実は猿以外、見向きもしない。ざらついた果皮ごとほおばると、石を噛むような食感とともに、長十郎の風味がほんのりする。意外に甘い。

ナシは食すと堅いブツブツが歯に当たる。これはナシ特有の「石細胞」だ。消化されにくく、大量に含まれる食物繊維リグニンが便通をよくする。

石細胞の主成分は糖質でカリウムを多く含む。利尿作用とともにナトリウムを体外に排出する働きがあり、高血圧症によい。果肉に含まれるアスパラギン酸は疲労回復に効き、同じくソルビトールには解熱作用がある。

ナシは中国原産のバラ科植物で、これらの理由から漢方では薬効のある果物とされ、夏から冬にかけての滋養食物にうってつけだ。九州はナシの栽培適地である。

各地に点在する観光果樹園は土づくりに力を入れ、甘さと風味に秀でた梨を作っている。もぎたてを冷やし、食すのは季節の風物詩だ。

アメリカザリガニ

東京近郊の水系にはアメリカザリガニが数多く繁殖していた。

赤黒く、大きなハサミをもたげる姿は、子供たちのあこがれだから「お父さん!捕って、捕って」とせがむ。東京近郊の梨園水路には、とりわけ多く繁殖しており、父は膝まで水につかり、捕ってくれた。

アメリカザリガニのハサミは力が強く、油断した父は指を挟まれた。「ボクのせいで、パパが大けがをした!」父の白くふやけて縦じわの入った指先に鮮紅色の血がにじむ光景は、脳裏に深く、焼き付き、40年経た今も鮮明によみがえる。

アメリカザリガニは水槽にオスとメスを入れると、条件がよければ繁殖する。でも、水槽では、なかなか長生きしない。

子供たちは数多くの生き物を捕り、育てようとする。この行動は本能的なものだ。

子供たちは手の内にある数知れない生命に感動し、同時に死と接す。その体験から、命あるものは必ず死ぬことを学び、生きとし生けるものへの、あわれみの心を育む。「子供ができたら犬を飼いなさい」というヨーロッパの言い伝えがある。「子供が幼い時期は犬が子供を守ってくれるだろう。少年期には子供のよき友となってくれる。そして子供が成人する頃、犬は死んで命の貴さを教えてくれるだろう。」

ナシ 2006. Aug. 17.

78 クルージング

私は普段忙しい父親である。週のうち、家族と夕食をともにできるのは数回だ。家族旅行などずいぶん縁遠くなっている。

子供達は部活だ、何だと忙しく、家族6人のスケジュールが揃うことなど殆ど無くなった。長男は高校生で、もうすぐ家を出て行く。「家族の思い出が足りない。」漠然とした思いの中で、仕事場、コーヒーブレイク中、一枚のチラシが目にとまった。「中国貨客船蘇州号で行く上海、杭州、蘇州5日間の旅」。2ヶ月前南風人館の個展で稼いだ金の使い道に迷っていたところだ。決意し、帰宅後家族に告げた。「夏休み、家族全員で中国に行く。これは冠婚葬祭と同様、家の行事だから、不参加は許さない」。家長の鶴の一声で家族旅行が決まった。船や飛行機に乗れると喜ぶ息子、中国なんか嫌だ！とブツブツ言う娘、反応はそれぞれである。

妻は淡々と準備を進めた。とても間に合いそうにない家族6人分のパスポートは県民交流センターを何度も往復することでギリギリ間に合った。蘇州号は大阪と上海を結ぶ定期航路である。今回、鹿児島・上海航路開設促進協議会の主催によるモニターツアーのため、特別に志布志港へ寄港したのだ。

志布志湾は鹿島に次ぐ物流の拠点だ。夜の港街は、エキゾチックなフィリピン・レディーが陽気な

2006年10月

パールのネオンが眩《まぶ》しい。地中海ギリシャの陽光にも似た光の中、タラソテラピーのメッカ、「大黒リゾートホテル」はある。プールサイド、ビキニの向こうに宇宙を見つめる超巨大モアイ像が洋上に浮かぶ。不思議な情景だ。

沖で台風を避けていた蘇州号は、かなり遅れて姿を現した。朝日に輝く白い船影が、みるみる大きくなっていく。港では志布志市関係者が紙テープを持って見送りに来てくれた。鹿児島空港から来た税関職員が黙々とパスポートにスタンプを押し始めると、家族全員にパスポートを配った。「いいか、パスポートは絶対無くすな。外国でこれが無いと、どこの国の子か判らない。さらわれて売り飛ばされ、二度と家に帰れなくなるぞ!」と子供たちを一応、脅かす。長いタラップを上り、蘇州号に乗り込む。昨日宮崎に上陸した台風8号はまだ福岡県を通過中である。遅々として動かない台風には本当に気を揉んだ。出発日が一日早ければ「旅行、残念でしたね。」で終わっていた。粥とターサイの朝食をとるレストラン船窓に流れる内之浦の山並みを、ぼんやり眺めながら胸をなで下ろした。

エアコンの効いた船内は快適である。うねりによる揺れさえも心地よい。洋上は台風一過の晴れ。ギラギラ太陽が照りつける甲板では西洋人が上半身裸のサングラス姿で日光浴を楽しんでいる。夏空はどこまでも青く、二等辺三角形の夏色のシルエットを切り取る開聞岳が美しい。船は切り立った断崖の竹島、急峻な硫黄島のすぐ北側をひたすら西に進む。船の速度があるために結構強い潮風が、ツンと鼻腔を刺激する。井上陽水の歌詞「♪遙かな遙かな見知らぬ国へ一人で行く時は船の旅がいい・・」

2006年10月

「海の向こうは上海、どんな未来が待っているのか・・」を口ずさむ。陽水もかつてこの船に乗ったのかも知れない。乗務員は皆、中国人である。

女子乗務員はウーロン茶のCMから飛び出したような愛くるしい9頭身中国美人ばかり。彼女たちが免税大瓶一本3百円のよく冷えたスーパードライを、笑顔でグラスに注いでくれる洋上中華料理の、なんとゴージャスなこと！。展望風呂は異様に浴槽が深い。その理由はすぐに判かった。うねりにのった船の揺れのたびに湯が左右に移動し、大量に湯が溢れるからだ。湯船に波が押し寄せるこの感覚は、かつて屋久島、平内海中温泉で味わったことがある。

夜半に甲板上のベンチに寝そべる。満天の星。時折星が流れる。ハロゲンライトの銀色の光は遙か水平線まで洋上を照らす。月光の砂漠にライオンが描かれているアンリ・ルソー「ジプシーの女」の幻想世界が、ここによみがえる。心地よい揺れを感じながら仕立てのよいベッドで眠りにつく。真夜中、怒濤《どとう》の波音にふと目が覚める。窓の外にはオレンジ色のライトに浮かぶ波しぶき。「板子一枚下は地獄」。一万トンを超える豪華船も、大自然の中では所詮、波間に漂う木の葉みたいなもの。非日常の恐怖が全身を包み、眠れなくなった。航海上の岩礁に住みつき、美しい歌声で船員を惑わして船を遭難させるセイレーンは上半身が女で下半身が鳥のギリシャ神話の怪物である。これは人が海に抱く畏れの象徴なのだなと、体で理解した。

2006. August. 蘇州号.

79

クルージングその2

中国貨客船蘇州号で家族と4泊5日の中国旅行に出かけた初日、私は船内で夜中に目覚め、明け方までまどろんでいた。

怒濤の東シナ海の洋上で空は白みはじめた。ひたすら待った夜明けが近い。

真夏なのにヒンヤリとした冷気を感じつつ甲板に出る。みるみる東の空は茜色に染まっていく。浮島のような雲は、朝日を受けてサーモンピンクに染まり、セルリアンブルーの青みを増す空をキャンバスに西から東へと、足早に流れていく。

私は今、360度の水平線の中心にいる。このシーンを一度は見たいと子供の頃から思い続けてきた。水平線は地球と宇宙を分かつ、完全な直線だ。万有引力により必然に生まれる水平線は、圧倒的な強さと荘厳の美をたたえている。これは宇宙の意志の仕事だと理解する。定規をはじめ身の周り全ての直線は、人が作った直線水準器をもとに作られている。これまで私は人の作った直線しか見たことがなかったことに、この時初めて気づいた。

朝日を拝もうと、乗客が甲板に集まり始めた。中国人らしい母親は娘を慈しむように抱きしめ、その光景を父親がビデオカメラに収める。

2006年11月

人口13億の中国では少数民族を除き、一人っ子政策が浸透している。親子連れの子供は一人だ。愛情を一身に受けるひとりっ子。親はなりふり構わず、子に愛情を注ぐ。子供4人を連れ中国の街を歩くと、好奇の視線を感じる。子だくさんのファミリーに彼らは何を感じたのだろう。

すぐ近くを巨大コンテナ船が行く。速度と進行方向が一致し、相対速度ゼロだから、いつまでも離れる気配がない。雲間に鋭いオレンジ色の閃光が現れる。朝日だ！。御来光は荘厳だった。自然と手を合わせて拝む。とりたてて何を祈る訳でもないが、ここに生きていることへ感謝し、拝む。

静寂から解放され、にぎわいが戻った船内は、けだるさの中にも華やいだ空気が漂っていた。チーフ・パーサーによる中国語講座は盛況で、朝晩のあいさつ程度はマスターできた。

昼食を終える頃、ウルトラマリンブルーの海はコーヒー色に変わり始めた。これは長江（揚子江）から流れ込む濁流が混ざり始めたことを示し、陸地が近いことを意味する。

長江に入った。行き交う船には中国旗である五星紅旗（ごせいこうき）がはためき、異国を実感する。五星紅旗の赤は共産主義革命を象徴し、黄色の大きな星は中国共産党と人民の団結を表す。小さな4つの星は労働者、農民、知識階級、愛国的資本家を表している。喫水線ギリギリまで船体を沈めた中小の砂利運搬船の甲板上では、日焼けした上半身裸の男達がせわしく動く。河口から上海港まで20キロの船旅は圧巻である。巨大ドックに銀色の新造船を抱える造船所が延々と続く。その背後には、建設ラッシュの高層ビル群がどこまでも続く。年10％の経済成長を遂げる巨大国家の心臓部がここに長江支流に入り水路が狭くなると、蘇州号はアクロバットのような操舵術で犇（ひしめ）く船群をかき分け進んだ。この光景が、車・人・二輪車がサーカスを繰り広げるストリートに絶叫する日々の序曲であることを、この時は気づかなかった。

上海新世界のタワー、上海ブリッジが現れる午後3時、30時間の船旅は終わった。上海、杭州、蘇州の旅の間、黄砂が舞う大気は風景をセピア色に染めた。

13億の多民族を束ねる難しさ、環境・食糧・エネルギー事情、そうしたことを考慮しても、この国には底知れない魅力がある。それは日本人が失いかけている「熱気」であり、生きる上で一番大切な「生物としての強さ」である。男も女も同年代の日本人より十歳は若く、しなやかで美しい。

お金が大好きで、自己主張が強く、めげない。しかも、物事をあまり深く考えずに陽気。個々の人間がどうあがいても動かない国家。でも、どんな生き方をしても、何とかなってしまう、大陸がもたらす豊かなめぐみ。時速三百キロを超える上海磁浮（リニアモーターカー）の車窓に流れる近代都市を眺めながら、中国の光と陰をこれからも見つめていきたいと思った。

旅が終わるころ、凸版印刷上海支店に勤める義妹が、ホテルを訪ねた。義妹「中国の人は、あまり物事を深く考えないの。言うことにはよく従うわ。自己主張は強いのね。私、週末はゴルフに行くわ。」おっとりした義妹の顔は屈託がない。三年間の上海勤務は楽しそうである。

上海港
2006-8.20

80

命

大隅半島では、ハウスみかんの栽培が盛んだ。農家は農閑期の秋に、仲間と行く研修旅行が楽しみである。秋晴れの薩摩川内市、とある親水公園で一人の農家が「カマキイの入水自殺じゃ！」と声を上げた。なるほど水中にカマキリがじっとしている。

聞くと、水ほとりの石の上を池にまっすぐ進み、ためらいなく水中に入ったという。

これはミズカマキリなのか？いや、まぎれもなく正真正銘のカマキリだった。

調べてみると、驚くべきことが判った。カマキリの腹の中にはハリガネムシが寄生する。ハリガネムシは、吉村萬壱の芥川賞作品で知られる10～30㎝の針金状の虫で、秋になると、道路上で潰《つぶ》されたカマキリの死骸によく見られる。赤銅色に鈍く輝く体がウネウネと動く姿に、初めて見るとそのあまりの気味悪さにギョッとする。ハリガネムシは水中に卵を産み、孵化した幼虫は水辺の昆虫に寄生する。その昆虫をカマキリが食べることで体内に入り、成虫になる。この虫は成熟すると、なんとカマキリを水中へと誘う。

水中ではカマキリの腹を食い破り、水中に泳ぎだし、雄雌が出会い交尾し、産卵する。不可解なカマキリの入水自殺は、寄生したハリガネムシに思考を支配されたことが原因のようである。

2006年12月

話は人に移る。人体は約60兆個の細胞で出来ている。お肌の皮膚細胞はじめ、日々生まれ変わる細胞。その中で15億個の脳細胞および、脊髄など神経細胞だけは再生が今の医学では難しい。大切な細胞を作り出すのは食物だから、食物は安心・安全でなければならない。減薬有機農産物の役割りは大きい。

個々の細胞にはミトコンドリアというゾウリムシみたいなパーツがある。エネルギー供給が役割のミトコンドリアは、大昔、独立した生命体だったが、細胞と共存するようになり今の細胞の形となった。このように細胞の一つ一つが独立した生命体として生きており、その集合体が人体だ。

女性の体内に放出された、数千万の精子はオタマジャクシみたいに必死にシッポを振るわせ、卵管内を卵子めがけて競泳する。一番早い元気な精子先端が、卵子表面にゴールした瞬間、ヒアルロニダーゼという膜が卵子全体を覆い2位以下の精子に堅く門を閉ざし、受精卵となる。受精卵は目に見えないほど小さいが、猛烈な勢いで分裂を繰り返し、遺伝子の設計図に従い、筋肉細胞、脳細胞等の各臓器細胞が作られて人体になる。

人生とは、「人が何を考えてきたか」である。悩みも苦しみも、喜びも快楽も、脳の局所における微弱電流と、セロトニンやドーパミン等わずかな物質による脳細胞間情報伝達物質交換の産物であり、壮大な人体宇宙のごく一部の出来事にすぎない。その一部が大きな顔をして今日、「自殺」という形で人を死に追いやっている。けなげに生きる全ての細胞の命に終止符を打つなんて、なんと傲慢《ごうまん》なことだろう。

今一度、自分の手を見つめ、心臓の鼓動に手を当ててみたい。親や祖父母の顔や手に刻まれたシワに何かを感じたい。

血のにじむような苦難を乗り越え、億万年の気の遠くなるような世代を重ね、祖先は生き抜いてきた。子孫に希望を託し、生を全うしてきた、人類の末裔《まつえい》として、私たちは、存在している。人は皆、幸福に生きるために、神々に祝福され生まれてきた。だから皆、幸福に生きる能力を持っている。もし、それを生かせないとしたら一体何が原因なのだろう。

ブッシュ大統領は元来、人の善い二代目おじさんだったが、世界貿易センタービルの瓦礫を前に復讐の鬼と化し、世界を出口の無い闇に導き破綻した。世界のリーダーでさえ、その有り様だ。ましてや日本。首相は世界に先駆け、ジョージ・ブッシュによる理由なき無秩序の戦争開始を支持した。彼は、その反省を一切述べない。日本の誇る希有の政治家だけに残念至極だ。「過ちをを改めざるは真の過ちなり。」今からでも遅くはない。何も恥ずべきことではない。過ちは誰にでもある。御本人と御子息の株をもっと上げて欲しいと切に願う。そして今後とも、反原発はじめいい仕事をして欲しいと切に願っている。

世界を席巻する市場主義が、弱肉強食の思いやりのない社会を加速させ、多様な風土とかけがえのない伝統・文化、都市と農村社会、そして人の心を蝕んでいる。はたして一党独裁国家日本はどうな

2006年12月

のであろうか？このままでいいとは誰も思ってやしない。しかし、利権やしがらみとやらがあって、ましてや労組は腰ぬけで、改革に二の足を踏むうちにほとんどの国民は労働者として、飼い慣らされてしまった。男は去勢された者ばかりになり、堕落した。仕事とは、「自らの意志によって無から有を生む行為」。日本人は、ちょっと考え直した方がいいと思う。

ガーデンでは今年もカマキリがあちこちに産卵した。「水中で死ぬなんて、まっぴらだわ！」勝ち誇ったように命を全うする母親カマキリたち。その亡骸は微生物の働きで土に還り、花へと生まれ変わる。花に集まる虫を食べて彼女たちの子は育つ。

ホモサピエンスは昆虫より一体どれほど進化したのだろうか？

何だか解らなくなってしまった。

シクラメン咲き水仙、ヒヤシンス、スウィートアッサム　2000 年

81

謹賀新年

新しい年が穏やかに幕をあけた。

昨年は台風が少なく、梅雨の長雨、秋の小雨がきわだっていた。

長雨は草花の病気が多く害虫は少ない。反対に晴天続きだと病気は少ないが害虫が多い。さて、今年はどんな年になるのだろう。

朝夕の散歩道にある、暖かいガーデンに会いに行こう。草花へ託した家主の思いが伝わる、命満ちるガーデンに身を置き、心遊ばせたい。

花と触れ合っていると、花のように生きたい、と思う。与えられた場所に文句も言わず、水・空気と日光、それにわずかな肥料を糧に、しっかり根を張り花を咲かせ実をつける。

自分は花を育てていると思っていたけど、実は花に育てられていることに最近気づいた。

草花の一株一株に仏さんが宿っている。北海道富良野の大地、スガノ農機株式会社展示館には大木の根の下に大きな仏さんが微笑む、実り豊かな大地が描かれた巨大壁画がある。この壁画を前に、みる者は感動で言葉を失う。

大地と海は命のみなもと。人は生きているのではなく、自然の法則、宇宙といった、何か途方もなく大きな存在に生かされている。

多くの日本人がモノの豊かさを求め過ぎ、心の豊かさを消していった。

因があるから果がある。

時間がかかってもいいから軌道修正し、悪果ではなく良果を得たい。そのために良い因の種を自分の中に少しずつまいていきたいと思う。

縁あって一粒の種として命を頂いたから、花の如く潔く美しく生きるのみ。

もっと土と水との距離を縮めようと思う。ガーデニングをもっともっと楽しみ、自然に感謝する一年でありたいと願う。

とうがん（Wax gourd）

ガーデンの隅には生ゴミのスペースがある。台所で出る生ゴミはバケツに入れ、週一回、スコップで穴を掘り、入れる。

軽く土と混ぜ、最後に掘りあげた土をかぶせると、かぶせた土が消臭剤になり、臭いがない。生ゴミは、微生物やミミズが食べ、数週間で万能の土になる。

ときおりメロン、スイカ、柑橘類の種子が芽を出す。この夏、カボチャ（Pumpkin）とよく似た芽が出て、みるみる大きくなった。

「ジャックと豆の木」に実ったのは冬瓜だった。はて、我が家では食べたことがない冬瓜の種がなぜ混っていたのかが謎だ。

さて、冬の瓜（ウリ）と書いて「とうがん」と呼ぶ。ちなみに西瓜はスイカ、南瓜はカボチャのことだが、北瓜に該当する野菜はない。南瓜はナンキンと呼ぶ。「いも、たこ、なんきん」は女性が好む食べ物が朝の連続ドラマの番組名になった。冬瓜は、平安時代から栽培されているウリ科のつる性一年草の果実のことで、緑色の大きな円柱形をしている。果皮には白い粉がふく。

夏から秋に収穫されるが、丸ごと冷暗所におくと冬まで保存出来ることから「冬瓜」と名付けられた。

妻がインターネットでレシピを入手し、冬瓜スープを作った。角切りの冬瓜に鶏肉やニンジン、コールラビなど季節の野菜を入れてコンソメ仕立てでコトコト煮るあっさり味のスープ。

そのうまさに驚いた。スープが染みた冬瓜の食感はプルプルしながら口の中で溶けていくようであり、かつ味わい深い滋味に富んでいる。これは大化けしそうな野菜だ！と感じた。

私は50歳を目前に、味の好みがすっかり変わった。かつての肉食好みが野菜好みに劇的に変化した。これは肉体が枯れていくサインかと、チョッピリ切なく感じてしまった。

2007年1月

82

北の大地

昨年暮、友人坂上隆と北海道を旅した。彼は、有限会社「坂上芝園」の専務で、ファンケルのケール（青汁の原料）とコーンサイレージ（トウモロコシを乳酸菌発酵させたもの）のビジネスモデルで成長している若武者だ。剣道7段の眼光は鋭い。旭川空港に降り立つと、凍てつく乾いた大気が、頬に気持ちよかった。

滑走路の向こうに白樺木立が壁の如く迫る風景は、この空港が白樺原生林を切り拓いてできたことを静かに物語る。

乳白色に輝く白樺の木肌は白骨の様で、厳寒の風土で磨かれた自然の芸術品。

雪道を行く。粉塵公害の元凶スパイクタイヤに代わって登場したのがスタッドレスタイヤだ。溝の形状と材質が工夫され、溝にかみ込んだ雪を、タイヤが一回転する間に遠心力で振り飛ばす構造をもつ。装備した4WDが雪路を疾走するスピードは半端じゃない。「スタッドレスタイヤはいて雪道こんなに飛ばすんですか？」「これが普通ですよ」ドライバーは事もなげに答える。南国育ちの神経が凍り付く。

スリルから解放されると、眼前に大雪山系が連なる大パノラマが待っていた。雪原の向こうに白樺林。この風景は、私が長年心の奥深く探し求めていたものだった。

白樺林は私の亡き父が好きだった。キャンバスいっぱいに白樺が描かれた10号の油絵が実家の居間に掛けられていた。「父は一体どこでこの絵を描いたのだろう?」いつも気になっていたが、親子の会話の少なかった私は一度も父に尋ねることもなく、天国に送ってしまった。疑問は永遠の謎となったが、皮肉なことに父の死後、その謎がますます気になった。失ってから、それが取り返しのつかないことであることと気づくことは、よくある。最初から分かっていたら、用意をしておくものを・・・。

「このまま放置すると悪い結果になる」ことは、長年生きていると、大体見当はつく。だけど、悪いことが起こらないと、動こうとしない人の性(さが)。ころばぬ先の杖《つえ》を知識として知っていても、実際使って、ころばなくする知恵がない。

乳業メーカーや老舗の洋菓子メーカーしかり、危機的な国・地方財政にもその悲しさを見る。これまで夕張の現状がニュースとなり、貴重な教訓が発信された。

明日は我が身と、政官民がひとつになって一切の利権にとらわれず、破綻する前に本気で取り組む知恵があれば、この国の未来はとても明るいし、それだけで、十分、安倍晋三さんがおっしゃるように美しい国なのだが・・・。

士別で農家が草を一切作らず、牛だけを飼う取り組みを見た。高齢化して農業機械の更新もままならない農家達が手を取り合って共同出資した会社を設立。そこが機械や農地を農家から借りて草を作り、それを用いた完璧なえさを驚異的な低価格で農家に売る。それを可能にしたのは地域を想う機械のプロと農業のプロによる熱きコラボレーションだ。

農家は夏、寝るひまもないほどの重労働から解放され、コストは下がり、一頭当たり年間乳量は1万kgに達し、競争力を飛躍的に高めた。農家はいま、大好きな牛との時間を家族で楽しんでいる。

酪農家のガーデンでは、早春にクリスマスローズが一気に咲き、初夏にはラベンダー（Lavandula）が香る。夏にはこぼれ種のホウセンカ（Impatiens）が大地を赤く染め、秋には無数に咲き誇る西洋アサガオのヘブンリーブルーが天空の青と区別できない。ヒグマやウサギは友人となり、大地に命が満ちる。

作った会社は若者の活躍する超優良ベンチャー企業として成長しつづけ、地域社会の担い手となった。

乳価低迷のどん底からはい上がった農民はたくましく、その優しいまなざしの奥に北海道開拓民のDNAを見る思いがした。

日本が世界に誇るコンピュータの地球シュミレーターは、今後百年間に夏の気温が5度上昇すると予測した。北海道は国内で最後まで米を作れる地となるかもしれない。

夕張市の皆さんは、なりふり構わず生き延びて、子孫に農地をつないでほしい。あなた達の土地は将来、夕張メロンをはるかに凌ぐ食糧ビジネスの表舞台に、必ずなるのだから。

2007年2月

83

グリーンティーリズム

この冬の暖冬は異常だった。正月過ぎにモンシロチョウが舞い、2月は野外をTシャツで過ごせる夜があった。これも地球温暖化の予兆であろうか。かたや世界はグローバル化がもたらした大競争に突入し、人類の経済成長へ対する熱気がそのまま温暖化に結びついている。

人が癒しを求める時代にあって、いま、発信したいひとつの文化が鹿児島にはある。「茶一杯（ちゃいっぺ）飲みやんせ。急《いそ》っとケガをすっど」である。鹿児島の誇る緑茶文化。鹿児島茶は全国生産量2割超のシェアを占め、成長著しい。伊藤園とも取引があるお茶の「和香園」は、最近凄《すご》い。250haの減農薬茶園を有し、病害虫を吹き飛ばす、ハリケーンキングを武器に有機認証を目指す。急須に茶葉をタップリと入れ、70℃位に少し冷ましたお湯を注ぐ。

豊潤な薫りを含んだ湯気が鼻腔へと吸い込まれると、時が止まり、ホッと一息だ。「急がば回れ」である。一杯の茶によって本来の自分を取り戻した現代人は、発想を転換させ、人を幸せにするソフトを創造する。精神性高い日本のソフトは、今や世界が求めている。

強者による弱者支配を善とする資本主義色が強くなる今日、地方は輝きを失いつつある。鹿児島がとるべき戦略は、霞ケ関の政策から脱皮し、鹿児島のもつ文化・風土に光を当てることにある。

鹿児島は霧島山系から、与論島まで南北六百キロの県土を有している。海洋に囲まれ、湾を抱く温帯モンスーン気候は悠久の照葉樹林はじめ多様な植生を生む。「県全域が天恵のガーデン」と言っても過言ではない。農業に目を向ければ、日照りに強い水の恵みの広大な畑地かんがい農地を確保し、北海道に次ぐ農業生産力を誇る。海の幸や山の幸が旨いのなんの、地域食文化は数知れない。

今日、中国のように海洋から離れた大陸では地下水位が下がり続け、深刻な水不足が進行している。内陸では河川は干上がり、木々の葉にはホコリがつもり、大気にはＰＭ２・５など工業由来微粒子が漂う。

そんな中国人民にとって霧島屋久国立公園の山紫水明と、珊瑚礁の西南諸島は大きな魅力であり、観光資源の宝の山だ。鹿児島県は是非、鹿児島・上海航路を生かしたツアーを売り込み、世界の成長エンジン中国と最短距離の地の利を生かして欲しい。でも、中国人のみなさん、なりふりかまわない美術工芸品、花木、不動産の買いつけは、かんべんしてくださいよ。

「そげん急いでどけ行っとな。鹿児島へ来やんせ」高度成長期の日本を駆け抜けた団塊の世代は、これからゆっくりと鹿児島で時を楽しんでください。四季折々の花咲く地域社会で人やいきものと暮らす喜び。日本人の旅行は観光地中心の観光から、地域の文化・歴史・生活、人とふれあうツーリズムへと変化している。競争社会の中で「癒やし」がビジネスになり「金持ち・物持ち」の時代から「時持ち・友持ち・心持ち」の時代に価値観が変化していると言われる。農家民泊、グリーンツーリズム。

2007年3月

そして、急いでいる日本人に茶一杯の心のゆとり「グリーンティーリズム」を提唱したい。

3万人の自殺者を出している状況を顧みることもなく、国は日本人の生活リズムである昼一時間の休みを国の機関において45分に短縮していると聞く。総務省は都道府県にも短縮を求めており、各県その方向だ。いずれ市町村、民間にも波及し、学校現場では先生も子供もさらに余裕が無くなり、じっくり物事を考える力が育たなくなる。社会進出が進む女性のゆとりにも影響し、出生率低下につながるおそれがある。

ところがドッコイ！、鹿児島県にとっては、チャンス到来だ。オンリーワンの時代である。その反対の道を歩めばよい。県は、誇りをもって鹿児島を定住の地とし、鹿児島のために貢献したいとする豊かな意志をもつ人々による地方分権型社会「日本一のくらし先進県を目指して」を県政の基本方針とした。昼休み条例を今のままにすることにコストはかからない。日本のゆとりをリードすることで地域ブランドを確立できる。

例えばスローフード、スローライフ発祥地南欧イタリアのような戦略が可能だ。ゆったりと時が流れて出生率日本一の沖永良部、ギネス記録の長寿泉重千代さんを生んだ徳之島、時代を拓いた西郷・大久保を生む風土を誇る鹿児島なら、それが出来る。

人を単なる労働者、消費する大衆と捉え、搾取し、地球温暖化を加速する市場主義の流れにくさびを打つ力を、天与の水と緑に恵まれた鹿児島は有している。それは今後日本という国家のモデルとなるだろう。縁側の日だまりで頂く「かごしま茶一杯」には日本や世界を変える力が宿っているのだ。

84

初午祭

前日まで春の嵐が吹き荒れたが、その日はうってかわり、抜けるような青空だった。旧暦初午に近い日曜日の朝、鹿児島神宮初午祭は幕をあけた。私は、かねてからの願いが叶い、26ある踊り連のひとつ、隼人駅前通り会の連に参加することができた。

2週間前から師匠に習った踊りは、鹿児島の伝統的な振りで、軽快かつリズミカルである。祭りは、かつて猛威をふるった疫病や災いが、神々の怒りと畏れられていた時代に、その怒りを鎮めるために生まれた。

初午祭はその年の豊作祈願祭だ。日本は瑞穂（みずほ）の国。稲作祈願すなわち稲荷信仰が田園地帯に脈々と息づいている。なるほど、いなり寿司（おいなりさん）は米俵そつくり。いなり寿司の酢飯を包む油揚げは、神の遣《つか》いであるキツネの好物だ。ちなみに即席めんの「赤いきつね」は、キツネと鳥居の赤を冠したネーミングだ。フリーズドライした味付け油揚げに、鰹《かつお》、煮干し、昆布のダシを効かせた結果、即席麺人気ナンバーワンとなった。

午前10時、踊りがスタートした。鈴かけ馬に続き、三味線を弾くのは菊谷社中から来た女衆4人組だ。社中とは詩歌・邦楽などで同門、または同じ結社の仲間をいう。黒赤のコントラストが効いた和装を着こなし、三味線を奏でる姿は粋（いき）である。シャンシャシャン、シャンシャシャシャン♪「桜島か〜ら〜嫁女（よめじょ）をもろたー。ビワやミカンは〜絶えやせぬ〜。酒をのむ人は花な〜ら〜つぼみー。今日も酒酒（咲け咲け）明日も〜酒（咲け）」シャンシャシャン。

どこか、身を絞るような哀愁を帯びた女衆たちの唄声《うた》は、天高く響きわたる。

馬匠さんが引くポニーは美しい栗毛だった。鼻と尻、それに四肢は白く抜けている。その金色に輝く立て髪をなびかせ踊る姿は、まさに神馬だ。

首に無数の鈴がかけられ。いくつものポンパチやお飾りが付いた鞍《くら》をゆらし、ポニーは踊り、舞う。三味が止み、踊りが休憩になると同時に、笑みを浮かべた観客たちは馬に近づき、一緒に写真に収まった。

このポニーは踊りたくてたまらない。昨年、隼人駅の人だかり前にて、踊りが止まったとたん興奮して両前足を跳ね上げ、ひっくり返る粗相をした。懲《こ》りた馬匠さんは、今回カセットプレーヤーを準備し、止まっている間も踊りの録音を流して馬の気を鎮《しず》めた。

ポニーは、英国シェットランド島で炭坑荷役用に品種改良された小型馬である。このポニーはとくに気性が激しいのだろうか。鼻息を荒くして、片足で路面を引っ掻く牛馬独特の挑発ポーズに、内なる野性をかいま見た。

踊り連には、焼酎が振る舞われ、ヨイヤサー、ヨイヤサーのかけ声も勇ましく、参道まで延々と踊りが続いた。

お昼になった。昼食は参道沿い宮内小学校伝統の味、うどんだ。ここでは6年生の保護者がうどんを作り、収益金は卒業アルバムの費用にあてる。

長蛇の列の末のうどんは滋味にあふれ、なんと5千食がわずか一日で腹に収まるという。このうどん目当てに遠方より帰郷する卒業生もいると聞いた。鮭が懐かしい生まれ故郷の河川へ、においを頼りに戻ってくる話と、どこか似ている。

40歳の厄払いと60歳の還暦をむかえた中学校卒業生たちは、踊りに参加するのが習わしだ。

昼食後、通り会長さんらが、参道入口の社に立ち寄り、神主さんから通行手形をもらうと、いよいよ奉納だ。参道では、いくつもの踊り連がうねりとなった。

初めはバラバラだった皆の動作が揃い出すと、佳境に入る。一番高い神殿への奉納のころ、クライマックスを迎えた。

馬、鐘や太鼓、踊り連と観衆、自己と他の全てが意識の中で渾然《こんぜん》一体となっていく。古今東西、人は、この陶酔の瞬間に神を感じてきたのだろう。夕方、木漏《こも》れ日がオレンジ色を帯びる頃、祭りは無事、終わった。

夕刻、駅前通り会の打ち上げに参加させて頂いた。男気溢れた商店主の皆さんと意気投合しながら焼酎を酌み交わす至福の時が流れ、夜は静かに更けていった。

2007年4月

縁あってこの世に命を受けた人も馬も御神木のクスも皆、仏さんが宿っているのだと、しみじみと感じた。

踊り疲れたその夜は、冬の間、なまりきった体の節々がケタケタと笑った。床につき、魂は天に昇り、幸福をかみしめている自分を静かに感じながら、眠りについた。

85

バラの救世主

5月、バラのシーズン到来である。きれいな花にはトゲがある。されど花好きなら一度は育てたいバラ。

病害虫に弱くて、栽培が難しいと一般に思われている。バラに常に薬剤依存のイメージがつきまとうのは、そのあたりに理由《わけ》があるのだろう。

私のガーデンでは、バラが元気だ。農薬は使わずとも、植物本来の免疫力が引き出されており、病害虫に対する抵抗力は抜群だ。それを可能にしたのは一つの堆肥との出会いだった。大崎町ジャパンファーム製「堆肥一番」。その15kg入り緑のパッケージには凄い力が宿っており、全てのバラが元気に育つ。

バラと堆肥一番の、相性のよさに気づいたのは昨年秋だった。たまたま株下にパラパラとまいたところ、しばらくして、バラの木に大きな変化が現れた。次々にシュートが出始め、葉の色もつややかに、多くの花が初冬まで咲き続け、見る者を驚かせた。

堆肥一番は、家畜フン由来の堆肥とは根本的に異なる。肉用鶏の可食部分をとった残りの羽、骨、内臓、血液、卵殻、鶏糞をミンチにして油粕を添加し、長期間にわたり特殊発酵させたものなのだ。

成分はチッソ4%、リン3・5%、カリ2・5%(保証成分)の優れた動物性有機質肥料だ。

土壌の団粒化を促進し、水分の保持力を高め、空気の流通を良くする。さらには線虫抑制の効果も認められている。樹木では、樹勢が強くなり、生育、色、艶が良くなることが実証されている。今回、バラでその優れた効果が実証された。

バラが元気に育つには、いくつかの要因がある。日当たり、風通し、そして有機質に富む健康な土。それらの環境が与えられると、少々の病害虫はもろともせず、元気に育つ。

さらに、私のガーデンではカマキリが大量に繁殖しているので、アブラムシを食べてくれる。ガーデニングの醍醐味は、草花がスクスク、イキイキと育つ、日々の成長を味わうことだ。うまくいけば、花を咲かせてくれるが、それは草花が栽培人にくれる最高のご褒美でもある。

高温多湿の温帯モンスーン気候である南九州は本来、バラには厳しい環境であり、農薬を使わずに栽培を試みようとする、あらゆる努力は、これまで報われることがなかった。ところが堆肥一番はそんな状況をあっけなく一変させた。よい出会いとはそんなものである。

多肥を好む柑橘類の代表格であるレモンでも試してみた。

柑橘類は主幹に日が当たるように、混み合った枝を剪定することと、十分な施肥が肝要である。

冬に剪定と、寒肥として堆肥一番を施したところ、樹全体におびただしいつぼみをつけた。今後、結実がどうなるかを見届けたい。

2007年5月

肉用鶏（ブロイラー）の生産量日本一の鹿児島が生んだ堆肥一番は、驚くほどの低価格と性能を兼ね備えた、バラ好きのための堆肥だ。堆肥一番は姶良地域ではホームセンター等で流通するのを見かけるが、志布志市志布志のホームワンにおいて大量・安価に扱われ、曽於の農家に愛されている。

イペー

4月中旬、私のガーデンではイペーが開花した。イペーはノウゼンカズラ科落葉高木でタブベイアとも呼ばれる。1954年にブラジルの国花となった。

木質は固くて腐りにくく、船の材料にも用いられる。黄色、赤紫などの大ぶりの花をシャクナゲ状に咲かせる。大変美しいため、沖縄や、暖かい国々の街路樹に広く用いられている。ブラジルの桜、といったところだ。

指宿山川方面では、県フラワーパークなどで育つことが実証された。東串良町でも成長している。加治木においても、5年前、甲付川木市で手に入れて私のガーデンで3mほどになっている。一方、標高250mの加治木町高台では越冬しなかった。これらのことから、鹿児島では寒冷地を除き、沿岸部や標高の低い地域に於いて、イペーは育つ可能性があることがわかった。

イペーの、黄色の花色はカナリヤイエローと呼ばれ、ブラジルサッカーチームのイメージカラーとなっている。輝くような黄色は、あらゆる黄花の中でも群を抜いて明度が高く、この樹を印象づけている。

この木には強い殺菌力があり、虫が寄りつかず、カビも生えない。

1500年前、古代インカ帝国の民がこの樹皮を煎じて飲んで以来現在まで、人の免疫機能を改善する薬として重宝されている。

花は4月に咲き、種にはパラフィン紙のような薄い羽をまとっており、風で勢力範囲を拡大する、いわゆる、カエデにも似た風媒花である。

種は発芽率が高く、4~5日で容易に発芽するので繁殖は面白い。

観光立県鹿児島の、これからの景観作りに貢献できる有望な樹木の一つとして大いに期待している。

2007年5月

86

カラタネオガタマ（Magnolia figo）

4月から5月にかけてガーデンではカラタネオガタマの花が香る。その香りは熟したバナナのようであり、訪れた人は「この甘い香りはどこからくるのですか?」と必ず訊く。

カラタネオガタマは樹高があまり高くならない。仲間で高くなる「オガタマの木」と同様、神社の御神木として植えられ、葉はサカキ（Sakaki）のように神事に用いられてきた。中国から伝わった暖地性常緑樹で、「唐種招霊」の「招霊」は「オキタマ」が「オガタマ」に読みが変化した。香りがよく、ニッコリすることから、中国では「含笑花」とよばれ、愛されている。

カラタネオガタマは芳香で知られるモクレン科に属し、モクレン、コブシ、泰山木などは仲間である。注目すべきは、これら仲間と異なり開花期間が極めて長いことだ。4月の咲き始めから一ヶ月以上にわたり2センチほどの小花を次々と咲かせ、芳香を放つ。私のガーデンにある「ポートワイン」はカラタネオガタマのガーデン用品種である。それにしても「ポートワイン」とは、なんと粋な名前だろう。ワインレッド色をした6枚の花びらは、ユリの球根りん片のように厚い。不思議なことに、さわったとたんポロポロと落ちてしまうから生け花には使えない。花は夕方になると香りが強くなる。日がかげり、その日のできごとの記憶が混沌となってくる夕暮れに、芳香と共に静かに時を過ごすのはいい。

カラタネオガタマの香りには「鎮静作用」と「抗うつ作用」があり、芳醇な香りに心は華やぐ。温暖な気候を好み、照葉樹林帯である鹿児島は生育適地だ。樹高が高くならないのと、常緑で光沢ある葉が密生することから、垣根に用いたら面白いと思う。行き交う人が、心躍らせる香りの小径は魅力だ。

香りのガーデン

香りはガーデンライフの大切な要素だ。初夏にはほかにも、ニオイバンマツリや、エゴノキが甘い香りを放つ。森に入ると、新緑を迎えた樹木から芳香成分フィトンチッドが大量に放たれる。

花育種の世界でも香りの選抜が盛んに行われている。バレリーナはチューリップの一品種であり、花びらはオレンジ色で先端が尖った「ユリ咲き」だ。球根を求め、咲かせてみると、たしかにバラの香りがした。チューリップは、通常香りが良くないから、これは驚きだ。知人から「頴川さん、バレリーナはバラの香りがするわよ！」と教えられた。

同じような例にニオイゼラニュームがある。観賞用ゼラニュームは強烈なにおいが嫌われるが、ニオイゼラニュームは、レモンとバラをミックスしたような甘い香りのハーブだ。花はエディブルフラワーとして食用になり、葉はケーキに混ぜ、香りつけに使われる。観賞用ゼラニュームとともに蚊が嫌がる成分を含み、ヨーロッパの窓辺ではこれらを飾ることで蚊のバリヤーが形成される。

また、プルメリア（Frangi pani）は、神聖な木として東南アジアの寺院に植栽されており、ジャスミン（jasmine）の香りがする白、ピンク、イエローの花を夏から秋にかけ次々に咲かせる。私は数年前ハワイからさし木の枝を輸入し、栽培に成功した。加治木では、鉢植えで戸外の南側軒下で越冬することや、初夏にさし木で殖やせることがわかった。

アロマテラピーを日常的に実践できる「香りのガーデン」は、これから進化するだろう。医療や福祉では「ガーデニング療法」が注目され、現代人の心を解き放つ力が大きいと考えている。

2007年6月

87

蛙

7月がやってきた。梅雨明けも近い。近くの田んぼから聞こえてくる蛙の合唱は真夜中のシンフォニーオーケストラだ。

一匹が鳴き出すと、つられて一斉に鳴き出す。鳴くのは全てオス。生物界では、結婚相手を得るために行動するのはたいていオスである。メスは子孫を産む。求愛行動や、鳥の派手な羽、魚の婚姻色はオスが中心だ。

生殖にメスオスの役割分担があり、トータルで成就することにみるように、生物はなるべく無駄なエネルギーを使わないよう進化してきた。すべての機能と営みは合理的であり、かつ省エネに出来ている。例えば、人には無駄な臓器などひとつもない。

ほ乳類には「他者への思いやり本能」があるという。サルによる動物実験では、グループが餌を食べるごとに、拘束された一匹に電流を流して悲鳴をあげる装置を作ったら、仲間は皆、餌を食べなくなったという。思いやり本能をもつ方が仲間で助け合い、最小の力をもって生き延びる確率が高かったのだ。人はその進化の末裔《まつえい》であり、最も思いやり本能が進化しているという。

困っている人を見たら、自分のいたみのように感じ、「助けなくちゃ！」との気持ちが自然に生ずる。ちなみに爬虫類にはその本能がないという。表情一つ変えずに冷酷な言動をとる者に対し「あいつはヘビみたいなヤツ」とは、言い当てて妙である。

ヘビといえば先日、小6の娘の授業参観でこんな話を聞いた。人の脳は3つに分かれていて、中心の呼吸や睡眠など生存に係わる「ヘビの脳」、その上の感情に係わる「猫の脳」、一番上の思考に係わる「人の脳」があり、イジメを受けると「ヘビの脳」が一番ダメージを受けるという。だからイジメは人を死に追いやる行為であり、「絶対にしてはならない！」と先生は熱く語った。

ほとんどのイジメは無視や言葉、力により人の尊厳を傷つける。

イジメが続くと食欲がなくなり眠れず、ひどい場合は、うつ状態に陥り、自殺に至る。

もし人が、この授業の知識がありながら、なおイジメを行うなら、それは「未必の故意」（もしかしたら悪い結果が生じるかもしれないと思いながら、生じてもかまわないと思いつつ行為を行うこと）による不法行為（民法第709条及び710条）に当るかもしれない。それは人として決して許されません。いじめる者は即刻やめるよう忠告します。さもなくば臭いメシを覚悟しなさい。原告による億単位の賠償請求と、針のむしろの日々を味わいたいのですか?この債務は、自己破産ができないかもしれません。愛するご家族ともども一生、路頭に迷うことになりますよ。

無視は、集団の一員でなければ生存できなかった人類にとって、耐え難い苦しみであり、個より集団の秩序を重んじる日本社会では「村八分」が、何より恐れられた。

自分がいじめられる恐怖から「思いやり本能」のスイッチを切り、しかたなくイジメに加わったり、不正と知りながら組織ぐるみで都合悪いことを隠蔽したり、疲れていても死ぬまで働きつづけたりするのは属する集団から排除されることを本能的に恐れているからだと思う。

省エネで進化した生物の摂理に従えば、人も自然界と共生し、環境に負荷を与えない生産活動を行い、争いを避け、家族や社会と仲良く暮らすのが理想だろう。地球温暖化も穏やかだろう。しかし本来ある思いやりの本能を抑制しながら競争を強いられる現代人の宿命があり、苦悩の根元はここにある。

生まれ落ちた時から、地球のサイズに不釣り合いなほど人口膨張した人類の一人として生存競争のまっただ中に放り込まれる現代人。モノに満たされながら心が満たされない日本人。抑圧してしまった他者への思いやりの心を取り戻し、相手の身になって考える力をつけていくことが、これからはより大切かもしれない。

21世紀は環境の世紀と言われる。環境とは「人や生物の心身に直接・間接に相互に影響を及ぼし合う外界」のことであり、今日、個人にとって周囲の人々は最大の環境とも言える。人との関係をよりよくしていくことは飛躍的に、生きる環境を改善させ、気苦労という膨大なエネルギーを減らし、仕事の生産性を飛躍的に高め、幸福につながる鍵があると信じている。

世界で猛威をふるいはじめた蛙のツボカビ病が国内で確認された。蛙の合唱が今年はいつになく切なく響くのは、蛙全滅の悪いシナリオが頭をよぎるからだろうか?。かつてオタマジャクシをよく捕った。愛嬌があり平和な蛙は幼い頃からいい友達だった。「ド根性ガエル」大食漢で小虫をたくさん食べてくれ、農業にも貢献してくれる蛙。

人間は人間社会のことしか話題にしないけど、野生動植物はとっくの昔から悲鳴をあげながら、種の絶滅を繰り返している。「人への思いやり」も「自然への思いやり」も、突き詰めていけば「自分の魂への思いやり」にたどり着くのだと、思った。

2007年7月

88

コンテナガーデン

スペースが限られた場所でのガーデニングの主役は植木鉢やプランター、ハンギングバスケットだ。それら容器をコンテナとよび、それに樹木を植え込んだり草花や観葉植物を寄せ植え、ベランダや玄関などで楽しむのがコンテナガーデンだ。コンテナを使いこなし、相性のよい植物の組み合わせを追求することは、ガーデニングの醍醐味のひとつである。ガーデニング講習会では、コンテナガーデンが主題だが、最近好評だった事例を紹介する。

秋植えではジキタリス（Digitaris）だけをシンプルに植えたコンテナガーデンがいい。

ジキタリスはヨーロッパ原産でゴマノバグサ科の多年草である。中世の頃から薬草として知られ、現在において強心剤の代表格である。日本では薬草というより園芸植物として普及が進んでいる。花は袋状で、キツネノテブクロと呼ばれ色はピンク、クリーム、白があり、美しい。ジキタリスの苗3株を素焼き大鉢のイタリア製テラコッタに植えたところ、雄大なコンテナガーデンができた。

用土は赤玉土6に腐葉土2、牛ふん堆肥2の割合で入れ、木灰、牡蠣殻を砕いた有機石灰を加えた。数百のつぼみは下から上へと次々に咲き上がり、鑑賞期間が長い。

ポイントは日当たりよい場所に置き、元肥をしっかり施して、株数を増やし、できるだけ大株に仕上げることだ。ジキタリスの苗は秋に出回る。１m以上になり、ガーデンの背景用に優れた素材だが、コンテナガーデンの素材としても格別ゴージャスな美を発見した。とても丈夫だが、新芽やつぼみにアブラムシが発生したときは市販のスプレー薬剤等で対策する。勢いよく葉が展開する成長の過程も、緑の少ない冬の貴重なグリーンとして重宝する。ジキタリスは成長が早く、よく株が広がるので、コンテナでの他の植物との寄せ植えは難しいようだ。

夏のいち押しはアンゲロニア（Angeronia）だ。アンゲロニアはジキタリスと同様ゴマノバグサ科の多年草で、近年登場した。耐寒性はなく、日本の冬は越さない。中央アメリカから西インド諸島原産で、初夏から晩秋にかけて小輪の花が休みなく咲き続ける。夏の寄せ植え素材として注目されている理由は、日本の夏によく適応し、蒸し暑いほど元気であることにある。白、ピンク、紫の三株を堆肥・腐葉土を十分施した大鉢に植え付けるとよく分枝し、雄大なコンテナガーデンになる。

樹木ではスモークツリーが大ぶりのコンテナの主木として優れている。スモークツリーはウルシ科の落葉樹で、中国、ヨーロッパ原産だ。５月の花後にフワフワし毛が伸びてくることから「ケムリノキ」とも呼ばれている。スモークツリーが英国風ガーデンに重用されている理由は、その美しい赤銅色の葉にある。飽きのこない、ややくすんだシックな色合いは、コンテナとの相性がよい。肥料を少なめにして、樹形をコンパクトに保つことで、存在感あふれる一品となる。足元にはパンジーやペチュニアなど季節の草花を植えるとよいだろう。

熱帯植物のコンテナ

大ぶりの夏のコンテナに植え付ける素材としてはピンクバナナ（Pink Banana）がお奨めだ。ピンクバナナは目がさめるようなピンク色で10センチほどのバナナが上向きに実る。バナナとしては背丈が低く耐寒性があり、冬、地上部は枯れるが、株が冬を越すから毎年株が増える。ピンクバナナのコンテナガーデンはバショウ科特有のトロピカルな雰囲気をもち、風にそよぐ姿は浮遊感を帯びた存在感がある。

夏に元気なゴムノキ（Rubber tree）もいい。従来のグリーン単色のゴムノキとともに人気の斑入りゴムノキは、ピンク色の新芽と灰色を帯びた葉とのコントラストよく、エキゾチックな雰囲気をかもし出す。伸びすぎた枝はせん定すると、そこから枝分かれして新芽が伸びてくる。切った枝は捨てないで鹿沼土小粒にさし木にしておくと、6・7月なら容易に発根して新株を得る。ゴムノキは、寒さに慣らすと南側の軒下で十分越冬するが、葉は寒焼けをおこす。できれば戸内で冬越ししたいので、扱えるサイズにせん定して、コンテナを移動しながら管理する。

ピンクバナナやゴムの木は、株元にスペースがあれば夏の草花を寄せ植えしたい。カラジューム、ペンタス（Pentasulfide）、ニューギニア・インパチェンス、トレニアやポーチュラカなどを植え付けると、色彩豊かな草花が背の高い植物の足元を、グッと引き締める。

2007年8月

試行錯誤で植え付けた自分流のコンテナガーデンを所有する。それは、園芸という、一つの容器に自己完結した芸術の世界を、もつことにほかならない。

89

中津川

霧島市隼人から牧園町市街地に至る渓流沿いの道を行き、妙見温泉を過ぎ、途中右に山道を登ると、数キロ先に犬飼の滝がある。落差があり、怒濤の如く滝壺に落ち込む衝撃波が、かなり離れた滝の展望台の人体まで響く。勇壮かつ男性的な滝だ。

滝の展望台のすぐ上には和気清麻呂《わけのきよまろ》公を祭った和気《わけ》神社があり、5月連休の藤祭りの際は多くの人々でにぎわう。連休に訪ねてみた。広い藤棚にはピンク、紫、白など多くの品種の藤が植えられ、さながら藤の滝の如くである。清楚な香りがあたりをつつみ、むせかえるほどだ。

藤がこれほどまで香ることを初めて知った。たくさんのクマバチが蜜を求めてやってくる。クマバチは体が黒くずんぐりしていて、飛ぶのがいかにも重そうである。羽音は強くたくましく、小さな重爆撃機だ。

入り口には日本一大きな絵馬が飾ってあり、イノシシの絵が描かれている。イノシシは和気清麻呂公がお宮参りの道中、どこからともなく3百頭の野性のイノシシが付き添ったことにちなんでいる。和気神社では、神の使いとされる白いイノシシの「愛ちゃん」が愛嬌をふりまく。今年は亥年ということもあり愛ちゃんは人気者だ。連休中は多くの人が訪れた。いくつもの出店がでて、ハッピを着た女たちでにぎわっていた。舞台では霧島九面太鼓のメンバーの匂い立つような女若衆の面々が威勢のいいバチさばきを披露し、聞き入る人々は、その豪快さを楽しんだ。犬飼の滝の展望台で、花を売るおばさんと知り合った。自分で育てたという藍色のニホンオダマキを売っていた。花好きは話しが弾む。話を聞くと、家にもたくさんの草花を植えているとのことで、ここに花を持って来ては旅人に売るのを楽しみにしているとのことだ。

滝の上流は霧島連山から流れ下るいく筋もの渓流を集めた清流である中津川が清らかに流れる。川角はターコイズブルーに陽光を輝かせる。名大関霧島を生んだ中津川流域は、うまい米がとれることで有名だ。はるか彼方には高千穂峰をはじめとする霧島連山を臨み、どこまでも田園風景が続く。この地域は全国、他の地域と同様に農家の高齢化が進み、担い手が少なくなった。そこでは皆が力を合わせて、将来にわたって農業が営めるような仕組みづくりが進められている。地域農業は、助け合うことで子々孫々まで美しい田園を存続する道を歩み始めた。農業機械をもつ者がグループとなって、高齢化して体の自由がきかなくなった者に代わって、田畑を耕し収穫する現代の「結《ゆ》い」が今、蘇る。これからに大きな期待が寄せられている。世界は食糧の争奪戦が始まっている。一方で米の価格も下降気味である。再生産可能なシステムも併せ、農家と農地を守ることが今、一番必要だ。このことは、日本の食安全保障上どうしても必要だと考えている。

ウォーキング

暑い夏をやり過ごす一つの方法として、ウォーキングがある。間違っても日中日差しの強い時に歩いてはいけない。今年の暑さはすさまじい。アスファルトの上は、ゆうに気温40度に達し、熱中症の危険性が増す。毎日、熱中症で多くの人が亡くなっていることを考えると、注意しなければならない。

さて、夏の夜を歩くと、街灯にクワガタムシやカブトムシが見つかる。迷路のような市街地の闇を歩くと防犯灯が突然点灯し、「怪しい者ではありません！」と。悪いことをしているわけではないが、申し訳ない気になる。加治木は山に沿って歩くと竜門の滝や、島津の殿様が参勤交代の際の通ったという龍門司坂がある。かつてＮＨＫ大河ドラマでも取り上げられたことがある。この坂は、一年を通じて、うっそうとした樹木に囲まれている。石畳にはこけが生えており、すべりやすく注意が必要だ。備えつけの竹づえが有り難い。石と石との間にたまった落ち葉を踏むと滑らないことがわかった。どんなに周りが暑くてもここは別天地でヒンヤリとした冷気が漂う。

五百メートルほどの石段だがゆっくりと登り詰めると、「さえずりの森」に行き着く。さえずりの森は加治木町が整備した自然と親しむ公園だ。いくつものロッジがあり、夏はバーベキューで盛り上がるグループが多かった。さえずりの森のロッジは年間を通じて若者に人気がある。森林浴を楽しみながらゆっくりと時を過ごすのはいい。上へ上へと上っていくと展望台に至る。視界が開けて加治木の

2007年9月

市街地が一望できる。その向こうには錦江湾と桜島がひろがる大パノラマだ。九州自動車道や加治木バイパスが龍神の如《ごと》くはしり、住宅地と田んぼのジグゾーパズルのコントラストが美しい。体中から吹き出す汗は吹き抜ける風が蒸発させる。一日に少しの時間でもいい。ウォーキングは続けたい。

90

ガーデンの夏

この夏はホウセンカ（Impatiens）を植えた。花壇で生育良く、赤やピンク色に咲き誇った。この花を見ると懐かしさでホッとする人は少なくないと思う。誰しも子供のころから遊ぶ範囲にずっとある花だ、インド、中国南部原産で、日本に江戸時代には伝わってきた。

花言葉が「私に触れないで」とあるのは、熟した実がはじけ、中の種が勢いよく飛び出すことにちなむ。この実がはじけるのが面白くて、この花を見かけると片っぱしから触った。かつてのホウセンカは花が葉の陰に隠れる地味なイメージが強かった。

ところが、今はしっかり改良されており、花は大きくバラ咲きで、葉にもじゃまされず鑑賞価値高く、立派な花を咲かせる。ツリフネソウ科に属し、近いものではインパチェンス（アフリカホウセンカ）、ニューギニアインパチェンスがある。

ホウセンカは、赤色の花で爪を赤く染めて遊んだことから「爪紅」とも呼ばれる。一度植えたら毎年こぼれ種で咲く。蛾の幼虫がその葉を好むので、見つけ次第防除する。性質は強健で、特に病気もない。神経質な花ばかり育てていると、このように気を遣わずともしっかり咲く花は心和ませてくれる。

一方、ガーデンでは毎年オシロイバナ（Oshiroibana）が芽をだす。夕方4時頃から開花するので英国では「フォーオクロックフラワー」とも呼ばれる。南米原産で日本には江戸時代に園芸植物として入ってきた。一つの花に一個だけ大きな種をつける。この中の胚乳が白く、つぶして、おしろいの代わりにして遊んだことから、オシロイバナと名付けられた。

宿根草化して非常に強健なことから、各地で野生化している。地中ではゴボウに似た根が残り、毎年出てくる。今年のように暑く、多くの花が枯れてしまう中で、貴重なグリーンであった。花は一株からいくつもの花色やまだら模様が出現し、よく見ると奥が深い花である。気に入った花があったら、種子を確保して、来年春に植えてみようと思う。

酷暑の夏は緑のカーペットが欲しくなる。カーペットと言えばグリーンカーテン運動をご存じだろうか。ヒートアイランド現象を緩和するためにビルの屋上を緑地にすることはあった。発想としてはその延長線上にあり、窓や壁面にゴーヤ（Bitter gourd）、ヘチマ（Loofah）、アサガオ（Morning glory）などのツル植物を這わせて、冷房費の節約につなげ、地球温暖化防止に役立てようとする試みであり、大手企業等が大まじめで取り組んでいる。

昔から、家庭では窓にはそのようにツル植物を這わせるものだったが、それが復権したとみる。

窓からさす西日は特に厳しいが、グリーンのカーテンのお陰で、室内からは窓越しに涼しげな風情が味わえ、ゴーヤやヘチマは夏料理に最高。トムヤムクンやインドカレーに最適だ。ヘチマは、熟したものは皮と種をとり繊維だけにして、風呂で使うヘチマタワシにもなる。

ガーデンに話はもどる。夏は雑草との格闘になる。夏、特にやっかいなのはツユクサ（Dayflower）、「こぼし」と呼ばれるハマスゲ、イネ科雑草、ドクダミだ。取っても取ってもきりがない。ここは雑草をはびこらせてしまった自分の非は問わないで、これらに負けない草花を植えることで少しでも雑草を防ぐことに努めたい。宿根草であれば、ルリマツリ（Plumbago）、アガパンサス、カンナ、そしてオシロイバナが強かった。

この夏嬉しかったことは2つあつた。

一つ目はストレリチア（極楽鳥花）にいくつもの花が咲いたことだ。テカテカと光るオレンジ色の花弁は見ているだけでリオのカーニバルだ。この花は冬に霜を避ける対策を必要とする。二つ目は斑入りゴムの木の剪定と、剪定くずのさし木に成功したことだ。ゴムの木は、放っておくと上へ上へと展開していく。我が家の鉢もバランスが悪くなったので、半分ほどで剪定した。剪定くずとなった短い茎は適当に切って鹿沼土（小粒）にさしておいたところ、すべて発根して、かわいい鉢植えがいくつもできた。元の鉢は切った下の3節ほどから勢いの良い芽が吹き出し、とてもボリューム感のある鉢となった。大きくなりすぎたゴムの木は取り木で対策することと、書物にはあったが、その方法より格段に簡単な方法で小ぶりにすることが出来ることが分かった。「定説や常識は疑った方が良い」、あらためて、そう思う。

2007年10月

91

ウインドの森

霧島には「ウインド(風)の森」と名付けられたガーデンがある。定年退職を前後した夫婦が10年を超える歳月をかけ創り上げた珠玉のガーデンだ。

私が家族と共に4千㎡を超える壮大なガーデンを訪ねたのは5月連休直前だった。個人の庭だが、期間限定でオープンガーデンとして、来客を受け入れている。連休をオープンガーデンにするため、植物の手入れしたり、クッキーを焼いたりと、忙しいにもかかわらず、夫妻はていねいに応対してくれた。

洋風の家を囲むのは一重の大輪白バラ。

小径沿いには巨大アーティチョーク、カモミール、クリスマスローズなどが咲き乱れる。近年日本人はハーブにとても身近になったとはいえ、なかなか普段の生活に活かすところまではいかない。ハーブは辞書に「特に芳香が強く料理に用いられるローズマリー、セージ、タイム、オレガノなどの薬草、香草」とある。サイモンとガーファンクルの「スカボロフェア」には「パセリ、セージ、ローズマリー、and タイム」の歌詞がある。

日本離れした西洋の雰囲気が漂うガーデンは、ハーブが一つのテーマになっている。ちなみに11月の今は、日本で一番ポピュラーなハーブであるパセリの植え付け適期だ。庭の草花の間にでも市販のポット苗を植え付け、肥料を施しておくと、初夏まで葉が次々と展開し、重宝する。大株になるパセリは一家族で3株もあれば十分か。

比較的冷涼な霧島山麓の気候はハーブにも適しているのだろう。素敵な奥さんはレモングラスはじめハーブをブレンドしたハーブティーを入れてくださった。摘みたての生葉を用いたブレンドハーブティーを頂いた。香りの芳醇さは森の精が宿ったように華やかで味わい深いものだった。

テラスには小鳥のえさ箱が備えられ、中にはヒマワリの種が入っている。訪れた時ちょうどシジュウカラがついばんでいた。小鳥はあちこちにヒマワリの種を保存食として隠すのだそうだ。鳥に忘れられた種が春には芽を出す。5月なのにもう広範囲にわたりヒマワリは咲こうとしていた。ガーデン全体は傾斜を利用した立地になっていて。深い森林に囲まれた空間はオペラ劇場のようである。

2度目に訪れた時には白いエゴノキの花が満開だった。大量のミツバチの羽音がうねりのようだ。ウッドデッキに設置された椅子と机は手作りだ。椅子に腰掛けると、森の香りが漂い、木の葉がこすれ合う音や鳥のさえずりが心地よい。池にはスイレンが咲く。時がただ贅沢に流れていく。

ご主人は若い頃アメリカで過ごした経験から、広い庭の家にあこがれを持ち続けていたのだそうだ。家は小さくてもいいから広い庭が欲しい。その夢を実現すべく、定年7年前に今の場所に移り住み、鹿児島市へ通勤しながら夫婦で少しずつコツコツと創ってきたガーデンである。

「花好きにはこたえられないガーデンは一日にしてならず」。ガーデンは宿根草とこぼれだねで増えた草花に埋めつくされている。ここではヤマガラ、シジュウカラなどの野鳥、蝶や蜂、狸やヘビも市民権を得ている。みんなウインドの森の住人だ。自然の摂理に従って植物も育っては散っていく。

森に囲まれて過ごすと人は元気になり、庭仕事で体も引き締まる。身も心も自然の中にとけ込んで森羅万象と一体化して、神々を感じ地域の温かい人間関係を維持して生きるのは人生の理想の一つの姿だ。ウインドの森は四季の移ろいの中静かに時を刻んでゆき、ご夫妻はいつまでもそれを楽しみに暮らすことだろう。街の住人である私は、そのガーデンの年輪をずっと見つめていきたいなと思った。

2007年11月

92

合掌

先日、国分進行堂に立ち寄った際、モシターンガイドに創刊当時からエッセイを連載されていたハロージュン先生の訃報を聞いた。月草マキさんのエッセイで癌と壮絶な闘いのことは知っていた。

歯に衣着せぬ文章で、いつも緊張感をもってエッセイを読ませて頂いた。文章の底流には現代人が失ってしまった暖かい心や反骨精神があり、心の裏側の本音はじめ、私の知らない世界をいつも見せてくれたエッセイストだった。

まだ60過ぎの若い年齢を考えると、逝くにはあまりに早すぎた。画期的な動物の砂蒸し温泉治療を開発し、一世を風靡した希有な獣医師であった。今や国民病の様相を呈している癌は先生の命をも奪ってしまった。

誠に残念であり、心からお悔やみを申し上げる。癌さえ笑い飛ばした先生のことだから、天国でも愉快にやっているにちがいないだろう。

ビオトープ

我が家は、アレルギー体質でぜんそく持ちが多い家族ばかりだから、基本的に犬・猫を飼えない。

その代償というわけではないが、さまざまな小動物がいる。

三男は夏になるとアゲハチョウの幼虫やサナギがチョウになるのが待ちどおしい。ガーデンのレモンやダイダイなど柑橘類の葉に、アゲハチョウやクロアゲハはつく。いつも見回り幼虫や卵を探している。

パンジーやビオラにつくツマグロヒョウモンも大のお気に入りだ。彼はチョウの旺盛な食欲に応え、せっせと餌を運び入れている。ツマグロヒョウモンの幼虫は、餌が切れるやいなや、一目散に飼育箱から逃げようとするのだ。なんという生存本能の発露だ。これは新たな発見だった。今年は餌切れとなった飼育箱のふたが十分締まっていなかったので10頭ほどの幼虫があっという間に逃げてどこかへ行ってしまった。チョウの幼虫の旺盛な食欲には驚くばかりだ。三男はサナギからチョウになるとたいそう喜び、嬉しそうに空へと放つ。その顔は幼な児にして、すでに恍惚を知る。

彼は学研の図鑑「生きもの飼育と観察」に何度も目を通しているから、やたら生きものに詳しい。何でも一通りは飼ってみたい。週末ごとに父親は彼に付き合うことになる。ヤドカリが飼いたいと言えば、海岸の潮だまりに捕りに行き、白波をかぶりつつ採集に興じる。アメリカザリガニが飼いたいと言えば、県内のペットショップ巡りをする。加治木では10年ほど前まで用水路で見かけたザリガニを近年見なくなった。代わりに相当増えたのがジャンボタニシだ。いたるところにピンク色の卵が産み付けられている。ジャンボタニシは田植え後のイネの苗を食害する、駆除が困難な厄介者だ。一度煮て試食してみたが、ドブ臭く、舌にざらつき、とても食べられるしろものではなかった。

三男はこの夏、モルタルつくりで使う大型のプラスチック容器に網掛川の河原で採ってきた石と砂を敷き詰め、自然に近い親水公園の姿を再現した。小さいながらもビオトープの完成だ。

加治木から川内に行く途中の市比野の道の駅では金魚やメダカ、川の生きものが販売されている。先日立ち寄った際にドジョウ、ウナギ、ヤマトヌマエビ、鯉が川魚セットとして売られていたので、土産に買った。そして、それらはすぐにビオトープに放たれた。

出窓には金魚や濃紺のベタがヒレをさかんに揺らしている。金魚は耐寒性があるから冬は大丈夫だが、ベタは元来タイの闘魚であり熱帯魚だ。ヒーターを入れないと冬は越せないかも知れない。

子供は生きものとともに育つ。子供の時代に何かに興味がある、ということは、人間にとって、とてもとても大切なことだと思う。経験する全てが人生につながる。

人は子供のころのウキウキワクワクする体験を3度繰り返す。1度目は自分自身が子供時代に、2度目は子供と共に。3度目は、孫と共にである。

2007年12月

93

新年を迎えて

このモシターンガイドが街に出る頃は、平成20年の幕が開けているだろう。昭和天皇が崩御されて早くも20年目となった。

当時の小渕官房長官が「平成」の2文字を掲げたのが、ついこの前だった気がする。「光陰矢の如し」今、容赦ない地球温暖化が進んでいる。マスコミでは毎日のようにこの問題が報道される。科学者の間ではかなり前から温暖化が警鐘されていた。最近まで日本人がこの問題にあまり関心がなかったのは、寒い冬を過ごすうちに忘れてしまうからだ、と思っていた。しかし、夏が暑くなった。昨年は10月まで酷暑が続き、11月には寒い冬が来た。秋らしい秋が無かったのだ。

ここ数年冬も暖かい日が増えた気がする。クリスマスを迎えるというのに草原ではクツワムシが大合唱だ。自分たちが子供の頃、冬は霜柱を踏みながら、水たまりの厚い氷を割って登校した。今は霜柱も厚い氷もめった見ない。

世界中の氷河が小さくなり、北極やグリーンランドの氷が融けていることと、身近に起こっていることが「地球温暖化」というキーワードでつながっている。

今年、この問題と世界がもっと向き合うことになりそうだ。地球温暖化ストップはまだ間に合うのか、もう打つ手がないのか。未来は誰にもわからないが、科学に基づく対策は必要だ。それが未来の子供達に対して後悔しない大人の義務だ。すぐにできることの一つとして身の回りのグリーンを増やしたい。私達が出来る小さなエコである。

炭火焼き

先日、味にうるさい4人の大人が集まり炭火焼きパーティーを催した。ひとつ目的があって、炭火の網焼きにどの食材が合うのかを、じっくり確かめる趣向だ。飲み物はビールと、焼酎のロックとお湯割り。

綿毛のような白い花が樹全体を覆い尽くすメルレウカの大木の下で、バーベキュースタンドをセットした。食材はキノコ類が椎茸、エリンギ、肉は豚バラ、鳥の手羽先、牛サガリ（横隔膜）、魚はクロ、スルメイカ、モンゴウイカ、生サンマ、アジ、野菜はキャベツ、さつまいも、完熟カボチャ、ピーマンなどである。

どれも甲乙つけがたい美味しさだったが、特にエリンギの旨さは驚きだった。太くて松茸のような形をしているので、縦に割くことができる。焼いても形が崩れない。独特の風味を持ち、しっかりした歯ごたえが実にいい。

エリンギが登場してからあまり年月が経たないが、今後需要が増えそうである。

魚ではモンゴウイカが旨かった。焼くと独特の旨味が増すのである。これはちょっとした発見であった。プリプリした食感と相まって、スルメイカより小味がある。手羽先は塩コショーを振りかけて皮がジリジリと焼き色が付いたら食べ頃だ。コラーゲンがタップリでビールとの相性は抜群だ。価格も他の部位と比較すると安い。

豚バラは三枚肉とも呼ばれ、あばら骨に付いている肉である。塩コショーで焼くと脂（アブラ）がしたたり落ち、炭火が激しく立ち上がり、よく焦がす。焼鳥屋では不動の人気を誇る一品である。

サンマは魚屋で5つにぶつ切りしてもらった。炭火でふっくらと焼くとこれまた旨く、七輪で焼くサンマの実力を思い知った。アジは脂がのらず身がパサつき、サンマにとおく及ばなかった。

炭全体に火が回ったころクロを姿のまま切れ目を入れて網にのせ、ジックリと焼いた。脂がジュウジュウしみだし、香ばしいにおいが漂う。ほどよくカリカリに焦げた皮付きの身、これもまた、旨かった。磯ではよく野趣あふれるこの食べ方をする。

アルコールが回り、赤くなった皆の顔を炭火が照らし、幻想的な雰囲気を醸し出している。話しも興に乗ってくると夜も更けていった。海の幸、山の幸、多くの食材に囲まれた夜。豊かな国のグルメな一夜だった。

2008年1月

94

宮崎

先日、大みそかから元旦にかけて宮崎のホテルで一泊した。ネットで検索してなんとか見つけた大淀川河畔は橘公園沿いのホテルだった。

私の家族と妻の両親計8人の大人数だ。妻は宮崎が実家だが、腰を手術した義母に負担をかけないように上げ膳下げ膳を選んだ。

ホテルに着くと夕食までの間、子供と展望大浴場に浸かった。眼下にはJRの鉄橋があり、ときおり列車がゴトンゴトンと大きな音を響かせながら通り過ぎた。湯船にはたくさんのユズが浮かんでいる。それを手にとって鼻に近づけると、えも言われぬ香りに包まれた。

夜景を見ながらの晩餐は心が躍った。皆で乾杯をして、その年、元気に大晦日を迎えられたことを讃え合った。会席料理に舌鼓を打ちながらのビールは旨い。デザートに出された黒ごまプリンは、たっぷり入った黒ごまのベーストが香ばしい香りを漂わせていた。

部屋は眺めのよい和室だった。

布団に寝転がり紅白歌合戦を観た。最近の歌手は本当に歌がうまいと思う。ビジュアルも美しい。私はガクトのステージと、中村中の澄み切った歌声に酔った。

2008年2月

ＮＨＫの行く年来る年を観ていると、突然時報が午前０時を告げ新年を迎えた。皆で「あけましておめでとう！」と笑顔であいさつを交わした。大人達はそのまま寝たが、別室の子供たちは朝５時まで歌番組を観ていた。だから朝、なかなか起きてこない。

ホテルの元旦、朝食はおせち料理だ。かまぼこ、田作り、黒豆、雑煮。一通りは揃っている。ＢＧＭは宮城道雄の代表作「春の海」。正月気分が盛り上がる。

眼下の大淀川の川面には無数のカモが浮いていた。

ホテルを出て宮崎神宮に初詣でに行った。天気はいいが、風が強く寒かった。

社殿まで続く鎮守の森の小径を歩く。大きく成長したクスノキは高いこずえの葉がこすれ合う葉ずれの音がザワザワと響く。細かに輝く木の葉の向こうには真っ青な空がのぞいていた。

宮崎にはたくさんの思い出がある。

昭和48年当時、父が花王石鹸宮崎支店で仕事をしていたので、私の家族は一年間宮崎市内に暮らした。

当時中学一年だった私は熱帯魚の飼育にのめり込み、市内の熱帯魚店を行脚した。橘大通りには大きな熱帯魚専門店があり、海水魚から淡水魚まで取りそろえていた。水槽もさることながら熱帯植物も飾りトロピカルムードを漂わせていた。橘大通りの中央分離帯にはワシントンヤシ（Washingtonia filifera）が植栽され、雰囲気のある通りとなっている。そのワシントンヤシが今では驚くほど背が高くなっている。一体どれだけ成長するのだろう。

当時、宮崎は新婚旅行のメッカとして栄えた。その象徴だったのが青島、日南海岸だ。青島には樹齢三百年ともいわれるビロウ樹が生い茂り、鬼の洗濯岩という奇岩が周囲を囲む。父は日曜日毎に家族を観光地に連れて行った。

それは週末の決まりごとのように、都井岬、新田原基地、小林の出《いで》の山《やま》公園、霧島など愛車ブルーバードで連れて行った。夏は青島海水浴場によく泳ぎに行った。

当時私は天体観測にも興味を持った。口径５㎝の屈折天体望遠鏡で、月や土星を観測した。級友に天文仲間がいて、大淀川の堤防に行っては宵の明星金星を一緒に観測した。

近くの公園には紙芝居のおじさんが来て、紙芝居が終わるとブリキの箱から水飴や煎餅を取り出し子供達に配っていた。

それは大阪万博が行われた年で、菅原洋一が「今日でお別れ」で日本レコード大賞をとった年だった。賞品がトヨタのセリカだったのが懐かしい。軽の革命児ホンダＺが、そのはじけるようなＣＭソングとともに世に出た。私は宮崎を愛した。人も風土も自由な気風に満ち、日向灘のオゾンのシャワーが、初めての夢精でパンツを汚した精通にとまどいつつも自慰の誘惑に勝てない私をいつも優しく、包んでいた。

人は今だけを生きているのではなく、過ぎ去った過去も同時に生きている。辛かったこともすべて思い出にかわる。昔のことをよく思い出すようになった今日この頃である。

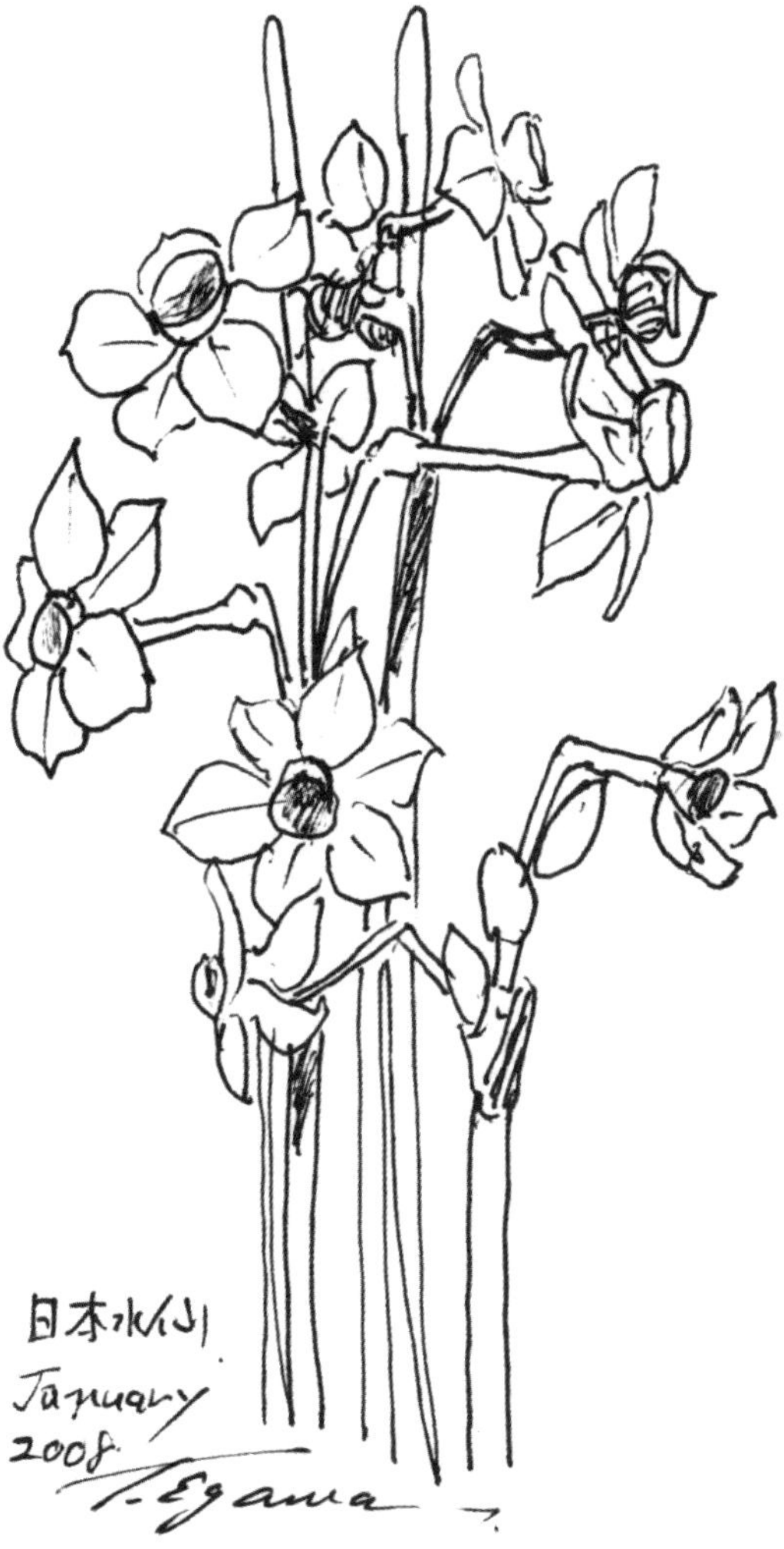

95

男の隠れ家

子供の頃、段ボール箱を用いて、よく小さな小屋を造った。男の子なら誰だって経験のある秘密基地である。その、ほの暗く狭い空間に身を委ねていると、何だか落ち着く。これは洞穴に暮らした人間の本能であろうか。不良のたまり場になると、やり玉に挙げられる廃屋でさえ少年はワクワクドキドキするスリルを感じて入っていく。

自分たちだけの秘密の場所には不思議な愛着があった。それから40年を経た数年前のこと、蒲生町の岩戸集落の男達が、一枚の設計図を元に「男の隠れ家」を作ることになった。細長い12畳ほどの切妻の家だ。

中には中央に5メートルほどの囲炉裏《いろり》がある。壁にはズラリと焼酎瓶が並んでおり、ここが何をするところか一目で解かる。男達が集まって飲む、たまり場なのである。仲間には左官、大工、電気工など専門家が揃っている。山から竹を切り出して、皆で力を合わせ二ヶ月かけて作り上げた。ひと区切り毎に乾杯をして祭った。隠れ家で焚く炭も自前で作ろうと、炭焼き小屋もつくった。

炭焼きの熱を活かそうと風呂釜をつけて、露天風呂をつくった。蒲生の町を見下ろす風呂からの眺めはすばらしい。炭焼き窯の熱を得た湯は柔らかく、ユズ（yuzu）を浮かべて憩うのはなんと贅沢なことだろう。男たちの出役のみで、これら全てにはほとんど金をかけてない。かくして立派な男の隠れ家が完成した。ところが思いもよらぬ伏兵がいた。竹を食い荒らす虫だ。2年で竹がボロボロになった。男たちはまた竹を切り出し再建したが、虫はまたしても食い荒らした。3度目に杉の間伐材を用いたら、うまくいった。失敗は成功のもと。男たちの絆はますます強くなった。

先日、集落の会合に誘われた。寒い雨が降るなか「寄ろうかい屋」と名付けられたその建物の中は暖かく、炭火の芳ばしい香りに包まれていた。その香りは市販の炭では味わえない、子供の頃、いろりや七輪で嗅いだ懐かしい香りである。

集まった男や女は皆いい顔をしている。消防団のメンバーが多い。50年前のボロボロに錆びたポンプを磨き上げ、再び現役で使えるようにした話や、子供の頃、川岸に竹とカヤを使って秘密基地の小屋を建てたこと、など楽しそうに語る姿に、人と人との絆《きずな》の源流をみた。炭火の上には網が敷かれ、山から採ったばかりであろう肉厚の椎茸や、イカや肉が焼ける。冷えたビールや焼酎のお湯割りを五臓六腑に流し込み、語った。しばらくすると、スクリーンが現れ、集落の歴史や「寄ろうかい屋」の生い立ちが上映された。映像もセピア色の郷愁に満ちていた。しばらくすると「なんこ」が始まった。なんこは南九州の伝統的な酒席の遊びだ。二人で向き合い、互いに3本の棒を持ち、掌で隠しつつ相手に差し出しながら、二人の差し出すトータルの本数を当てる。「下駄ん目《げためめ》」「都城市《みやこんじょ》」などと威勢の良いかけ声が飛び出す。私は負けるたびに、しこたま焼酎を飲み、頭がクラクラになった。元気なのは男だけではない。女だって地域の担い手として、トラクターに乗り、男顔負けの働きをする。「あと数年で定年を迎えたら、地域農業のオペレーターをする」頼もしい声が弾む。夜遅く、おいとましたが、皆さんは朝まで飲み明かすのだというから元気だ。農村で人が生きていくのに人との絆は命である。その絆を思う存分楽しみ、育んでいる集落に虹色の明日をみた。

蒲生は川が美しい。鯉ヘルペスウイルス騒ぎの前までは、こどもの日に鯉つかみ取り大会があり、うちの子はずぶぬれになりながら大きな鯉を抱きかかえるように捕まえた。山あいには町営の温泉がある。その露天風呂に浸かると、眼前の竹林が風にざわめく。ソメイヨシノのシーズンには花見湯を楽しめる。泉質がよいのかとても暖まる。ひょうたん形の水風呂と熱湯を交互に入ると湯冷めをしない。山紫水明の島津藩の奥座敷である蒲生は、いくら因数分解しても、魅力の解が見えない、人も風土も、味わい深い郷なのだな、と思った。

2008年3月

96

歩く

昨年から勤めが加治木になり、職場へは徒歩で通勤している。片道20分ほどのちょうどよい距離だ。冬の朝、白い息を吐きながら歩くと、早起きのカラスが電柱のてっぺんで鳴いている。鳥は早起きだ。近くの小学校からは、進軍ラッパのような威勢のよい朝の音楽が流れ、けだるい一日のルーティンが始まったことを告げている。日豊本線の踏切を走りすぎていく列車は、通勤・通学客で満員状態であり、ガタンゴトンと地響きをあげる。しだいに職場が近くなると、慢性不眠症にむち打った身体が温まり、コートが暑苦しく感じる。職場に着く頃にはすっかり眠気も覚め、仕事モードへと切り替わる。

昼食後の散歩も日課となっている。いつも日木山川周辺を散策する。三月の散歩はジンチョウゲ、ハクモクレンなど香り豊かな花が楽しめる。川の堤防には菜の花が植栽され、むせかえるような花の香りのなか、ミツバチが乱舞している。ミツバチは、高周波の羽音を発し、花から花へと蜜を集めて回る。足には黄色い花粉をつけ、かわいらしい。

人家の庭には梅やツバキが咲き乱れ、メジロがせわしく飛び交う。チッチ、ツーイと可愛く鳴く。精矛（くわしほこ）神社に通づる参道にはソメイヨシノが見事だが、ところどころに川津桜が植えられている。まだ幼木だが2月下旬から桃のような大ぶりのピンクの花をつけはじめた。川津桜は山桜に似た花と知らされていたので、想像以上に美しかった。

2年前、私達のグループは精矛神社の境内にクリスマスローズを50株ほど植えた。実生で発芽1年目の苗を植え付けたところ2年目の今年半数近くの株が花をつけた。すべてオリエンタリスという品種で、一株ごとに色形が異なる。それは神社の景観を守る人々で大切に管理されており、数年もしたら大株になるのがとても楽しみだ。

この時期ヒヨドリが群れをなして飛び交う。ギーウイ、ギャーギャーと空気を切り裂く鳴き声がけたたましい。鳩に近い大きさの身体を維持するためには多くの食べ物を必要とするのだろう、一日中飛びまわり餌を探している。日暮れ時になると高い電線に集団でとまっている。知らずに真下を歩くとフンが降ってくるので、避けながら通る。ヒヨドリは初夏になると、我が家のビワの実を食べるので、困る。

初市

さて、3月になると、加治木では初市が開かれる。二日間にわたり二百を超える露店が並ぶ季節の風物詩だ。ライフルで景品を倒す射的に集まる子供や若者達。うちの子は何もとれなかった。くじ引き屋、かたぬき菓子屋、亀すくいや、金魚すくい。子供たちはおこづかいと相談しながら、いちかばちかのかけにでる。

園芸の店も数多く並ぶ。豪華なシンビジュームやグラジオラス、アマリリス、ユリの球根。ルピナスやスイセンの鉢植えが店先に所狭しと並ぶ。植木屋では、岩ツツジ、柑橘類の苗木、桃、梅、柿など豊富に並べられている。実の付いたキンカンやミカンの苗木を持ち帰る人が多かった。食べ物では、箸巻き（お好み焼きを箸でくるりと巻いたもの）が、うちの家族の好物だ。それはタップリのマヨネーズとソースが香ばしく、うまい。東京ドーナッツ、梅ヶ枝餅、焼き豚、焼きトウモロコシ、コンペイトウ、バナナチョコ、焼きイカなどを売る店が延々と続く。しんこだこ屋があった。しんこだこは米粉で作った串だんごに醤油で味をつけ、焼いたもので、昔からある。昔からあるのはだんご屋だけではない。ほとんどの店が昔からある。

一般の店や大型店がますます洗練されていく中で、露店は昔から時間が止まったままだ。多くの人が初市を訪れるのは、昔へのノスタルジーを感じるからだろうか？。時代の流れについていけない荒ぶる精神のバランスを保つためであろうか？子供たちが熱狂するのは、ここしかない祭りの雰囲気を味わえるからだろうと思う。大きなニシキヘビを見せ物にする露天商もあった。ニシキヘビは黄金色をしており、長さは3メートルほどもある立派なものだ。触るとヒンヤリした。善男善女を星の数ほど見続けているからだろうか、ヘビは意外に、優しい目をしていた。

2008年4月

97

クリスマスローズ

種から育てたクリスマスローズがこの春、たくさん花をつけた。発芽から丸2年を経て訪れた愛くるしい花の競演である。

赤紫、白、白にピンクのフリル、イエローなど、オリエンタリスの特徴を備えた一重の花たちだ。自分で種から育てたクリスマスローズは感動的だ、と専門誌にあった。まさにそのとおりだ。

ここに至るにはいくつかのポイントがあった。まず5月に採種した種を湿らせたペーパータオルでくるみ、冷蔵庫の野菜庫に保管して、十月一日に蒔くこと。これでほぼ発芽率百%を得る。種は、自家受粉した種より、他の株の花粉をめしべにつける他家授粉のほうが雑種強勢により丈夫な苗を得ることができる。他家授粉の方法は、満開になった花の花粉を綿棒でからめとり、開いたばかりでおしべがまだ展開してない花のめしべにこすりつける。

この作業は、花と花との組み合わせで将来の花を心に描けるので楽しい。交配手法を得ることで、品種改良ができる。交配してから3年で花が咲く。その中から優れた個体を残していく。この花に魅せられた者の、密やかな楽しみである。

発芽した年は、水切れや夏の日光による葉焼けに気をつける。できれば明るい木陰で管理するとよい。発芽一年で露地に定植するが、日当たりのよいところでも十分育つので、場所を選ばない。よくクリスマスローズは木陰に植えた方がよいと言われるが、あまり気にしなくていい。先日、国分進行堂に行ったら、鉢植えのクリスマスローズが満開だった。シックな赤紫の花が、株全体を覆い尽くすように咲き乱れる姿は、花好きにはこたえられないだろう。ぜひとも一度はチャレンジしてほしい。

春爛漫《らんまん》

ブラジルの国花イペーが巨大になり、たくさんの花を咲かせた。

昨シーズンは台風が来なかったので、順調に生育した。結果的に強い風は吹かなかったが、台風対策として混み合った枝を落とし、強風の影響を少なくした。それは主幹がまだ細く、多くの葉に強風を受けると幹が耐えられないと考えたからだ。この春はカナリヤイエローの花を沢山つけた。春の木市で3年生苗を買ってから7年目の春である。

加治木の霜に耐えるほど耐寒性があるので、植えられる範囲は広いと考える。裸の木から突如黄色の花が一斉に咲く姿はブラジルの桜に例えられ、なかなか風情のある木である。

志布志市の民家で、四季咲きのモクレン（マグノリア）を分けて頂き、鉢植えにしていた。4月になり、はじめてたくさんの花をつけた。この木は花後に芽吹く葉も美しい。ソメイヨシノが咲き、散る頃は実に多くの花が咲いて散っていく。この花もその一つだ。通常モクレンは年一回しか咲かない

2008年5月

が、これは秋にもう一回花が咲く。地植えにしたら成長も早いのだろうが、残念ながら、もう植え付ける場所がない。鉢植えで管理するしかない。

桜の散る頃、うす黄色のモッコウバラが咲き始めた。これは鉢で管理していたのをご近所さんから頂いた。トゲのないバラなので扱いやすい。枝全体が花でおおわれる姿は見事である。

公園のフェンスにはキャロライナ・ジャスミンが満開となった。強い芳香のある黄色い花が株いっぱいに咲く。茂りかたが激しいので、こまめな剪定を欠かさないことが大事だ。

今年は山桜やソメイヨシノの散り際が美しかった。風に舞い陽光を受けてキラキラ輝きながら地表へと落ちる様には、なんともいえない風情がある。

これまでは、散る姿をあまり美しいとは感じなかったので、感性が変化したのだろう。

花壇ではカラスノエンドウ、スズメノエンドウ、そしてヨモギが大繁殖をしてしまい、頭が痛い。ほっとけば占領されてしまいそうである。手入れの手を抜いたツケは大きい。

2008年5月

98

4月から5月へ

初夏、山が笑っている。様々な緑が入道雲のように盛り上がる。落葉樹が少なく照葉樹林が広がる南九州では、この時期、葉が新旧交代する。三寒四温を繰り返しながら春は足早に過ぎていく。

「春眠暁（あかつき）を覚えず」とにかく眠くてしょうがない。休みの日には何時間でも寝られる。寝てばかりで何もしないことには、もったいないような一抹の罪悪感を伴うが、週に一回くらいはそういう日もあっていいかなと思う。春は寝ているとよく夢を見る。見る夢は高校とか大学の試験の夢である。かなり具体的な内容の問題が出てきて、それが思うように解けず苦しむ夢だ。目が覚めると、「夢で良かった」と安堵する。人物の夢は、過去の人が出てくる。亡くなった肉親や、昔好きだった人などだ。

不思議なことに、今の家族は全くと言っていいほど夢には現れない。夢には脳の情報を整理する役割があると言われるが、まだメカニズムはよく解かっていないらしい。悪夢に苦しむのは良心の呵責にさいなまれるのが原因だろうから、行いだけは人に迷惑をかけない一市民でありたいと思う。人生も、過ぎてみれば夢みたいなものなのだろう。

カラタネオガタマが今年も4月下旬から満開の時期を迎えた。強い芳香がガーデンをつつむ。お香

2008年6月

を楽しむ習慣はあるが、花の芳香を楽しむのも一興だ。オガタマは夕方になると強く香るので、静かに椅子に腰掛け、初夏の微風を感じながら香りを楽しむのはとても心地よい。

そのころ、虹の花ジャーマンアイリスが一斉に咲き出す。大輪のジャーマンアイリスは一茎に5輪ほどの花をつける。ボリューム感に富む花は近年品種改良が進み、花色がとても豊かになった。私がこの花に魅せられたのは幼稚園のころだ。近所に庭の広い家があってこの花が誇らしげに咲いていた。葉も青みを帯びてとても美しく、剣のような形をしている。いつかたくさん育ててみたいと思っていたが、今のガーデンはとてもジャーマンアイリスとの相性がよく、殖える。

植え付けは球根が出回る秋がよいだろう。

購入の際は干からびてないかを確かめよう。大きめのプランターに、肥料の少ない清潔な用土を入れ、球根の下半分が土に埋まるようにしておく。乾かし気味に管理すると活着はとてもよい。

面白いことに地域にはその地特有のジャーマンアイリスの品種がある。これはその地域の気候風土に適して、人から人へと伝わった品種であろう。中輪種の赤紫の品種と大輪種の青紫の2品種がそれにあたる。

さて、5月も半ばになるとビワの実が大きくなってきた。樹上で完熟したビワはとても甘くジューシーだ。ただ、近年ヒヨドリに目をつけられて、甘く熟した実から食べられる。人はヒヨドリのおこぼれを食べる格好だ。

ザクロが朱色のつぼみをつけた。開花すると実がふくらんできて、秋には食べられる。花がきれいで、実も赤く美しい。スリーシーズン楽しめる果樹である。

今年、加治木ではあちこちでイペーが咲く光景が見られた。東串良町の友人からたよりがあり、役場に50本ほどのイペーの苗木を植えたそうだ。知られているのは黄色がほとんどだが、私のガーデンにはピンクのイペーが今年咲いた。耐寒性がありそうだから、露地植えにしてみようかと思っている。黄色とピンクのブラジル国花の競演もおつなものだろう。

倭性のジャカランダが今年もつぼみをつけた。鉢で管理しているが、耐寒性があり、屋外で冬を越すことができた。ジャカランダはとんでもない大木になることから、庭植えは奨めない。

様々な植物が生長する今の季節は大急ぎで灼熱の夏へとつき進んでいく。

2008年6月

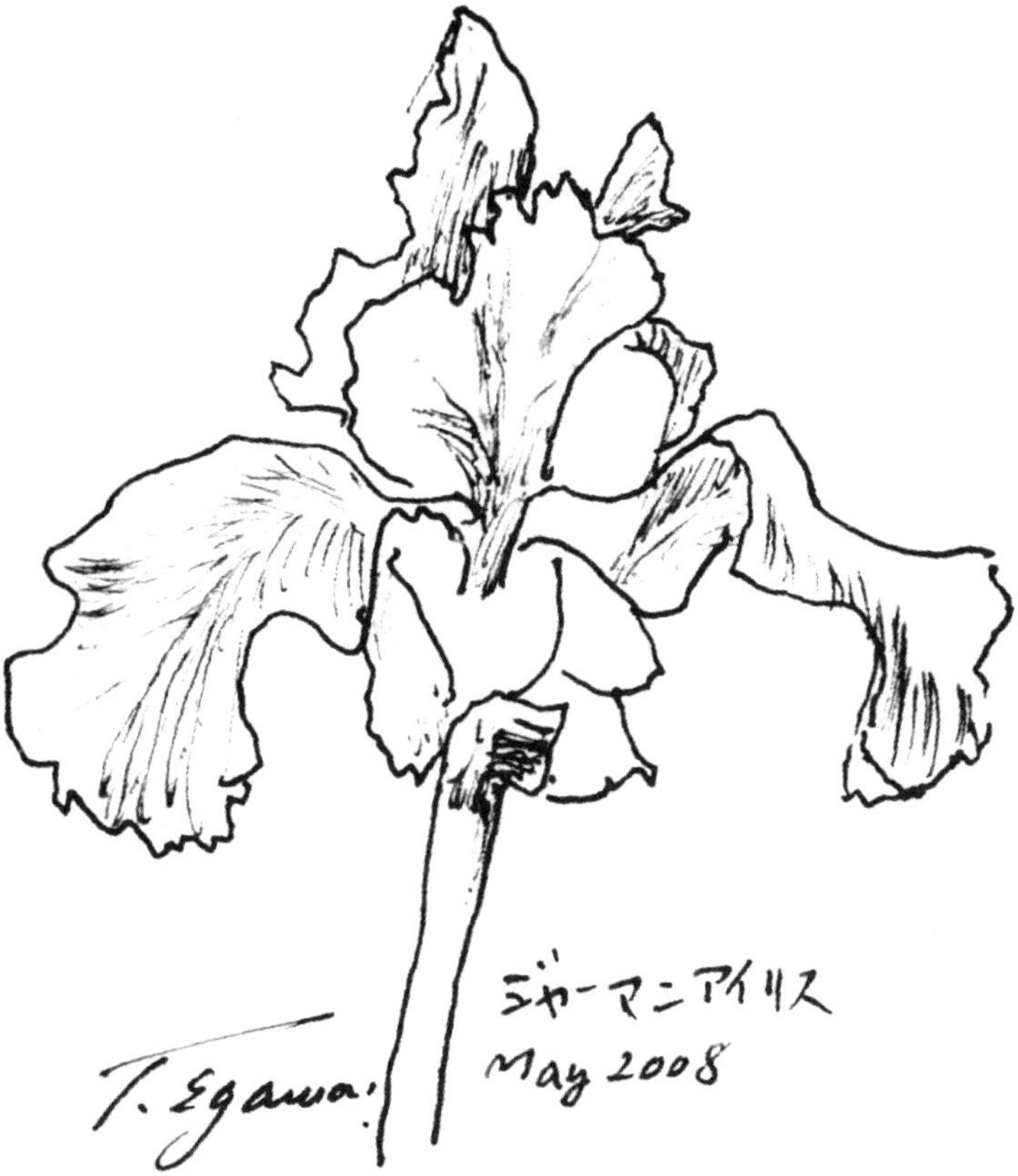

99

食糧

生きものであれば、「食べること」は当然の営みである。鳥も昆虫も獣も全てが、食べることを宿命付けられている。幼い頃は親から食べ物をもらい、独り立ちすると自ら食べ物を得るようになる。もちろん人間だってそうだ。生きものは食べ物の量に応じて生命の数が決まってくる。人もその例外ではないだろう。

今、食糧危機が心配されている。小麦やトウモロコシの価格が高騰して、アフリカはじめ貧しい国々の民が飢餓に直面している。戦後の食糧難の時代を経験した人が少数派となり、多くの日本人が飢えを知らなくなった。

生まれた時から有り余る食べ物に囲まれ、飽食と美食を謳歌してきた多くの日本人には、飢えの苦しみが分からないと思う。日本は世界第2位の経済大国だから、将来ともに飢えを経験することはないかもしれない。しかし、想像力を働かせ、飢えがいかに過酷なことかを理解することは大切だ。日本人が食べる食糧の3割が食べ残しなどで廃棄されるといわれる。今後はそういう無駄を無くすことは大事だ。宴会などでも大量の食べ残しをそのままに、客は帰ってしまう。O157による食中毒発生以来、ホテルなどでは持ち帰りを禁じている。でも、もし許されるなら、折り箱に入れて持ち帰りたい。

食糧は戦略物資だと、長いこと言われてきたが、今日、まさに現実味を帯びている。日本人は完全に自給できる米の価値を再認識して、日本型の食生活を見直すことで、将来の飢えを少しは回避できると思う。

それにしても、原油、食糧の高騰ぶりはすさまじい。人が生きるために必要なものを狙い打ちして投資マネーが流れ込む。人が必要とするから需要が無くなることはないとの、冷徹な計算の上で、容赦なく金が流れ込み、人々の生活に多大な影響を与える。グローバル化（地球化）の時代とはまさに略奪の時代なのかなと思うと、なんともやりきれない。地球温暖化によって農業が困難になる時代にあって、60億人の食の未来はどうなるのか。今後を見届けたい。

2008年7月

イモリ

我が家の三男坊は、生きものが好きだ。先日玄関に水槽が置かれ、イモリが4匹入っていた。背中は黒く、腹は鮮やかな赤色をしているからアカハラとも呼ばれる。

神社の池にいたのを見つけたという。

自然が豊かなところに棲息するとのことだから、まだまだこの辺は自然豊かなのだろう。

水槽の中をゆったりと泳ぎ、時々息継ぎのため水面に鼻をだす。普段は、水辺の石によじ登って休んでいる。生き餌を好むと知り、庭からミミズを掘り出し、与えると、素早い動きで食べた。餌付けが成功したので、これからもうちのペットとして居続けることになるだろう。イモリは同じ両生類のサンショウウオとよく似ている。

梅雨に入り田植えも近い。また今年も蛙の合唱が聴かれる季節となった。生きものが命の輝きをみせる初夏。人も元気になりたいものである。

アナナス科

パイナップルの仲間でエアプラント、寄せ植えで人気のクズマニアもこの仲間であるアナナスの仲間は、近年多くの品種が紹介されている。割と耐寒性があり、加治木の戸外で越冬するものが多い。家の南側の霜が当たらない場所に置いたらいくつかが越冬した。観葉植物として価値が高く、鑑賞期間も長い。鹿児島の夏が熱帯の国々とかわらないことを考えると、有望な園芸植物だと思う。パイナップルの葉の部分を切り取り、砂にさしておくと容易に発根する。数年で開花し、実がなるので面白い。

窓辺には昨年秋に頂いたポインセチアが元気に葉を拡げている。夏までこのまま肥培し秋の短日に慣らすと、12月には赤く色づいてくる。身近な観葉植物が楽しめる夏が来た。

2008年7月

100

桃源郷

私は生きている限り、人生の桃源郷を探し続けている。痛みや苦しみから解放され、宙を浮くような軽やかさに身を委ねる時間と空間だ。

私は昭和62年9月から半年間、米国ジョージア州立大学アニマルサイエンスディビジョン（畜産学科）に公費留学した。昭和43年にジョージア州知事と鹿児島県知事鎌田要氏が両州姉妹盟約20周年記念事業として、研究者を交換留学させることになった。私はその一期生、パイオニアとして半年間渡米した。アトランタ近郊の広大な桃園。地平線まで満開のピンク色が続いている。

20代後半だった私は、台湾出身、東京大学大学院に在籍の、ターさん夫妻から借りたあずき色のステーションワゴンを走らせ、一人で桃園にピクニックに行った。ランチはスーパーで手に入れたサンドウィッチとゆでたてのロブスターだ。スーパーの魚売り場には大きな水槽があり、ロブスターが生かしてある。頼むと水槽から取り出し、その場で調理してくれる。

ロブスターはハサミや腹にプリプリとした大量の身が詰まっている。それを食すのは至福のひとときだ。ランチが終わったらミツバチの羽音を子守歌にしてシエスタ（昼寝）をした。目覚めると桃の花とあふれる春の陽光の中にいた。これは桃源郷だろうと思った。

日常の中でも温かい心に触れた時、人は桃源郷を見るだろう。孤独を恐れ一人では生きられない存在の人は人との係わりの中で生きているから、人とのよりよい関係を求めている。生きていくことが次第に難しくなってきた今日、その難しさを和らげる仕組みの鍵は人の心の中にあると思う。

さて、ガーデンは家の桃源郷である。そこに心遊ばせる時間と空間があればいい。夏には夏の花が咲き、秋には秋の、春には春の花が咲く。

四季がめぐり、人は一歳ずつ年を重ねる。

昆虫も世代交代を繰り返す。トカゲやカマキリ、アゲハチョウに蜂。みんな生きていて悠久の時を過ごしている。昨年からはキオビエダシャクというイヌマキやラカンマキにつく蝶が大発生している。よく見るとビロードのブルーと黄色の帯がまことにきれいな蝶なのだが、その発生数が多くて、また、木の葉を食い荒らすから、大の嫌われ者になった。元々は奄美や沖縄に棲息していた蝶だが、地球温暖化とともに生息域を北にひろげている。これも身近に感じる温暖化の影響である。

原油や食糧の高騰など21世紀は人類にとって苦難の世紀になりそうな様相を呈している。最近立て続けに報道される地球温暖化関連のニュースは恐ろしい。豪州や米国の干ばつや洪水、氷河の後退、北極の氷の融解など、地球はいったいどうなっていくのだろう。難しいかもしれないけど、米を中心とした日本型食生活を見直して、少しでも食糧自給率を上げたい。米粉を利用したパンや食材の開発が進んでいる。日本の食の将来は何とかしないといけないと思う。

2008年8月

お礼

今回エッセイ「ガーデンへようこそ」は百回を数えました。ここらが潮時と、終わりにすることにしました。読者の皆様には長きにわたり、お付き合い頂きありがとうございました。

心より御礼申し上げます。

このエッセイが始まったのは平成12年5月でした。それから8年余り、月一回身近な話題を取り上げてきました。「ガーデンへようこそ」と題しながら、中身は全くガーデンとは関係ない話題が多かったように思います。羊頭狗肉にならなかったことを願っております。ただ、その全てがめぐりめぐってガーデンへとつながっている気がします。エッセイの中身は基本的に自身で体験した草花の栽培に関することや、ガーデンに住む生きもの、旅した事などでした。ガーデンの魅力に少しでも近づけたら幸いです。

人間も自然の一部であるという事実を忘れずにいたいと思います。

また、お会いできる日を楽しみにしております。皆様には感謝の気持ちでいっぱいでございます。

どうか元気でお過ごし下さい。

再度、本当に有難うございました。

2008年8月

ごきげんよう、さようなら。

啓白

平成20年8月吉日

モダン・ボタニカルアート作家　頴川隆

エピローグ

エッセイ「ガーデンへようこそを」終了した平成20年以降、社会は複雑化し、心の不安は増しています。

地球温暖化は加速し、なす術がありません。

「これから先、どう生きてゆけばよいのか?」という人類共通の疑問に対する解答の一つが、ガーデニングだと考えています。

人間は動物界で最も進化した種であり、ガーデンの草花は、植物界で、人間と同様に進化の末裔《まつえい》です。38億年前、生命が誕生して以降、人間も植物も同胞だった時代が有り、人がグリーンに安らぐのは、その時の記憶が蘇るからだ、と考えています。

土に触れることで、体と頭脳は、心地良い幸福感で満たされます。

心が幸福であれば、細胞は活性化し、健康的な日々が約束されます。人は、孤独に耐えられないけど、ガーデンの日々は、魂を癒《いや》します。そう、ガーデンがあるかぎり、それがたとえ小さなプランターでも、自己完結したかけがえのない芸術にほかならないのです。だから、人は、ガーデンがあれば大丈夫なのだと思います。

ただ、人にとって最大の環境は人間関係です。人は精神世界に生きていますからその精神世界の最適化は大切です。

人を愛せば、人から愛される。人を憎めば人から憎まれる。なぜなら人の心は、意識できる表層と意識できない深層の二層構造をしているからです。深層は、主語と目的語の区別がつかないから、表層において『私は彼女が好き』と思ったら、深層においては、同時に『彼女は私が好き』と認識します。このように『私は彼女のことが嫌い』と思ったら深層において『彼女は私が嫌い』と認識します。このように、人を愛せば人から愛されていると感じ、人を憎めば人から憎まれていると感じます。これは恐しいことで、愛に満ちた人は家族、友人に満たされた人生を送ります。一方、人を憎んだり恨んだりする人は、笑顔を失い徐々に醜く老いていきます。心と身体は一体だから、身体は、ボロボロになっていきます。すなわち不幸な人生を送ります。

このことを幼児の時からしっかり教育すれば、世の中のいじめやパワハラや暴力はなくなるのではないのでしょうか。ひいては世界平和に結びつくのではないでしょうか？

ガーデンの日々はそんなことを気づかせてくれるオアシスでもあります。ガーデンでコーヒーでもすすりながら四季の移ろいを楽しみながら、平和な日々を送りたいと思います。

皆様も一緒にいかがでしょうか？

Let's do gardening together!

さあ、ゆっくりとガーデニング・ライフを楽しみましょう。

そして、これからもこの世界をどんどん広げていきましょう。

最後まで読んでいただきありがとうございました。もし、気に入っていただけましたら挿絵に色鉛筆などで彩色されると更に楽しめます。
この本を執筆するにあたりまして、ご協力頂きました皆様、また、私のわがままを限りなくきいて下さった㈱国分進行堂の赤塚社長様、編集部の皆様、そして、最後の最後まで大変な迷惑をかけた妻と4人の子供たち、本当にありがとうございました。心から感謝申し上げます。

平成二十八年十月吉日

モダン・ボタニカルアート　アーティスト　頴川　隆

追記
後日わかったことですが、4話で記載したノウゼンカズラは雑草「ヤブカラシ」とともに一度はびこると根絶は困難です。
また、30話の「雑草はもう怖くない」で記載した、灯油バーナーは、地中の種子には全く効果がありませんでした。85話「バラの救世主」で記載した「堆肥一番」は製造中止になりました。

執筆にご協力頂いた企業・団体①

国分進行堂／高木画荘／農業生産法人㈱さかうえ／和香園／全国農業改良普及支援協会／堀口製茶／風の丘ガーデン／星花園／花安／ JA そお／ JA 北さつま／ JA あおぞら／テディ金城音楽事務所／青雲社／志布志湾大黒リゾートホテル／古城和牛種畜場／馬場種畜場／宮内庁／鹿児島県／曽於市／始良市／さつま町／志布志市／湧水町／薩摩川内市／ポルシェセンター鹿児島／南九州マツダ国分店／ニッサン隼人店／ネッツトヨタ国分店／バイクハウス加治木／ DUCATI JAPAN ／バイクフォーラム鹿児島・加治木／ハーレーダビッドソン鹿児島／ホートク食品／川原泌尿器科クリニック／今給黎耳鼻科／大井病院／若松記念病院／吉田稔法律事務所／ササヤマ時計宝石店／一福／ハウステンボス／ JR 九州／ギャラリー白樺／ギャラリー白石／ギャラリー鳳山／ホテル京セラ／城山観光ホテル／ハンズマン／新建設／タイヨー／山形屋／サカタのタネ／ユニティ／ファンケル／クラブパール／又木庭園建設／ R&B ／花一ガーデン／南原農園（ブライダル植物）／最勝寺農場（酪農）／東花園（花き）／小さな絵本美術館アルモニ／リトリート／ゆうこジャズダンスカンパニー／ホルベイン工業／さかえ屋／コーヒーの田中／大日本印刷／アート印刷／マインド薬局／住友林業／九州大学農学部／鹿児島県立鶴丸高等学校／鹿児島信用金庫／鹿児島銀行／アップル社／ NTT ドコモ／だいち（和牛子牛生産）／米盛建設／真言宗青隆寺／臨済宗安国寺／始良有機生産組合／ NOSAI そお／ NOSAI 中部／ NOSAI 北薩／稲盛財団／ヤンマー／アイロード／ムーミン／セカンドラブ／西留農場（ゆず）／板元農場（和牛子牛生産）／内山寿弘農場（和牛子牛生産）／福田叶農場（米）／蔵満久幸農場（有機米・野菜）／ SWAROVSKI ／天雅二胡教室／精矛神社／宮崎神宮／霧島神宮／堂園メディカルクリニック／巴／

執筆にご協力頂いた企業・団体②

沖田黒豚農場（レストラン・民宿・黒豚生産）／鹿児島県農業農村振興協会／猫カフェ（バイクキャンプ村）／パルコ／志布志酪農協／ JCB ／大隅ポーク／森岡俊弘農場（和牛子牛生産）／蔵園製茶／竹中勝雄農場（酪農）／珍萬／トップコピー／農林漁業金融公庫／ウィンドの森／ナフコ／ GS 酵素／ハンズマン／コメリ／中村和志農場（和牛子牛生産・肥育）／ナンチク／鹿児島県畜産会／竹中和牛処／鹿児島県立農業大学校肉用牛学科同窓会／上野広人農場（イチゴ）／ BOOKOFF ／今村義治製茶／みぞべ五光／ジョイフル／松山産業（茶）／山崎農場（米・野菜・民宿）／農林水産省／自由民主党／日本旅行／ JTB ／ ANA ／ちくりん館／ちくりん温泉／霧島ホテル／霧島国際ホテル／野々湯温泉／ヘンタ製茶／鶴丸高校同窓会／九州大学農学部同窓会／英国王立美術協会／霧島フィルハーモニーオーケストラ／石橋美術館／国立国会図書館／東京都／萩原自治会／ジョージア州立大学／カミチク／川内ホテル／学校法人和光学園／ファミリーマート／ローソン／メトロポリタン美術館／東京芸術大学／京都大学／九州大学／鹿児島市／西之表市／本坊酒造／大崎町／ヤンマー／セブンイレブン／日本養豚協会／南洲神社／霧島酒造／ JAL ／アメリカン航空／ジェトロ／アメリカ大使館／京セラ／ソニー／ファナック／オーストラリア政府観光局／キヤノン／全米養豚獣医師協会／富士通／日本相撲協会／Ｊリーグ／山川イチゴ園／外岩戸農場（酪農）／北園健二農場（和牛子牛生産）／アイリスオーヤマ／アサヒビール／吟松／鹿児島県警／鹿児島地方裁判所／鹿児島県検察庁／タキイ／スガノ農機／勝目製茶／南脇農場（酪農）／ NHK 学園高等学校同窓会／民進党／パッケージプラザゴトウ／北海道庁／沖縄県／宮崎県／熊本県／福岡県／長崎県／南方新社／ロイヤルホスト／ミスミ

写真撮影・編集協力

頴川　啓子

引用文献

ＮＨＫ出版「趣味の園芸」

参考文献①

稲盛和夫「生き方」サンマーク出版／ダニエル・ゴールマン、土屋京子「ＥＱこころの知能指数」／篠原佳年「快癒力」サンマーク出版／石井光太「絶対貧困」新潮文庫／朝日新聞出版局「朝日百科世界の植物」／堀江貴文「指名される技術」ゴマブックス／公方俊良「般若心経 90 の智恵」知的生きかた文庫／豊田直巳編「TSUNAMI 3・11」第三書館／野口悠紀雄「「超」勉強法」講談社／福田稔「爪もみ療法実践免疫革命」講談社／国際文化研究室「スティーブ・ジョブズの言葉」ゴマブックス／アルボムツレ・スマナサーラ、有田秀穂「仏教と脳科学」／野口敬「「うつ」な人ほど強くなれる」知的生き方文庫／ビッグペン＋サイコロジー研究会「心理学通になる本」オーエス出版／村上春樹「IQ84」新潮社／荒和雄「図解だれでもわかるビッグバン」読売新聞社／宮島賢也「自分の「うつ」を直した精神科医の方法」KAWADE／瀬戸内寂聴「愛する能力」講談社／天外伺朗「運命の法則」ゴマ文庫／鹿児島商工会議所編「かごしま検定」南方新社／高梨公之監修「民法」自由国民社／マーシー・シャイモフ「脳にいいことだけをやりなさい」三笠書房／渡辺敏「山あれば花恋し、花あれば人恋し」けやき出版／日本子孫基金「食べるな危険」講談社／大島清「歩くとなぜいいか？」新潮社／加藤仁「定年後」岩波書店／宮田俊行「林芙美子「花のいのち」の証」高城書房／静岡県植物防疫協会「農作物病害虫ハンドブック」／矢尾こと葉「心を休める方法」 中経出版／

参考文献②

堀場雅夫「仕事ができる人できない人」三笠書房／美輪明宏「強く生きるために」主婦と生活社／アーノルド・ベネット「自分の時間」三笠書房／アーノルド・ベネット「自分を最高に生きる」三笠書房／フィッシャー＆ユーリー「ハーバード流交渉術」三笠書房／岡宮裕「なぜ一流の男は精力が強いのか」経済房／B. スイートランド「「私はできる！」黄金の法則」三笠書房／五木寛之「遊行の門」徳間書店／高田明和「気にやまない生き方」／五木寛之「生きるヒント」角川文庫／藤原正彦「国家の品格」新潮社／窪島誠一郎「「無言館」にいらっしゃい」ちくまプリマー新書／オグ・マンディーノ「この世で一番の奇跡」PHP ／久瑠あさ美「マインドの法則」日本文芸社／石井栄二「書きこみ教科書」山川出版社／マーク・マチック「後悔しない生き方」ディスカバー／井上裕之「なぜかすべてうまくいく」PHP ／ジャン・クロード・コルベイコ他「ワーズ・ワード」同朋社出版／リリー・フランキー「ボロボロになった人へ」幻冬社／斉藤茂太「気が小さい人ほどうまく生きられる」海竜社／主婦と生活社「土づくり入門」／リチャード・テンプラー「上手な愛し方」Discover ／武長脩行「金銭感覚養成講座」同友館／渡辺美樹「強く、生きる」サンマーク／主婦と生活社「水素のトリセツ決定版」／小池龍之介「考えない生活」小学館／ヴィトゲンシュタニン「ウィトゲンシュタインの言葉」／柳美里「命」小学館／バーニーシーゲル・石井清子「人生を治す処方箋」日本教文社／Wユージン・スミス、アイリーンMスミス「写真集水俣」三一書房／エーリッヒ・フロム「愛するということ」／石和鷹「地獄は一定すみかぞかし小説暁烏敏」新潮社／「広辞苑」岩波書店／「西郷隆盛南洲翁遺訓」サイト21世紀フォーラム／フロイト「精神分析入門」

付録

クリスマスローズの栽培・繁殖法について

2016年10月　頴川隆

頴川ガーデンでは、18年間に渡りクリスマスローズの栽培法を確立して参りましたので紹介します。

概要

キンポウゲ科多年草。主力種：オリエンタリス、2位種：ニゲラ。原産地：地中海沿岸乾燥地帯。環境：強光から中光。土壌ph6前後か？。厳しい環境下で強健、病害虫は葉黒変程度であまり問題はない。株が充実すると雑草を抑える。（アレロパシーか？）繁殖：実生、株分け。特にオリエンタリスは遺伝子異変多く、大手種苗会社も固定が難しく、パテントがとりにくい。クローンは株分けのみ可能。

イエス・キリストが誕生した際に、一人の少女が荒野を駆け抜け、祝福した際に捧げたブーケがクリスマスローズといわれている。血塗られた歴史をもつ花といわれている。

クリスマスローズ、Christmas rose、ヤツデハナガサ、セツブンソウ、ユキオコシ等の名称があり、日本では茶花としても親しまれている。

1　交配

・時期：開花期２月〜４月

・方法

・自家受粉

・自然交配・・偶然に左右される。

・人工交配・・あまり実用的ではない。が、やってみると、おもしろい。

・他家受粉

・理論：めしべはおしべより早く熟成（繁殖能力を獲得）する。

・方法：個体**A**のめしべに個体**B**の花粉を受粉する。

・詳細：①**B**の花粉を綿棒で絡《から》め取る・・・**C**

②開花したものの、まだおしべの成熟していない**A**のめしべに**C**をまんべんなくすりつける。

2　採種

・材料：ラベル・・**D**、油性マーカー・・**E**、台所用水切りネット（最小サイズ）・・**F**

・理論：**D**は種子を識別するとともに、播種後の看板として使う。**F**は通気よく、軽く、簡便性に優れ、１００％種子を回収できる。さらに透明性に優れるため、乾燥した花を親見本として使える。

・方法
・**D**（サイズ等は任意）に**E**を用いて、実務者のわかる表記で記名する。
・花房の膨らんだ花（厳密にはがくと花房含めを「花」と表記する）と**D**に**F**をスッポリかぶせ、花枝の根本で縛る・・**G**
・種子のこぼれ落ちた**G**を回収する。種を**H**とする。5月に種子を回収したら、できるだけ早く、播種する。

3 播種

・材料：60㎝プランターの底面仕切りが編み目状で通気が担保される構造のもの・・**I**、培土：ホームセンター等で販売されているもので、ボラ、堆肥、腐葉土等が混合されたもので@¥１００程度／10リットル・・**J**、ボラ中粒・・**K**、レンガ等鎮圧するもの・・**L**、水・・**M**
・理論：**H**は、極度に乾燥すると、発芽能力を失う。また、夏の暑さ、冬の寒さを経験する事で、休眠打破する。これらを考慮すると、容器としては**I**、培土は**J**がベストで**H**に瑕疵《かし》がなければ、約90％以上の発芽率を確保できる。すなわち、保水性、通気性、有機質堆肥混合等による最適のＥＣ（電気伝導度）等が確保されるシステムとなる。
・方法
・**J**にまず**K**を適量ひく（厚さ２㎝程度）・・**N**。

・NにJを入れ、Lを用い軽く鎮圧、ウォータースペースを3㎝ほど確保する・・O
・Oに深さ1㎝、間隔3㎝の穴を人差し指先端で押しあける・・P
・PにHを一粒入れ、覆土、鎮圧する。
・Mをジョロで丁寧にかける。
・夏の強光はなるべく避け、雨ざらしの野外に放置し、四季の恵みを受けさせる。好天が続き、表土が乾燥するときは、たっぷり灌水する。
・翌2～4月に発芽する。

4 鉢上げ

・材料：3号ポリポット（サカタノタネ3箇所丸穴タイプ）・・Q。培土：J4割、赤玉土4割、牛糞堆肥2割をベースに、骨粉、籾殻くん炭、有機石灰、草木灰、ゼオライト等をブレンド・・R
・理論：ポットおよび培土は通気性を重視する。7～9月は休眠するので、肥料を切る。10月1日に、有機質肥料、およびハイポネックス等で追い込む。
12月頃には根が回るので、4号ポットに植え替える。その際の培土はR。

・方法
・３号および４号ポットへの鉢上げはゴロ石を用いず、Rのみで行う。
・灌水は表土が乾いてからたっぷりやる。風通しよく、強光はじめ厳しい環境下で育てると、充実した健苗が得られる。
・播種後、２〜３年目から咲き始める。その後は、コンテナ、鉢、テラコッタ、花壇等に移植する。花壇以外の容器栽培は、根が回り花付き悪くなったら、株分けを行う。根塊は堅く、ノコギリで切断するがその際は、芽を切らぬように留意する。

最後に

クリスマスローズは、開花までが辛抱が必要ですが、その後は爆発的なパーフォーマンスを発揮します。栽培者のみならず、家族、友人、地域の人たちを豊かな心にする不思議な花です。みんなでたくさん育てましょう。潁川隆はその取り組みを応援します。

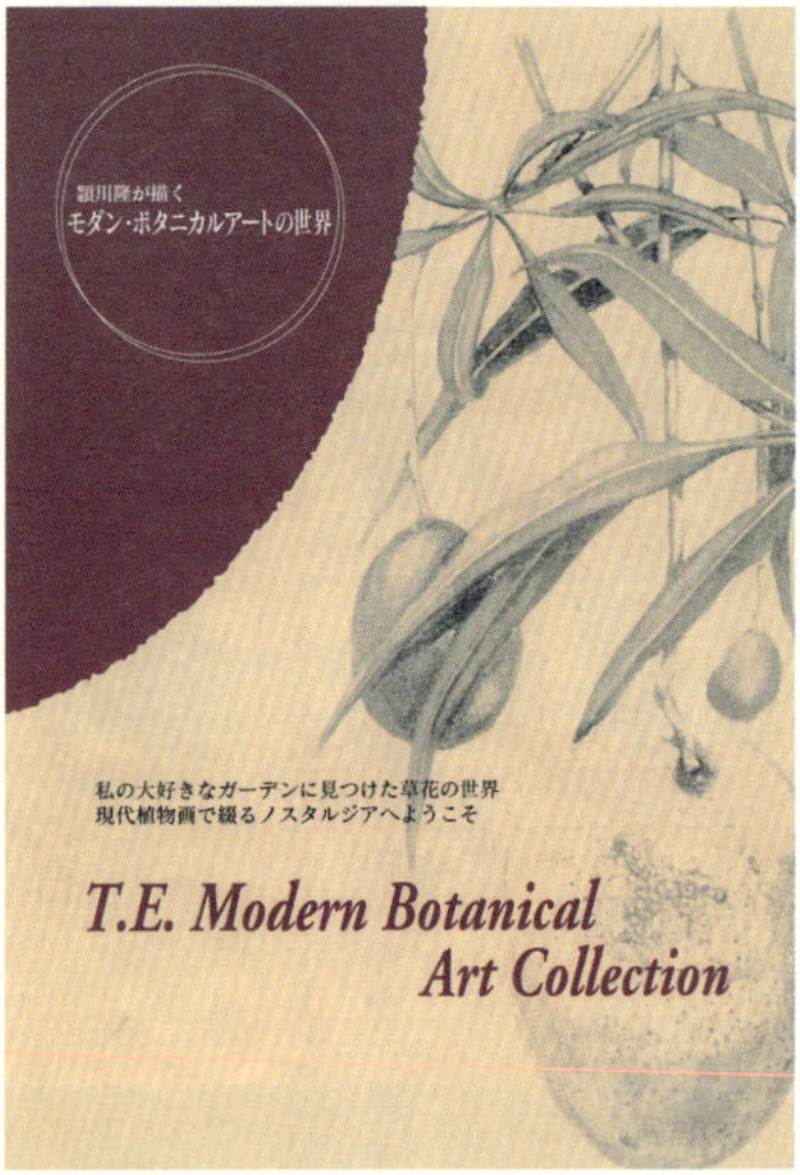

技術と普及　表紙
（2016 年　４月号～９月号）

PR パンフレットの表紙
㈲トップコピー　2001 年作成）

2016 年　ハンズマン
ガーデニングコンクール
店長賞受賞

技術と普及
6
June
2016［vol.53］
特集
全国普及指導活動研究会（普及方法）前編
シリーズ
「普及活動『絆』物語」受賞作品
全国農業改良普及職員協議会機関誌

技術と普及
5
May
2016［vol.53］
特集
新規就農者の定着・支援のあり方
～農業者が育てる農業後継者～
特集
TPPと日本農業の進む道
シリーズ
「普及活動『絆』物語」受賞作品
A shallot 2004
全国農業改良普及職員協議会機関誌

技術と普及
9
September
2016［vol.53］
特集
花に添える「切り葉」－切り葉の産地は今
特別企画
現場に根ざす普及指導活動のあり方
特別レポート
全国システム化研究会最終成績検討会（下）
全国農業改良普及職員協議会機関誌

技術と普及
8
August
2016［vol.53］
特集
全国普及指導活動研究会（普及方法）後編
特別企画
イチゴのハダニ類 対策技術
特別レポート
全国システム化研究会最終成績検討会（上）
シリーズ
「普及活動『絆』物語」受賞作品
全国農業改良普及職員協議会機関誌

祖父　三郎　　祖母　ため子
（大正 10 年ごろ撮影）

祖父　三郎（38 才時撮影）
有栖川宮家判任官　M36.4.7 宮内庁採用
（カトレア担当）大正元年ごろ撮影

母　好子（41 才）　父　實（39 才）
長姉　美智子（11 才）次姉　むつみ（9 才）
隆　6 才
（昭和 39 年　鬼押出にて）

父　實（青年期）
戦時中、中野航空研究所低温低圧研究室
にて撮影

頴川　隆 プロフィール

著者近影
（えびの高原にて）

1958 年　東京都世田谷区生まれ
1962 年　私立和光学園幼稚園入園
1963 年　私立和光学園小学過程入学
1965 年　東京から鹿児島へ移住
　　　　川内市立川内小学校編入
1969 年　宮崎市立西中学校入学
1970 年　宮崎市から鹿児島市へ移住
1971 年　鹿児島市立城西中学校編入
1973 年　鹿児島県立鶴丸高等学校入学
1976 年　九州大学農学部入学
1979 年　国家資格農業改良普及員資格取得
1980 年　・九州大学農学部畜産学科家畜解剖学教室卒業
　　　　・4 月　鹿児島県入庁（畜産家配属以降各部署歴任）
　　　　・7 月　鹿児島県畜産試験場種豚改良部黒豚系統豚サツマ造成により南日本文化賞受賞（チーム受賞）
　　　　・大型自動二輪免許取得
1985 年　高木画荘にて、初個展
1986 年 10 月～ 1987 年 3 月
　　　　㈶鹿児島県育英財団国外留学制度による研究者交換留学パイオニアとして、米国ジョージア州立大学アニマルサイエンス（畜産学部）派遣留学（6 ヶ月間）
2001 年　ギャラリー川野にて第 2 回個展
2005 年～現在　巴、ホートクギャラリー、ギャラリーレモン、ランドマークギャラリー、ギャラリー鳳山、南風人館ほか個展多数
2006 年　国家資格農業改良普及専門技術員（カテゴリー「農業を担うべき者の育成」）資格取得
2007 年　・全国農業改良普及支援協会主催「技術と普及」500 号記念論文コンクール哲学部門第 2 席
　　　　・全国農業改良普及支援協会主催「経営体育成全国コンクール（個別経営体部門）」農林水産大臣賞受賞
2016 年　・㈱ハンズマン主催第 19 回ガーデニング大賞店長賞受賞
　　　　・全国農業改良普及支援協会発行月刊「技術と普及」H28・4 月～ 29・3 月号表紙絵掲載

3 男 1 女の父、園芸家、エッセイスト、アーティスト、公務員、鹿児島県姶良市加治木町在住

ガーデンへようこそ

２０１６年１１月１日　第一刷発行

著　者　頴川　隆

発行者　赤塚恒久

発行所　国分進行堂

〒８９９-４３３２
鹿児島県霧島市国分中央３丁目１６-３３
電話　０９９５-４５-１０１５
振替口座　０１８５-４３０-当座３７３
URL　http://www5.synapse.ne.jp/shinkodo/
E-MAIL　shin_s_sb@po2.synapse.ne.jp

印刷・製本　株式会社国分進行堂

定価はカバーに表示しています
乱丁・落丁はお取り替えします

ISBNISBN97849908198-5-9　C0061